高危行业从业人员安全生产培训大纲配套教材

金属非金属矿山从业人员安全培训教材

《高危行业从业人员安全培训教材》编委会

主　编：蒋永清　周　真　冯艳春

副主编：鳌红光　马德仲　王光彬

审　定：刘　博　彭长乐

气象出版社
China Meteorological Press

图书在版编目(CIP)数据

金属非金属矿山从业人员安全培训教材/蒋永清,周真,冯艳春主编.
北京:气象出版社,2009.5
高危行业从业人员安全生产培训大纲配套教材
ISBN 978-7-5029-4734-7

Ⅰ.金…　Ⅱ.①蒋…②周…③冯…　Ⅲ.①金属矿—安全生产—技术培训—教材②非金属矿—安全生产—技术培训—教材　Ⅳ.TD7

中国版本图书馆 CIP 数据核字(2009)第 052274 号

Jinshu Feijinshu Kuangshan Congye Renyuan Anquan Peixun Jiaocai

金属非金属矿山从业人员安全培训教材

《高危行业从业人员安全培训教材》编委会

出版发行:气象出版社
地　　址:北京市海淀区中关村南大街 46 号　　**邮政编码**:100081
总 编 室:010-68407112　　**发 行 部**:010-68408042,68407948
网　　址:http://www.cmp.cma.gov.cn　　**E-mail**:　qxcbs@cma.gov.cn
责任编辑:张盼娟　彭淑凡　　**终　　审**:黄润恒
封面设计:博雅思企划　　**责任技编**:吴庭芳
印　　刷:北京奥鑫印刷厂
开　　本:787 mm×1092 mm　1/16　　**印　　张**:14.5
字　　数:371 千字
版　　次:2013 年 5 月第 2 版　　**印　　次**:2013 年 5 月第 3 次印刷
定　　价:25.00 元

目　录

第一章　矿山安全生产法律法规

随着我国社会主义市场经济体制的建立，矿山企业一些负责人重效益、轻安全的思想意识较为严重。因此，不能正确处理安全与生产的关系，对安全生产是“说起来重要，做起来次要，忙起来不要”。当安全与生产发生矛盾时，把生产放在第一位，把职工的生命安全置之度外。尤其是非国有矿山企业生产安全条件差，安全技术装备陈旧落后，安全投入少，企业负责人和从业人员安全素质低，安全管理混乱，不安全因素和事故隐患多。因此，事故频繁，伤亡众多。

以 2002 年为例，全国共发生各类伤亡事故 1 073 434 起，死亡 139 393 人，其中工矿企业发生 13 960 起，死亡 14 924 人，分别占全国事故起数和死亡人数的 1.3％和 10.7％。尤其是煤矿企业伤亡最为严重，死亡的人数占工矿企业死亡总数的 46％，其次是非煤矿山死亡人数占总数的 14.7％。特大事故的不断发生，影响了矿山的发展和社会的稳定。鉴于这种情况，国家为了保障安全生产，国务院及其所属的部委在改革开放以来，相继制定并颁布了多部有关安全生产方面的法律法规，如《海上交通安全法》、《铁路法》、《矿山安全法》、《民航法》、《公路法》、《煤炭法》、《建筑法》、《消防法》和《安全生产法》等。这些安全生产法律法规，是将安全生产纳入法制化轨道，用法律来规范企业的行为，要求企业依法生产经营，实现安全生产，保障采矿业的持续健康发展。对矿山职工而言，安全生产法律法规，不仅是对职工的约束，促使职工自觉遵纪守法，更重要的是对职工的保护，使职工知法、懂法、守法，学会运用法律的武器来维护自己的生命安全与社会权益。

第一节　安全生产方针、政策

2006 年 3 月 14 日，第十届全国人大第四次会议通过了《中华人民共和国国民经济和社会发展第十一个五年规划纲要》，明确要求坚持安全发展，并提出了坚持“安全第一、预防为主、综合治理”的安全生产方针。这一方针反映了我们党对安全生产规律的新认识，对于指导新时期安全生产工作具有重大而深远的意义。

坚持安全第一。安全第一，就是在生产过程中把安全放在第一重要的位置上，切实保护劳动者的生命安全和身体健康。这是我们党长期以来一直坚持的安全生产工作方针，充分表明了我们党对安全生产工作的高度重视，对人民群众根本利益的高度重视。在新的历史条件下，坚持安全第一，是贯彻落实以人为本的科学发展观、构建社会主义和谐社会的必然要求。以人为本，就必须珍爱人的生命；科学发展，就必须安全发展；构建和谐社会，就必须构建安全社会。坚持安全第一的方针，对于捍卫人的生命尊严、构建安全社会、促进社会和谐、实现安全发展具有十分重要的意义。因此，在安全生产工作中贯彻落实科学发展观，就必须始终坚持安全第一。

坚持预防为主。预防为主，就是把安全生产工作的关口前移，超前防范，建立预教、预测、预想、预报、预警、预防的递进式、立体化事故隐患预防体系，改善安全状况，预防安全事故。在新时期，预防为主的方针又有了新的内涵，即通过建设安全文化、健全安全法制、提高安全科技水平、落实安全责任、加大安全投入，构筑坚固的安全防线。具体地说，就是促进安全文化建设与社会文化建设的互动，为预防安全事故打造良好的“习惯的力量”；建立健全有关的法律法规和规章制度，如《安全生产法》，安全生产许可证制度，“三同时”制度，隐患排查、治理和报告制度等，依靠法制的力量促进安全事故防范；大力实施“科技兴安”战略，把安全生产状况的根本建立在依靠科技进步和提高劳动者素质的基础上；强化安全生产责任制和问责制，创新安全生产监管体制，严厉打击安全生产领域的腐败行为；健全和完善中央、地方、企业共同投入机制，提升安全生产投入水平，增强基础设施的安全保障能力。

坚持综合治理。综合治理，是指适应我国安全生产形势的要求，自觉遵循安全生产规律，正视安全生产工作的长期性、艰巨性和复杂性，抓住安全生产工作中的主要矛盾和关键环节，综合运用经济、法律、行政等手段，人管、法治、技防多管齐下，并充分发挥社会、职工、舆论的监管作用，有效地解决安全生产领域的问题。实施综合治理，是由我国安全生产中出现的新情况和面临的新形势决定的。在社会主义市场经济条件下，利益主体多元化，不同利益主体对待安全生产的态度和行为差异很大，需要因情制宜、综合防范；安全生产涉及的领域广泛，每个领域的安全生产又各具特点，需要防治手段的多样化；实现安全生产，必须从文化、法制、科技、责任、投入入手，多管齐下，综合防治；安全生产法律政策的落实，需要各级党委和政府的领导、有关部门的合作以及全社会的参与；目前我国的安全生产既存在历史积淀的沉重包袱，又面临经济结构调整、增长方式转变带来的挑战，要从根本上解决安全生产问题，就必须实施综合治理。从近年来安全监管的实践，特别是近年联合执法的实践来看，综合治理是落实安全生产方针政策、法律法规的最有效手段。因此，综合治理具有鲜明的时代特征和很强的针对性，是我们党在安全生产新形势下作出的重大决策，体现了安全生产方针的新发展。

“安全第一、预防为主、综合治理”的安全生产方针是一个有机统一的整体。安全第一是预防为主、综合治理的统帅和灵魂，没有安全第一的思想，预防为主就失去了思想支撑，综合治理就失去了政治依据。预防为主是实现安全第一的根本途径。只有把安全生产的重点放在建立事故隐患预防体系上，超前防范，才能有效地减少事故损失，实现安全第一。综合治理是落实安全第一、预防为主的手段和方法。只有不断健全和完善综合治理工作机制，才能有效贯彻安全生产方针，真正把安全第一、预防为主落到实处，不断开创安全生产工作的新局面。

第二节　基本安全生产法律法规

一、《安全生产法》

《安全生产法》是我国安全生产领域的基本法，共七章 97 条，已由中华人民共和国第九届全国人民代表大会常务委员会第二十八次会议于 2002 年 6 月 29 日通过，自 2002 年 11 月 1 日起施行。它的作用是为加强对安全生产的监督管理，规范生产经营单位的安全生产行为，提供了明确的法律依据，有利于加强我国安全生产法律法规建设，改变我国人权状况，依法规范生产经营单位的安全生产，有利于各级政府加强对安全生产工作的领导，促使安全监管部门依法行政、加强监管，提高经营管理者和从业人员的安全素质，增强公民的安全法律意识。由于矿山开采具有其行业的特殊性，事故对职工危害较为严重，为此，国家于 1992 年颁布了《矿山安全法》，以加强对矿山行业的安全管理。这两部法律是保障我国矿山安全生产的重要法律。

《安全生产法》的适用范围是由该法第一章总则第二条规定的，即：“在中华人民共和国领域内从事生产经营活动的单位(以下统称生产经营单位)的安全生产，适用本法；有关法律、行政法规对消防安全和道路交通安全、铁路交通安全、水上交通安全、民用航空安全另有规定的，适用其规定。”

《安全生产法》的主要内容包括：

(1)安全生产管理的方针为“安全第一，预防为主”(2006 年 3 月 14 日增加“综合治理”)。

(2)生产经营单位安全生产责任制。

(3)生产经营单位主要负责人的安全生产责任制。

(4)工会在安全生产工作中的地位和权利。

(5)各级人民政府的安全生产职责。

(6)安全生产监督管理部门的职责和权利。

(7)生产经营单位应具备的安全生产条件。

(8)从业人员的权利和义务。

(9)生产安全事故的应急救援与调查处理。

(10)安全生产法律责任。

二、《矿山安全法》

《矿山安全法》于 1992 年第七届全国人大常委会第二十八次会议通过，自 1993 年 5 月 1 日起实施，相关的《矿山安全法实施条例》于 1996 年 10 月 30 日由原劳动部发布施行。《矿山安全法》是保障矿山生产安全、防止矿山事故、保护矿山职工人身安全、促进采矿业的发展的重要专业安全生产法律，也是我国在矿业生产领域最高层次的安全生产专业法律。

《矿山安全法》的主要内容包括：

(1)矿山建设的具体要求。

(2)矿山企业的安全管理规定。

(3)矿长在矿山企业安全管理中应履行的职责、权利和义务。

(4)职工的安全管理权利和义务。

(5)矿山企业安全机构设置的规定。

(6)矿山企业工会在安全管理中的权利和义务。

(7)矿山建设工程的“三同时”规定。

(8)矿山开采应具备的安全生产条件。

(9)矿山开采中的安全规定。

(10)矿山事故的调查处理。

(11)矿长及其安全管理人员违反法律法规应负的法律责任。

矿山企业必须认真贯彻落实《安全生产法》和《矿山安全法》，依法治矿，做到有法必依，执法必严，违法必究，确保矿山安全生产。

根据《安全生产法》、《矿山安全法》等有关法律法规，矿山企业必须遵守以下法律制度：安全管理制度、准入制度、安全生产责任追究制度、事故报告制度、事故应急救援和处理制度、从业人员安全生产权利义务制度、安全培训与持证上岗制度、工伤保险制度、安全监督管理制度；安全生产中介服务制度和“三同时”制度。

三、《职业病防治法》

矿山企业职工由于作业环境差，劳动强度大，因此，身患职业病者较多。国家为了控制和预防职业病危害，保护劳动者的健康，促进经济发展，实现安全生产，于 2001 年 10 月 27 日颁布了《中华人民共和国职业病防治法》(以下简称《职业病防治法》)，并于 2011 年 12 月 31 日第十一届人大常委会第二十四次会议通过对该法的修改。《职业病防治法》共分总则、前期预防、劳动过程中的防护与管理、职业病诊断与职业病病人保障、监督检查、法律责任、附则等7个部分，分别从法律适用范围、职业病的预防与防护、监督、处罚等各方面作了详细的阐述。在从事非煤矿山生产的过程中，因为接触有毒有害物质、放射性物质、粉尘的机会大，职业病的发病率也较高，因此用人单位应根据有关的条款采取必要的手段，防患于未然，积极预防，制定相应的应急措施。

(一)职业病的范围

《职业病防治法》规定，本法所称职业病，是指企业、事业单位和个体经济组织等用人单位的劳动者在职业活动中，因接触粉尘、放射性物质和其他有毒、有害因素而引起的疾病。

职业病危害，是指对从事职业活动的劳动者可能导致职业病的各种危害。职业病危害因素包括：职业活动中存在的各种有害的化学、物理、生物因素以及在作业过程中产生的其他职业有害因素。

(二)用人单位在职业病防治方面的职责和职业病的前期预防规定

1. 用人单位在职业病防治方面的职责

(1)用人单位应当为劳动者创造符合国家职业卫生标准和卫生要求的工作环境和条件，并采取措施保障劳动者获得职业卫生保护。

(2)职业病防治责任制。《职业病防治法》第五条规定，用人单位应当建立、健全职业病防治责任制，加强对职业病防治的管理，提高职业病防治水平。对本单位产生的职业病危害承担责任。

(3)工伤社会保险。《职业病防治法》第六条规定，用人单位必须依法参加工伤社会保险。

2. 职业病的前期预防

(1)工作场所的职业卫生要求

《职业病防治法》第十五条规定，产生职业病危害的用人单位的设立，除应当符合法律、行政法规规定的建立条件外，其工作场所还应当符合下列职业卫生要求：

①职业病危害因素的强度或浓度符合国家职业卫生标准。

②有与职业病危害防护相适应的设施。

③生产布局合理，符合有害与无害作业分开的原则。

④有配套的更衣间、洗浴间、孕妇休息间等卫生设施。

⑤设备、工具、用具等符合保护劳动者生理、心理健康的要求。

⑥法律、行政法规和国务院卫生行政部门、安全生产监督管理部门关于保护劳动者健康的其他要求。

(2)职业病危害项目申报

《职业病防治法》第十六条规定，国家建立职业病危害项目申报制度。用人单位工作场所存在职业病目录所列职业病的危害因素的，应当及时、如实向所在地安全生产监督管理部门申报危害项目，接受监督。

(3)建设项目职业病危害预评价

新建、扩建、改建项目和技术改造、技术引进项目(以下统称建设项目)可能产生职业病危害的，建设单位在可行性论证阶段应当向安全生产监督管理部门提交职业病危害预评价报告。安全生产监督管理部门应当自收到职业病危害预评价报告之日起三十日内，作出审核决定并书面通知建设单位。未提交预评价报告或者预评价报告未经安全生产监督管理部门审核同意的，有关部门不得批准该建设项目。

（4）职业病防护设施

建设项目的职业病防护设施所需经费应当纳入建设工程预算，并与主体工程同时设计，同时施工，同时投入生产和使用。

（三）劳动过程中职业病的防护与管理、职业病诊断与职业病病人保障的规定

1．用人单位职业病防治管理措施

《职业病防治法》第二十一条规定，用人单位应当采取下列职业病防治管理措施：

（1）设置或者指定职业卫生管理机构或者组织，配备专职或者兼职的职业卫生专业人员，负责本单位的职业病防治工作。

（2）制定职业病防治计划和实施方案。

（3）建立、健全职业卫生管理制度和操作规程。

（4）建立、健全职业卫生档案和劳动者健康监护档案。

（5）建立、健全工作场所职业病危害因素监测及评价制度。

（6）建立、健全职业病危害事故应急救援预案。

2．用人单位职业病管理

（1）职业病危害公告和警示

《职业病防治法》第二十五条规定，产生职业病危害的用人单位，应当在醒目位置设置公告栏，公布有关职业病防治的规章制度、操作规程、职业病危害事故应急救援措施和工作场所职业病危害因素检测结果。对产生职业病危害的作业岗位，应当在其醒目位置，设置警示标志和中文警示说明。警示说明应当载明产生职业病危害的种类、后果、预防以及应急救治措施等内容。

（2）职业病的防护装置

《职业病防治法》第二十六条规定，对可能发生急性职业损伤的有毒、有害工作场所，用人单位应当设置报警装置，配置现场急救用品、冲洗设备、应急撤离通道和必要的泄险区。对放射工作场所和放射性同位素的运输、贮存，用人单位必须配置防护装置和报警装置，保证接触放射线的工作人员佩戴个人剂量计。对职业病防护设备、应急救援设施和个人使用的职业病防护用品，用人单位应当进行经常性的维护、检修，定期检测其性能和效果，确保其处于正常状态，不得擅自拆除或者停止使用。

（3）劳动合同的职业病危害内容

《职业病防治法》第三十四条规定，用人单位与劳动者订立劳动合同（含聘用合同，下同）时，应当将工作过程中可能产生的职业病危害及其后果、职业病防护措施和待遇等如实告诉劳动者，并在劳动合同中写明，不得隐瞒或者欺骗。

（四）职业病患者享受待遇

职业病病人依法享受国家规定的职业病待遇。用人单位应当保障职业病病人依法享受国家规定的职业病待遇。用人单位应当按照国家有关规定，安排职业病病人进行治疗、康复和定期检查。用人单位对不适宜继续从事原工作的职业病患者，应当调离岗位，并妥善安置。用人单位对从事接触职业病危害的作业的劳动者，应当给予适当岗位津贴。用人单位在发生分立、合并、解散、破产等情形时，应当对从事接触职业病危害的作业的劳动者进行健康检查，并按照

国家有关规定妥善安置职业病病人。

（五）法律责任

《职业病防治法》规定，用人单位有违反本法规定的行为，分别给予警告、责令限期改正、罚款、责令停止产生职业病危害的作业，或者提请有关人民政府按照国务院规定的权限给予责令停建、关闭的行政处罚。对有直接责任的主管人员和其他直接责任人员，依法给予降级或者撤职的行政处分。

用人单位违反本法规定，造成重大职业病危害事故或者其他严重后果，构成犯罪的，对直接负责的主管人员和其他直接责任人员，依法追究刑事责任。

四、《中华人民共和国刑法》

1979 年 7 月 6 日颁布的《中华人民共和国刑法》(以下简称(刑法)历经 8 次修正，最新版于 2011 年 2 月 25 日通过修正。《刑法》中对违反安全生产法律法规造成重大责任事故的责任者追究刑事责任作出了明确规定。

（一）重大责任事故

第一百三十四条规定，在生产、作业中违反有关安全管理的规定，因而发生重大伤亡事故或者造成其他严重后果的，处三年以下有期徒刑或者拘役；情节特别恶劣的，处三年以上七年以下有期徒刑。

强令他人违章冒险作业，因而发生重大伤亡事故或者造成其他严重后果的，处五年以下有期徒刑或者拘役；情节特别恶劣的，处五年以上有期徒刑。

（二）重大劳动安全事故

第一百三十五条规定，安全生产设施或者安全生产条件不符合国家规定，因而发生重大伤亡事故或者造成其他严重后果的，对直接负责的主管人员和其他直接责任人员，处三年以下有期徒刑或者拘役；情节特别恶劣的，处三年以上七年以下有期徒刑。

举办大型群众性活动违反安全管理规定，因而发生重大伤亡事故或者造成其他严重后果的，对直接负责的主管人员和其他直接责任人员，处三年以下有期徒刑或者拘役；情节特别恶劣的，处三年以上七年以下有期徒刑。

（三）危险物品肇事

第一百三十六条规定，违反爆炸性、易燃性、放射性、毒害性、腐蚀性物品的管理规定，在生产、储存、运输、使用中发生重大事故，造成严重后果的，处三年以下有期徒刑或者拘役；后果特别严重的，处三年以上七年以下有期徒刑。

（四）重大工程安全事故

第一百三十七条规定，建设单位、设计单位、施工单位、工程监理单位违反国家规定，降低工程质量标准，造成重大安全事故的，对直接责任人员，处五年以下有期徒刑或者拘役，并处罚金；后果特别严重的，处五年以上十年以下有期徒刑，并处罚金。

（五）重大教育设施安全事故

第一百三十八条规定，明知校舍或者教育教学设施有危险，而不采取措施或者不及时报告，致使发生重大伤亡事故的，对直接责任人员，处三年以下有期徒刑或者拘役；后果特别严重的，处三年以上七年以下有期徒刑。

（六）消防责任事故

第一百三十九条规定，违反消防管理法规，经消防监督机构通知采取改正措施而拒绝执行，造成严重后果的，对直接责任人员，处三年以下有期徒刑或者拘役；后果特别严重的，处三年以上七年以下有期徒刑。

在安全事故发生后，负有报告职责的人员不报或者谎报事故情况，贻误事故抢救，情节严重的，处三年以下有期徒刑或者拘役；情节特别严重的，处三年以上七年以下有期徒刑。

（七）交通肇事罪

第一百三十三条规定，违反交通运输管理法规，因而发生重大事故，致人重伤、死亡或者使公私财产遭受重大损失的，处三年以下有期徒刑或者拘役；交通运输肇事后逃逸或者有其他特别恶劣情节的，处三年以上七年以下有期徒刑；因逃逸致人死亡的，处七年以上有期徒刑。

在道路上驾驶机动车追逐竞驶，情节恶劣的，或者在道路上醉酒驾驶机动车的，处拘役，并处罚金。

有前款行为，同时构成其他犯罪的，依照处罚较重的规定定罪处罚。

五、《矿产资源法》

《中华人民共和国矿产资源法》(以下简称《矿产资源法》)于 1986 年 3 月 19 日第六届全国人民代表大会常务委员会第十五次会议通过，1996 年 8 月 29 日第八届全国人民代表大会常务委员会第二十一次会议修正。《矿产资源法》是保障国家资源合理利用、保障矿山安全、促进采矿业发展的相关法律。共有七章五十三条。包括总则、矿产资源勘查的登记和开采的审批、矿产资源的勘查、矿产资源的开采、集体矿山企业和个体采矿、法律责任以及附则。

六、《矿山安全法实施条例》

《矿山安全法实施条例》于 1996 年 10 月 11 日经国务院批准，1996 年 10 月 30 日由原劳动部发布，共八章五十九条，是对《矿山安全法》有关规定更详细的阐述，其相关章节与条文同《矿山安全法》基本对应，其要求更加具体明确。

七、《安全生产许可证条例》

《安全生产许可证条例》于 2004 年 1 月 7 日国务院第 34 次常务会议通过，2004 年 1 月 13 日温家宝总理以第 397 号国务院令公布，自公布之日起施行。《安全生产许可证条例》的出台标志着我国依法建立了安全许可证制度。全文共 24 条，对安全许可证的使用、申请与颁发、有效期及管理都作出了明确的规定。

国家颁布《安全生产许可证条例》，是为了严格规范安全生产条件，强化安全生产监督管理，防止和减少生产安全事故的发生，是企业应具备的安全生产条件，是确保安全生产的重要措施之一。因此在从事生产活动之前，矿山企业必须取得安全生产许可证。矿山企业必须取得安全生产许可证，方准从事生产活动。

（一）非煤矿山企业领取安全生产许可证应具备的安全生产条件

(1)建立健全主要负责人、分管负责人、安全生产管理人员、职能部门、岗位安全生产责任制；制定安全检查制度、职业危害预防制度、安全教育培训制度、生产安全事故管理制度、重大危险源监控和重大隐患整改制度、设备安全管理制度、安全生产档案管理制度、安全生产奖惩制度等；制定作业安全规程和各工种操作规程。

(2)安全投入符合安全生产要求，按照有关规定提取安全措施专项经费。

(3)设置安全生产管理机构,配备专职安全生产管理人员。

(4)主要负责人和安全生产管理人员的安全生产知识和管理能力经考试合格。

(5)特种作业人员须经有关业务主管部门考核合格,取得特种作业资格证书。

(6)其他从业人员按照规定接受安全生产教育和培训,并经考试合格。

(7)依法参加工伤保险,为从业人员缴纳工伤保险费。

(8)对有职业危害的场所进行定期检测,有防治危害的具体措施,并按规定为从业人员配备符合国家标准或行业标准的劳动防护用品。

(9)依法进行安全评价。

(10)对作业环境安全条件和危险性较大的设备进行定期检验,有预防事故的安全技术保障措施。

(11)石油天然气储运设施、露天边坡、人员提升设备、藏矿库、排土场、爆破器材库等易发生事故的场所、设施、设备,有登记档案和检测、评估报告及监控措施。

(12)制定井喷失控、中毒窒息、边坡坍塌、冒顶片帮、透水及坠井等各种事故以及采矿诱发的地质灾害等的应急救援预案。

(13)落实事故应急救援人员,并与邻近的事故应急救援组织签订救护协议。

(14)金属与非金属地下矿山开采企业的生产系统除符合上述条件外,其厂房、作业场所和安全设施、设备、工艺还应当具备下列条件:

①有具备资质的设计单位设计的开采设计和符合实际情况的附图、图纸,包括地质图(水文地质图和工程地质图)、矿山总平面布置图、采掘工程平面图、井上和井下对照图、通风系统图、提升运输系统图、供配电系统图、防排水系统图、避灾线路图。

②每个矿井至少有两个独立的能行人的直达地面的安全出口,其间距不得小于 30 m,矿井的每个生产水平(中段)和各个采区(盘区)至少有两个能行人的安全出口与直达地面的出口相通,提升竖井作为安全出口时,必须有保障行人安全的梯子间。

③矿井应采取机械通风,其风质、风量、风速应符合有关规定的要求,开采与煤伴生、共生的金属与非金属矿床的通风条件,应符合煤矿开采有关安全规程要求。

④矿井提升运输系统有防过卷、防跑车、防坠等保护装置,提升运输设备应当有定期检验报告,具体报告须在检验有效期内。

⑤矿井井口的标高必须高于本地历史最高洪水位 1 m 以上,水文地质条件复杂的矿山,必须在井底车场周围设置防水闸门,有水害防治措施,井下主要排水设备的型号和数量应当满足井下排水的要求。

⑥爆破作业必须有设计和作业规程,有防止危及人身安全和中毒窒息的安全预防措施,爆炸物品有严格的储存、购买、运输、使用和清退登记制度,并符合《民用爆炸物品管理条例》规定。

⑦有自燃发火可能性的矿井,其主要运输巷道应当布置在岩层或者不易自燃发火的矿层内,并采用预防性灌浆或者其他有效的预防自燃发火的措施。

⑧设计中规定保留的矿柱、岩柱,在规定的期限内不得开采或者毁坏。

⑨排土场的阶段高度、总堆积量高度、平台宽度以及相邻阶段同时作业的超前堆积高度,应当符合设计要求。

⑩排土场有可靠的截洪、防洪和排水设施,以及防止泥石流的措施。

(二)非煤矿山企业申请领取安全生产许可证应提交的材料

(1)安全生产许可证申请书(一式三份)。

(2)采矿许可证(勘察许可证),工商营业执照副本。

(3)各种安全生产责任制文件(复印件)。

(4)安全生产规章制度和操作规程目录清单。

(5)设置安全生产管理机构和配备安全生产管理人员的文件(复印件)。

(6)主要负责人和安全生产管理人员安全生产知识和管理能力考核合格的证明材料。

(7)特种作业人员取得操作资格证书的证明材料。

(8)为从业人员缴纳工伤保险费的有关证明材料。

(9)重大危险源检测、评估、监控措施。

(10)事故应急救援预案和设立救护队的文件或与专业救护队签订的救护协议。

八、《安全生产领域违法违纪行为政纪处分暂行规定》

国家为了加强安全生产工作,惩处安全生产领域违法违纪行为,促进安全生产法律法规的贯彻落实,扭转当前矿山企业安全生产形势严峻的局面。国家监察部和国家安全生产监督管理总局于 2006 年 11 月 22 日联合发布了第 11 号令《安全生产领域违法违纪行为政纪处分暂行规定》(以下简称《规定》),此《规定》自公布之日起执行。

《规定》第四条、第五条、第六条、第七条、第八条、第九条、第十条对公务员违法违纪,利用工作之便徇私舞弊,以致造成安全事故的各种行为的行政处分作了明确规定。

《规定》第十一条规定,国有企业及其工作人员有下列行为之一的,对有关责任人员,给予警告、记过或者记大过处分;情节较重的,给予降级、撤职或者留用察看处分;情节严重的,给予开除处分:

(1)未取得安全生产行政许可及相关证照或者不具备安全生产条件从事生产经营活动的。

(2)弄虚作假,骗取安全生产相关证照的。

(3)出借、出租、转让或者冒用安全生产相关证照的。

(4)未按照有关规定保证安全生产所必需的资金投入,导致产生重大安全隐患的。

(5)新建、改建、扩建工程项目的安全设施,不与主体工程同时设计、同时施工、同时投入生产和使用,或者未按规定审批、验收,擅自组织施工和生产的。

(6)被依法责令停产停业整顿、吊销证照、关闭的生产经营单位,继续从事生产经营活动的。

《规定》第十二条规定,国有企业及其工作人员有下列行为之一,导致生产安全事故发生的,对有关责任人员,给予警告、记过或记大过处分;情节较重的,给予降级、撤职或者留用察看处分;情节严重的,给予开除处分:

(1)对存在的重大安全隐患,未采取有效措施的。

(2)违章指挥,强令工人违章冒险作业的。

(3)未按规定进行安全生产教育和培训并经考核合格,允许从业人员上岗,致使违章作业的。

(4)制造、销售、使用国家明令淘汰或者不符合国家标准的设施、设备、器材或者产品的。

(5)超能力、超强度、超定员组织生产经营,拒不执行有关部门整改指令的。

(6)拒绝执法人员进行现场检查或者在被检查时隐瞒事故隐患,不如实反映情况的。

(7)有其他不履行或者不正确履行安全生产管理职责的。

《规定》第十三条规定,国有企业及其工作人员有下列行为之一的,对有关责任人员,给予记过或者记大过处分;情节较重的,给予降级、撤职或者留用察看处分,情节严重的,给予开除处分:

(1)对发生的生产安全事故瞒报、谎报或者拖延不报的。

(2)组织或者参与破坏事故现场、出具伪证或者隐匿、转移、篡改、毁灭有关证据,阻挠事故调查处理的。

(3)生产安全事故发生后,不及时组织抢救或者擅离职守的。

《规定》第十四条规定,国有企业及其工作人员不执行或者不正确执行对事故责任人员作出的处理决定,或者擅自改变上级机关批复的对事故责任人的处理意见的,对有关责任人员,给予警告、记过或者记大过处分;情节较重的,给予降级、撤职或者留用察看处分;情节严重的,给予开除处分。

《规定》第十五条规定,国有企业负责人及其配偶、子女及其配偶违反规定在煤矿等企业投资入股或者在安全生产领域经商办企业的,对由国家行政机关任命的人员,给予警告、记过或者记大过处分,情节较重的,给予降级、撤职或者留用察看处分;情节严重的,给予开除处分。

九、矿山企业职工安全教育管理规定

认真做好矿山企业职工安全教育管理工作,是增强职工安全意识,提高职工安全素质,预防伤亡事故,减少职业危害的基础。因此,根据《劳动法》、《生产经营单位安全培训规定》和《特种作业人员安全技术培训考核管理规定》等文件的要求,矿山企业职工安全教育应遵守如下规定。

(一)安全教育时间的规定

1. 生产岗位职工安全教育时间

新入矿职工上岗前必须进行矿级、车间级、班组级三级安全教育,三级安全教育的时间不得少于72学时。每年再培训的时间不得少于20学时。

2. 矿长和安全管理人员安全教育时间

矿长和安全管理人员安全资格培训时间不得少于48学时。并经考试合格后方能任职。每年接受再培训的时间不得少于16学时。

3. 车间主任、专业工程技术人员的安全教育时间

车间主任、专业工程技术人员的安全教育时间不得少于32学时。每年再培训的时间不得少于12学时。

4. 班组长和安全员的安全教育时间

班组长和安全员的安全教育时间不得少于24学时。

(二)安全教育的内容

1. 新入矿职工三级安全教育的内容

(1)矿级安全教育内容

①安全卫生法律、法规,通用安全技术、劳动卫生和安全文化的基础知识。

②本企业规章制度及状况、劳动纪律和有关事故案例等内容。

(2)车间级安全教育内容

劳动安全卫生状况和规章制度,主要危险因素及安全事项,预防工伤事故和职业病的主要

措施，典型事故案例及事故应急处理措施等内容。

(3)班组级安全教育内容

遵章守纪，岗位安全操作规章，岗位间工作衔接配合的安全卫生事项，典型事故案例，劳动防护用品(用具)的性能及正确使用方法等内容。

2. 矿长安全教育培训的内容

(1)国家安全生产方针、政策和有关安全生产的法律、法规、规章及标准。

(2)安全生产管理基本知识、安全生产技术专业知识。

(3)重大危险源管理、重大事故防范、应急管理和救援组织以及事故调查处理的有关规定。

(4)职业危害及预防措施。

(5)国内外先进的安全生产管理经验。

(6)典型事故和应急处理救援案例分析。

(7)其他需要培训的内容。

3. 安全管理人员安全教育培训的内容

(1)国家安全生产方针、政策和有关安全生产法律、法规、规章及标准。

(2)安全生产管理、安全生产技术、职业卫生等知识。

(3)伤亡事故统计、报告及职业危害的调查处理方法。

(4)应急管理、应急预案编制以及应急处理的内容和要求。

(5)国内外先进的安全生产管理经验。

(6)典型事故和应急救援案例分析。

(7)其他需要培训的内容。

4. 职能部门负责人、车间主任、专业工程技术人员安全教育培训的内容

劳动安全卫生法律、法规及本部门、本岗位安全卫生职责，安全技术、劳动卫生和安全文化的知识，有关事故案例及事故应急处理措施等内容。

5. 班组长和安全员教育培训的内容

劳动安全卫生法律、法规。安全技术、劳动卫生和安全文化的知识、技能及本矿、本班组和一些岗位的危险因素、安全注意事项、本岗位安全生产职责、典型事故案例及事故抢救与应急处理措施等内容。

(三)特种作业人员的培训

1. 特种作业人员的定义

特种作业人员是指从事容易发生事故，对操作者本人、他人的健康及设备、设施的安全可能造成重大危害的作业的人员。

2. 特种作业人员的范围

(1)电工作业。指对电气设备进行运行、维护、安装、检修、改造、施工、调试等作业(不含电力系统进网作业)。包括高压电工作业、低压电工作业和防爆电气作业。

(2)焊接与热切割作业。指运用焊接或者热切割方法对材料进行加工的作业(不含《特种设备安全监察条例》规定的有关作业)。包括熔化焊接与热切割作业、压力焊作业和钎焊作业。

(3)高处作业。指专门或经常在坠落高度基准面 2 米及以上有可能坠落的高处进行的作业。包括登高架设作业和高处安装、维护、拆除作业。

(4)制冷与空调作业。指对大中型制冷与空调设备运行操作、安装与修理的作业。包括制冷与空调设备运行操作作业和制冷与空调设备安装修理作业。

(5)煤矿安全作业。包括煤矿井下电气作业、煤矿井下爆破作业、煤矿安全监测监控作业、煤矿瓦斯检查作业、煤矿安全检查作业、煤矿提升机操作作业、煤矿采煤机(掘进机)操作作业、煤矿瓦斯抽采作业、煤矿防突作业和煤矿探放水作业。

(6)金属非金属矿山安全作业。包括金属非金属矿井通风作业、尾矿作业、金属非金属矿山安全检查作业、金属非金属矿山提升机操作作业、金属非金属矿山支柱作业、金属非金属矿山井下电气作业、金属非金属矿山排水作业和金属非金属矿山爆破作业。

(7)石油天然气安全作业。包括司钻作业(指石油、天然气开采过程中操作钻机起升钻具的作业)。

(8)冶金(有色)生产安全作业。包括煤气作业(指冶金、有色企业内从事煤气生产、储存、输送、使用、维护检修的作业)。

(9)危险化学品安全作业。指从事危险化工工艺过程操作及化工自动化控制仪表安装、维修、维护的作业。包括光气及光气化工艺作业、氯碱电解工艺作业、氯化工艺作业、硝化工艺作业、合成氨工艺作业、裂解(裂化)工艺作业、氟化工艺作业、加氢工艺作业、重氮化工艺作业、氧化工艺作业、过氧化工艺作业、胺基化工艺作业、磺化工艺作业、聚合工艺作业、烷基化工艺作业和化工自动化控制仪表作业。

(10)烟花爆竹安全作业。指从事烟花爆竹生产、储存中的药物混合、造粒、筛选、装药、筑药、压药、搬运等危险工序的作业。包括烟火药制造作业、黑火药制造作业、引火线制造作业、烟花爆竹产品涉药作业和烟花爆竹储存作业。

(11)安全监管总局认定的其他作业。

3. 特种作业人员初次培训和复审的要求

(1)初次培训。特种作业人员应当接受与其所从事的特种作业相应的安全技术理论培训和实际操作培训。已经取得职业高中、技工学校及中专以上学历的毕业生从事与其所学专业相应的特种作业,持学历证明经考核发证机关同意,可以免予相关专业的培训。

培训机构应当按照安全监管总局、煤矿安监局制定的特种作业人员培训大纲和煤矿特种作业人员培训大纲进行特种作业人员的安全技术培训。

(2)复审。特种作业操作证申请复审或者延期复审前,特种作业人员应当参加必要的安全培训并考试合格。安全培训时间不少于8个学时,主要培训法律、法规、标准、事故案例和有关新工艺、新技术、新装备等知识。

第三节 矿山主要安全技术规程、标准

一、《金属非金属矿山安全规程》

《金属非金属矿山安全规程》于2006年6月22日由国家安全监督管理总局发布,并于2006年9月1日起施行。国家安全监督管理总局在全面总结近十年来我国金属非金属矿山安全生产工作经验的基础上,对原国家技术监督局1996年发布的《金属非金属露天矿山安全规程》(GB 16423—1996)和《金属非金属地下矿山安全规程》(GB 16424—1996)两部国家标准进行修订,并将其合而为一,更名为《金属非金属矿山安全规程》(GB 16423—2006)。该规程是金属非金属矿山安全生产的技术基础,是各级安全监管部门依法监管的技术准则。《金属非金属矿山安全规程》规定了金属非金属矿山设计、建设和开采过程中的安全技术要求,以及职业危害的管理与监测、作业人员的健康监护要求,适用于金属非金属矿山的设计、建设和开采。

《金属非金属矿山安全规程》与 GB 16423—1996 和 GB 16424—1996 相比，主要作了如下改变：

(1)增加了小型露天采石场、盐类矿山、基本洪水频率、设计洪水频率、防跑车装、陡帮开采、陡坡铁路、矿井有效风量和提升钢丝绳的安全系数等术语和定义；

(2)增加了作业人员在井下滞留时间的规定；

(3)增加了矿用产品安全标志的规定；

(4)增加了陡坡铁路运输；

(5)增加了分期开采和陡帮开采的有关内容；

(6)增加了挖掘船开采的有关内容；

(7)增加了饰面石材开采；

(8)增加了盐类矿山开采；

(9)增加了排土场的有关规定；

(10)增加了井下溶浸采矿的规定；

(11)增加了对作业场所噪声的规定；

(12)增加了健康监护。

二、《尾矿库安全技术规程》

《尾矿库安全技术规程》(AQ 2006—2005)于 2005 年 12 月 7 日由国家安全生产监督管理总局发布，自 2006 年 3 月 1 日开始施行，是国家安全生产监督管理总局在原国家经贸委颁布的《尾矿库安全管理规定》(原经贸委令第 20 号)的基础上，针对近年来尾矿库安全工作中出现的新情况、新问题，结合安全生产许可制度的实施制定并颁布的。作为我国第一部尾矿库安全生产行业标准，它是加强尾矿库安全管理的重要规范，是预防和减少尾矿库生产安全事故的重要保证。《尾矿库安全技术规程》规定了尾矿库在建设、生产运行、安全检查、安全度、闭库、再利用和安全评价等方面的要求，适用于我国境内金属非金属矿物选矿厂尾矿库、氧化铝赤泥库，其他湿式堆存工业废渣库、电厂灰渣库和干式处理的尾矿库可参照执行。

三、《爆破安全规程》

《爆破安全规程》(GB 6722—2011)规定了爆破作业和爆破作业单位爆炸物品的购买、运输、储存、使用、加工、检验与销毁的安全技术要求及管理工作要求。本标准适用于各种民用爆破作业和中国人民解放军、中国人民武装警察部队从事的非军事目的的工程爆破。与被替代的 GB 6722—2003 相比，主要变化如下：补充了必要的术语和定义，修改了爆破工程分级标准；修改和补充了爆破企业应具备的资质条件；强调了爆破安全评估、监理的必要性；补充完善了爆炸物品购买、运输、储存和使用的规定；强调了起爆网路的设计和试爆的要求；补充了拆除爆破预处理的规定；补充和完善了特种爆破的内容；完善了爆破对环境影响的安全控制标准；补充了现场混装设备安全操作要求；删除了被淘汰的爆破器材品种、爆破方法和爆破工艺。

四、《金属非金属矿山安全质量标准化企业考评办法及标准》(试行)

国家安全生产监督管理总局为贯彻落实《国务院关于进一步加强安全生产工作的决定》(国家[2004]2 号)，指导全国金属非金属矿山企业开展安全质量标准化活动，在广泛征求意见的基础上，制定了《金属非金属矿山安全质量标准化企业考评办法及标准》(试行)，于 2005 年 4 月 18 日颁布试行。其中包括：《金属非金属矿山安全质量标准化企业考评办法》(试行)、《金属非金属矿山安全质量标准化企业安全管理考评标准》、《金属非金属矿山安全质量标准化企业地下开采系统考评标准》、《金属非金属矿山安全质量标准化企业露天开采系统考评标准》、《金属非金属矿山安全质量标准化企业尾矿库考评标准》。

第四节　农民工、女职工和未成年工的保护

一、农民工的保护

(1)《国务院办公厅关于做好农民进城务工就业管理和服务工作的通知》中规定，用人单位必须依法与农民工签订书面劳动合同。最近，在《国务院关于解决农民工问题的若干意见》中又重申“所有用人单位招用农民工都必须依法订立并履行劳动合同，建立权责明确的劳动关系”。

(2)按照我国《劳动法》的规定，劳动合同可以约定试用期。劳动合同期限在6个月以下的，试用期不得超过15日；劳动合同期限在6个月以上1年以下的，试用期不得超过30日；劳动合同期限在1年以上2年以下的，试用期不得超过60日。试用期包括在劳动合同期限中。非全日制劳动合同，不得约定试用期。试用期最长不超过6个月。

(3)按照我国有关法律规定，在下列情况下，用人单位不得单方面解除劳动合同：

①因对用人单位安全生产工作提出批评、检举、控告或者拒绝违章指挥、强令冒险作业。

②因在紧急情况下停止作业或者采取紧急撤离措施。

③患职业病或者因工负伤，在规定的医疗期内的。

④患职业病或者因工负伤并被确认丧失或者部分丧失劳动能力的。

⑤女职工在孕期、产期、哺乳期的。

⑥法律、行政法规规定的其他情形。

如果因上述情况被用人单位方面单方面解除劳动合同，农民工可以向当地劳动保障部门反映。

(4)用人单位要依法将农民工纳入工伤保险范围。按照《工伤保险条例》规定，所有用人单位必须及时为农民工办理参加工伤保险手续，并及时足额缴纳工伤保险费。农民工本人无需缴纳工伤保险费。在农民工发生工伤后，要做好工伤认定、劳动能力鉴定和工伤待遇支付工作。未给农民工办理工伤保险的，农民工发生工伤后，由用人单位按照工伤保险规定的标准支付费用。

(5)农民工在安全生产方面的权利：

①安全保障权；

②工伤保险权；

③知情权；

④建议权；

⑤批评、检举、控告权；

⑥拒绝违章指挥权；

⑦紧急撤离权；

⑧工伤赔偿权。

二、女职工和未成年工的保护

女职工在心理和生理上与男性有别。就生理而言，男女在运动系统、呼吸系统、血液循环系统等多方面都存在不同，尤其是女职工在经期、生育期、哺乳期等期间都有特殊的生理反应，

需要特殊保护。未成年工是指年满16周岁，未满18周岁，身体发育还未成熟的劳动者。因此，《中华人民共和国劳动法》、《中华人民共和国未成年人保护法》以及国务院颁布的《女职工劳动保护特别规定》，原劳动部发布的《女职工禁忌劳动范围规定》和《未成年工特殊保护规定》等，对女职工和未成年工的保护作了如下明确规定。

(一)女职工保护

(1) 禁止用人单位安排女职工从事矿山井下作业，体力劳动强度分级标准中规定的第四级体力劳动强度的作业，每小时负重6次以上、每次负重超过20公斤的作业，或者间断负重、每次负重超过25公斤的作业。

(2) 用人单位不得安排女职工在经期从事冷水作业分级标准中规定的第二级、第三级、第四级冷水作业，低温作业分级标准中规定的第二级、第三级、第四级低温作业，体力劳动强度分级标准中规定的第三级、第四级体力劳动强度的作业，高处作业分级标准中规定的第三级、第四级高处作业。

(3) 禁止用人单位安排女职工在孕期从事作业场所空气中铅及其化合物、汞及其化合物、苯、镉、铍、砷、氰化物、氮氧化物、一氧化碳、二硫化碳、氯、已内酰胺、氯丁二烯、氯乙烯、环氧乙烷、苯胺、甲醛等有毒物质浓度超过国家职业卫生标准的作业；从事抗癌药物、己烯雌酚生产，接触麻醉剂气体等的作业；非密封源放射性物质的操作，核事故与放射事故的应急处置；高处作业分级标准中规定的高处作业；冷水作业分级标准中规定的冷水作业；低温作业分级标准中规定的低温作业；高温作业分级标准中规定的第三级、第四级的作业；噪声作业分级标准中规定的第三级、第四级的作业；体力劳动强度分级标准中规定的第三级、第四级体力劳动强度的作业；在密闭空间、高压室作业或者潜水作业，伴有强烈振动的作业，或者需要频繁弯腰、攀高、下蹲的作业。

(4) 禁止用人单位安排女职工在哺乳期从事孕期禁忌从事的劳动范围的第一项、第三项、第九项；作业场所空气中锰、氟、溴、甲醇、有机磷化合物、有机氯化合物等有毒物质浓度超过国家职业卫生标准的作业。

(5) 对哺乳未满1周岁婴儿的女职工，用人单位不得延长劳动时间或者安排夜班劳动。

(6) 用人单位不得因女职工怀孕、生育、哺乳降低其工资、予以辞退、与其解除劳动或者聘用合同。

(二)未成年工保护

(1)禁止用人单位安排已满十六周岁未满十八周岁的未成年工从事矿山井下、有毒有害、国家规定的四级体力劳动强度的劳动和其他禁忌从事的劳动。

(2)用人单位必须定期对未成年工进行身体健康检查。

(3)非法招用未满十六周岁的未成年人，或者招用已满十六周岁的未成年人从事过重、有毒、有害等危害未成年人身心健康的劳动或者危险作业的，由劳动保障部门责令改正，处以罚款；情节严重的，由工商行政管理部门吊销营业执照。

第五节　从业人员安全生产的法律责任、权利和义务

一、从业人员安全生产的法律责任

(一)违反《安全生产法》的刑事责任

生产经营单位的从业人员不服从管理，违章操作的刑事责任。《安全生产法》第九十条规

定，生产经营单位的从业人员不服从管理，违反安全生产规章制度或者操作规程，造成重大事故，构成犯罪的，依照《刑法》有关规定追究刑事责任。该条犯罪是指构成《刑法》第一百三十四条规定的重大责任事故犯罪。构成本条规定的犯罪，须具备以下条件：

一是从业人员在客观上实施了不服从管理，违反规章制度的行为；二是造成重大事故的后果。按照《刑法》第一百三十四条的规定，在生产、作业中违反有关安全管理规定，因而发生重大伤亡事故或者造成其他严重后果的，处三年以下有期徒刑或者拘役；情节特别恶劣的，处三年以上七年以下有期徒刑。

（二）违反《安全生产法》的行政责任

生产经营单位的从业人员不服从管理，违章操作应承担的行政责任。《安全生产法》第四十九条规定，从业人员在作业过程中，应当严格遵守本单位的安全生产规章制度和操作规程，服从管理，正确佩戴和使用劳动防护用品。这是法律对从业人员规定的义务，也是保障安全生产的一个必要条件，从业人员必须遵守，违反了这项义务，就要依法承担相应的责任。

按照《安全生产法》第九十条的规定，对于从业人员违反有关规章制度和操作规程的，应当按照以下几个方面进行处理：

(1)由生产经营单位给予批评教育，即由生产经营单位对该从业人员由于违反规章制度和操作规程进行批评，同时对其进行有关安全生产方面知识的教育。

(2)依照有关规章制度给予处分。规章制度包括企业依法制定的内部奖惩制度。

具体给予哪种处分，可根据从业人员违反规章制度行为的情节决定。

《安全生产法》、《矿山安全法》等法律、法规和规章，赋予了从业人员一定权利和义务。

这些权利、义务都具有法律强制性的特征。这里的从业人员主要是指各职能部门的人员及其他管理人员和一线的生产工人。

二、从业人员安全生产的权利

（一）享受工伤保险和伤亡赔偿的权利

《安全生产法》明确规定从业人员享有工伤保险和获得伤亡赔偿的权利，同时规定了生产经营单位的相应义务。《安全生产法》第四十四条规定："生产经营单位与从业人员订立的劳动合同，应当载明有关保障从业人员劳动安全、防止职业危害的事项，以及依法为从业人员办理工伤社会保险的事项。生产经营单位不得以任何形式与从业人员订立协议，免除或者减轻其对从业人员因生产安全事故伤亡依法应当承担的责任。"第四十八条规定："因生产安全事故受到损害的人员，除依法享有工伤社会保险外，依照有关民事法律尚有获得赔偿的权利的，有权向本单位提出赔偿要求。"第四十三条规定："生产经营单位必须依法参加工伤社会保险，为从业人员缴纳保险费。"此外，法律还对生产经营单位与从业人员订立协议，免除或者减轻其对从业人员因生产安全事故伤亡依法应承担的责任，规定该协议无效，并对生产经营单位主要负责人、个体经营的投资人处以两万元以上二十万元以下的罚款。

（二）危险因素和应急措施的知情权

生产经营单位特别是从事矿山、建筑、危险物品生产经营和公众聚集场所，往往存在着一些对从业人员生命和健康带有危险、危害的因素，比如接触粉尘、顶板、突水、火险、瓦斯、高空坠落、有毒有害、放射性、腐蚀性、易燃易爆等场所、工种、岗位、工序、设备、原材料、产品，都有发生人身伤亡事故的可能。直接接触这些危险因素的从业人员往往是生产安全事故的直接受害者。许多生产安全事故从业人员伤亡严重的教训之一，就是法律没有赋予从业人员获知危险因素以及发生事故时应当采取的应急措施的权利。如果从业人员知道并且掌握有关安全知识和处理办法，就可以消除许多不安全因素和事故隐患，避免事故发生或者减少人身伤亡，所以，生产经营单位从业人员有权了解其作业场所和工作岗位存在的危险因素及事故应急措施。要保证从业人员这项权利的行使，生产经营单位就有义务事前告知有关危险因素和事故应急措施。否则，生产经营单位就侵犯了从业人员的权利，并对由此产生的后果承担相应的法律责任。

(三)安全管理的批评检控权

一些生产经营单位的主要负责人不重视安全生产，对安全问题熟视无睹，不听取从业人员的正确意见和建议，使本来可以发现、及时处理的事故隐患不断扩大，导致事故和人员伤亡。有的竟然对批评、检举、控告生产经营单位安全生产问题的从业人员进行打击报复。《安全生产法》针对某些生产经营单位存在的不重视甚至剥夺从业人员对安全管理监督权利的问题，规定从业人员有权对本单位的安全生产工作提出建议；有权对本单位安全生产工作中存在的问题提出批评、检举、控告。

(四)拒绝违章指挥和强令冒险作业权

在生产经营活动中，经常出现企业负责人或者管理人员违章指挥和强令从业人员冒险作业的现象，由此导致事故，造成人员大量伤亡。因此，法律赋予从业人员拒绝违章指挥和强令冒险作业的权利，不仅是为了保护从业人员的人身安全，也是为了警示生产经营单位负责人和管理人员必须照章指挥，保证安全，并不得因从业人员拒绝违章指挥和强令冒险作业而对其进行打击报复。《安全生产法》第四十六条规定："生产经营单位不得因从业人员对本单位安全生产工作提出批评、检举、控告或者拒绝违章指挥、强令冒险作业而降低其工资、福利等待遇或者解除与其订立的劳动合同。"

(五)紧急情况下的停止作业和紧急撤离权

由于生产经营场所的自然和人为的危险因素的存在不可避免，经常会在生产经营作业过程中发生一些意外的或者人为的直接危及从业人员人身安全的危险情况，将会或者可能会对从业人员造成人身伤害。比如从事矿山、建筑、危险物品生产作业的从业人员，一旦发现将要发生透水、冒顶、片帮、坠落、倒塌、危险物品泄露、燃烧、爆炸等紧急情况，并且无法避免时，最大限度地保护现场作业人员的生命安全是第一位的，法律赋予他们享有停止作业和紧急撤离的权利。

三、从业人员安全生产的义务

(一)安全生产和自我保护义务

(1)从业人员在作业过程中，应当严格遵守本单位的安全生产规章制度和操作规程。各生产经营单位的安全生产规章制度和操作规程，是针对本单位的生产经营特点制定的，是生产经营经验和事故教训的总结，从业人员在作业的过程中必须严格遵守。《劳动法》第五十六条对此也规定，劳动者在劳动过程必须严格遵守操作规程，这是劳动者的义务和职责，是预防事故的保证。

(2)从业人员在作业过程中，应当服从管理。对生产经营企业而言，管理就是效益，管理就是安全。生产经营单位负责人既负有生产经营的责任，也负有安全生产的责任，从业人员既要服从生产经营方面的管理，也要服从安全生产方面的管理。

(3)从业人员在作业过程中，应正确佩戴和使用劳动防护用品。劳动防护用品是指劳动者在劳动过程中为免遭或减轻事故伤害或职业危害所配备的人身保护用品。正确佩戴和使用劳动防护用品，能够防止和减少生产安全事故，保障从业人员的生命安全。

(二)接受安全生产教育与培训的义务

随着用工制度的改革，大量农民涌入生产经营单位，成为主要劳动力。生产经营单位在采用新工艺、新技术、新材料或者新设备时，必须使操作人员详细了解和掌握这些新工艺、新技术、新材料或者新设备的技术特性，要通过编制教育培训教材，对从事这些操作的从业人员进行专门的安全生产培训，确保从业人员掌握这些新工艺、新技术、新材料、新设备。

《安全生产法》第二十一条、第二十二条对从业人员的安全生产教育和培训作出了明确的规定。通过安全生产教育和培训，从业人员要达到以下要求：

(1)具备必要的安全生产知识。

(2)熟悉有关安全生产规章制度和操作规程。

(3)掌握本岗位的安全生产操作技能。

(三)报告事故隐患的义务

《安全生产法》第五十一条规定，从业人员发现事故隐患或者其他不安全因素，应当立即向现场安全生产管理人员或者本单位负责人报告，接到报告的人员应当及时予以处理。

(四)发现事故隐患及时报告的义务

从业人员直接进行生产经营作业，他们是事故隐患和不安全因素的第一当事人。许多生产安全事故是由于从业人员在作业现场发现事故隐患和不安全因素后，没有及时报告，以致延误了采取措施进行紧急处理的时机，发生重大、特大事故。如果从业人员尽职尽责，及时发现并报告事故隐患和不安全因素，许多事故就能够得到及时报告并得到有效处理，完全可以避免事故发生和降低事故损失。所以，发现事故隐患并及时报告是贯彻预防为主的方针，加强事前防范的重要措施。为此，《安全生产法》第五十一条规定："从业人员发现事故隐患或者其他不安全因素，应当立即向现场安全生产管理人员或者本单位负责人报告，接到报告的人员应当及时予以处理。"这就要求从业人员必须具有高度的责任心，防微杜渐，防患于未然，及时发现事故隐患和不安全因素，预防事故发生。

第二章　矿山安全生产管理基础知识

第一节　矿山安全生产管理概述

安全生产管理是企业管理的重要组成部分，是职工生命安全、身心健康及企业生产正常进行的重要保障。所谓安全生产管理，就是通过立法、行政、技术、经济、教育等各种措施，对生产过程中的各种危害进行系统的观察和分析，寻求伤害预警、响应、抢救、防御和控制的最佳方法，综合协调安全生产中的各种关系，达到保护劳动者在生产过程中的安全健康，保障生产正常进行的目标。

安全生产管理的目的是减少和控制危害，减少和控制事故，尽量避免生产过程中由于事故所造成的人身伤害、财产损失、环境污染以及其他损失。安全生产管理的基本对象是企业的员工，涉及企业中的所有人员、设备设施、物料、环境、财务、信息等各个方面。安全生产管理的内容包括：安全生产管理机构和安全生产管理人员、安全生产责任制、安全生产管理规章制度、安全生产策划、安全培训教育、安全生产档案等。

矿山安全生产管理是矿山企业管理的重要内容。矿山安全生产中，安全管理与生产管理密不可分。

一、矿山安全生产管理的方针

矿山安全生产管理方针是矿山企业在安全生产管理方面的宗旨和方向。它体现了矿山企业对待安全生产管理问题的指导思想和承诺。矿山安全生产管理工作应始终围绕安全生产管理方针进行。

矿山企业安全生产管理的方针应与我国安全生产的总体方针一致，即“安全第一，预防为主，综合治理”。

具体到矿山企业看，安全生产管理方针应以“安全第一，预防为主，综合治理”作为基础，结合企业实际和战略要求进行细化、明确。有效的安全生产管理方针应具备以下特点：

(1)全面体现“安全第一，预防为主，综合治理”的安全管理理念，深刻传达企业对安全管理的特定宗旨和要求；

(2)能够反映出矿山企业的总体战略意图；

(3)能够对安全生产管理工作产生直接指导；

(4)能够与矿山企业安全基础、技术基础、生产基础等自身实际情况相匹配，安全生产管理方针的要求经过努力可以达到；

(5)特点鲜明，能够反映矿山企业的安全状态特点；

(6)为大部分从业人员所认可，能把大家的利益相统一；

(7)简洁生动，易于理解，便于宣传和解释。

二、矿山安全生产管理的任务

矿山安全生产管理的任务，是以“三个代表”重要思想为指导，贯彻落实党和国家有关矿山安全生产的方针、政策、法律、法规和标准，坚持“以人为本”的原则，依靠科技创新和管理创新，努力消除和控制矿山生产经营过程中的各种危险因素和不良行为，不断地改善劳动条件，最大限度地减少伤亡事故，保护职工身体健康、生命安全和财产不受损失，促进矿山企业建设和改革的顺利发展，确保企业经济效益和社会稳定。

三、矿山安全生产管理的内容

矿山不同类型、不同层次、不同部门安全生产管理的重点及主要内容不尽相同，但大致包括以下范围：

(1)贯彻执行国家有关矿山安全生产工作的方针、政策、法律、法规和标准；

(2)设置矿山安全生产管理机构或配备专职安全管理人员，建立健全矿山安全生产管理网络，保持安全管理人员队伍的相对稳定性；

(3)建立健全以安全生产责任制为核心的各项安全生产管理制度；

(4)加强安全生产宣传教育和技术培训，做好职工安全教育、技术培训和特种作业人员持证上岗工作；

(5)辨识评价安全生产中的危险性，提出系统控制与管理措施；

(6)制定安全生产目标、规划及组织措施；

(7)矿山建设工程项目必须有安全设施，并经“三同时”审查、验收，改、扩建工程具备安全生产条件和较高的抗灾能力；

(8)制定和落实安全技术措施计划，确保矿山企业劳动条件不断改善；

(9)进行矿山安全科学技术研究，积极推广各种现代安全技术手段和管理方法，抓好危险源的控制管理，控制生产过程中的危险因素，改进安全设施，消除事故隐患，不断提高矿山抗灾能力；

(10)采用职业安全健康管理体系标准，推行职业安全健康管理体系认证，提高矿山企业的安全管理水平；

(11)制定事故防范措施和灾害预防、应急救援预案并组织落实；

(12)做好职工的劳动保护工作，按规定向职工发放合格的劳动防护用品；

(13)做好女职工和未成年工的劳动保护工作；

(14)做好职工伤亡事故和职业病管理，执行伤亡事故报告、登记、调查、处理和统计制度，对接尘、接毒职工进行定期身体检查，建立职工健康档案，按照规定参加工伤社会保险。

四、矿山安全生产管理机构设置

矿山企业应设立两级安全生产委员会(简称安委会)，即企业安委会和部门安委会。安委会的主要职责是：负责贯彻党和国家有关安全生产方针、政策、法规；统筹、监督、指导和协调本企业安全生产工作的开展；讨论和审查本企业安全生产工作长远规划、季度计划和安全生产技术措施计划；审定企业劳动保护、安全生产的各项制度；定期分析安全生产形势，研究重大事故隐患和工业卫生问题的整改实施方案；监督各级领导、各个部门安全生产责任制的落实情况；督促安全生产目标的实现和安全生产工作计划的实施；定期召开安全生产例会，检查布置安全生产工作；定期组织全矿性安全生产大检查，督促隐患整改；研究决定全矿性的、重大的安全生产活动；对发生的重大伤亡事故进行调查处理。

两级安委会的常设办公室分别是企业生产管理部和部门安全生产领导小组，负责日常安全事务管理。部门按规定配备专(兼)职安全生产管理人员，负责本部门职工的安全教育，制定安全生产操作规程和各项实施细则。专职安全生产管理人员，应由不低于中等专业学校毕业

(或具有同等学力)、具有必要的安全生产专业知识和安全生产工作经验、从事矿山专业工作五年以上并能适应现场工作环境的人员担任。

最终，在矿山企业不同层次的机构中设立对应的安全管理机构或安全管理人员，在整个企业形成全面覆盖的安全管理组织网络。

第二节　矿山企业安全生产责任制

安全生产责任制是最基本的安全管理制度。《安全生产法》明确规定："生产经营单位必须……建立、健全安全生产责任制……"矿山安全规程规定："矿山企业必须建立、健全安全生产责任制。"安全生产责任制是矿山企业安全生产规章的核心，是行政岗位责任制和经济责任制度的重要组成部分，也是最基本的职业健康安全管理制度。因此，矿山企业必须建立安全生产责任制，把"安全生产，人人有责"从制度上固定下来，从而增强各级管理人员的责任心，使安全管理纵向到底、横向到边、责任明确、协调配合，共同努力把安全工作真正落到实处。

一、安全生产责任制的概念、目的及意义

安全生产责任制是按照"安全第一，预防为主，综合治理"的安全生产方针和"管生产同时必须管安全"的原则，将各级负责人员、各职能部门及其工作人员和各岗位生产工人在职业健康安全方面应做的事情和应负的责任加以明确规定的一种制度，是安全生产过程中责、权、利的体现。

安全生产责任制的实质是"安全生产，人人有责"，核心是切实加强对安全生产的领导，建立起各级、各部门行政领导为第一责任人的制度，按照安全生产方针和"管生产必须管安全"、"谁主管谁负责"的原则，将各级管理人员、各职能部门及其工作人员和岗位生产人员在安全管理方面应做的事情和应负的责任加以明确规定。矿山企业安全生产责任制的核心是实现安全生产的"五同时"，就是在计划、布置、检查、总结、评比生产工作的同时，计划、布置、检查、总结、评比安全工作。

建立安全生产责任制的目的，一方面是增强生产经营单位各级负责人员、各职能部门及其工作人员和各岗位生产人员对安全生产的责任感；另一方面明确生产经营单位中各级负责人员、各职能部门及其工作人员和各岗位生产人员在安全生产中应履行的职责和应承担的责任，以充分调动各级人员和各部门在安全生产方面的积极性和主观能动性，确保安全生产。

有了安全生产责任制，就能使安全管理组织体系协调和统一起来，使企业的安全责任纵向到底、横向到边，形成安全责任体系，便于安全生产各项规章制度的贯彻、执行、监督、检查和总结。这样，安全生产工作才能做到事事有人管、层层有责任，才能使各级领导和广大职工分工协作，共同努力，切实做好安全生产工作。

二、建立安全生产责任制的作用

(1)建立安全生产责任制，可以使企业各系统各类人员在生产中分担安全责任，确保职责明确，分工协作，共同努力做好安全工作；可以防止和克服安全工作中出现混乱、互相推诿、无人负责的现象，把安全与生产工作从组织领导上协调统一起来。

(2)建立安全生产责任制，可以更好地发挥安全专职机构的监督保障作用，明确其工作内容，改变其工作杂乱、事事包揽的被动局面，真正成为企业领导在安全工作上的助手和企业安全管理的组织者。

(3)有了安全生产责任制，在发生了伤亡事故之后，有利于事故的调查、分析和处理，容易

分清责任、吸取教训，对进一步改进安全生产工作产生积极的作用。

三、建立安全生产责任制的要求

建立完善的安全生产责任制的总的要求是：横向到边、纵向到底，并由生产经营单位的主要负责人组织建立。矿山企业要建立起完善的安全生产责任制，必须达到如下要求：

(1)建立的安全生产责任制必须符合国家安全生产法律法规和政策、方针的要求，并应适时修订。

(2)安全生产责任制体系要与本单位生产经营管理体制协调一致。

(3)制定安全生产责任制要根据本单位、部门、班组、岗位的实际情况，明确、具体，具有可操作性，防止形式主义。

(4)制定、落实安全生产责任制要有专门的人员与机构来保障。

(5)在建立安全生产责任制的同时，必须建立安全生产责任制的监督、检查等制度，特别要注意发挥职工群众的监督作用，以保证安全生产责任制得到真正落实。

四、矿山企业安全生产责任制的内容

安全生产责任制的内容主要包括以下两个方面：

一是纵向方面，即从上到下所有类型人员的安全生产职责。在建立责任制时，可首先将本单位从主要责任人一直到岗位工人分成相应的层级；然后结合本单位的实际工作，对不同层级的人员在安全生产中应承担的职责作出规定。

二是横向方面，即各职能部门的安全生产职责。在建立责任制时，可按照本单位职能部门的设置，分别对其在安全生产中应承担的责任作出规定。

(一)矿山企业各级各类人员的安全生产责任

1. 矿山企业法定代表人安全职责

矿长、经理、董事长、局长是矿山企业安全生产第一责任人，对矿山企业安全生产工作负全面领导责任，其职责如下：

(1)认真贯彻执行《安全生产法》、《矿山安全法》和其他法律、法规中有关矿山安全生产的规定。

(2)领导本单位安全生产委员会，检查指导副职及下属各单位领导分管范围内的安全生产工作。

(3)主持召开重要的安全生产工作会议，及时研究解决安全生产方面的重大问题，相应作出决策，组织实施。

(4)按权限审定安全生产规划和计划，根据国家的规定保证所需的经费开支。

(5)组织制定本企业安全生产管理制度和安全技术操作规程。

(6)审定本单位安全工作机构和安全管理干部的编制，根据需要配备合格的安全管理人员。

(7)采取有效措施，改善职工劳动条件，保证安全生产所需要的材料、设备、仪器和劳动防护用品的及时供应。

(8)组织对职工进行安全教育培训，审定安全生产的表扬、奖励与处分。

(9)组织制定矿山灾害的预防和应急计划。

(10)积极组织伤亡事故抢救及事故后的调查、分析和处理；及时、如实地向安全生产监督管理部门和企业主管部门报告矿山事故。

2. 主管安全生产的企业副职领导安全职责

(1)协助矿长抓好全面的安全生产工作,对安全生产负具体领导责任。

(2)组织领导安全生产检查,落实整改措施等。

(3)及时采取措施,处理矿山存在的事故隐患。

(4)按权限组织调查分析、处理伤亡事故和重大险肇事故,拟定改进措施并组织落实。

(5)检查车间主任(或相当于车间主任)的安全生产工作情况和安全技术科(处)室的工作。

(6)主持召开每周一次的安全生产工作会议。

(7)组织安全教育培训,有计划地对各类人员进行安全技术培训考核工作。

3. 分管其他方面的企业副职领导安全职责

对其分管工作中涉及安全生产的内容负责,承担相应的安全生产职责。

4. 总工程师的安全职责

(1)对本矿的安全生产工作,在技术上负全面责任。

(2)在组织科研、技术攻关、改造、设计、施工和生产过程中,根据国家和上级有关安全生产的条例、规程、规范和标准,认真组织职业安全卫生的科研和新技术的应用。

(3)组织审定本矿的安全技术规章制度、标准和预防重大事故的技术措施。

(4)参与重大事故的调查,组织技术人员对重大事故(含伤亡事故、设备事故、险肇事故)发生的技术原因进行分析、鉴定,并提出改进措施。

(5)负责分管部门、科(处)的安全生产工作。

5. 采区负责人安全职责

(1)贯彻执行安全生产规章制度,对本采区职工在生产过程中的安全健康负全面责任。

(2)合理组织生产,在计划、布置、检查、总结、评比生产的各项活动中都必须包括安全工作。

(3)经常检查现场的安全状况,及时解决发现的隐患和存在的问题,对本采区无力解决的要及时上报,安排解决。

(4)经常向职工进行安全生产知识、安全技术、规程和劳动纪律的教育,提高职工的安全生产思想认识和专业安全技术知识水平。

(5)负责提出改善劳动条件的项目和实施措施。

(6)对本采区伤亡事故和职业病登记、统计、报告的及时性和正确性负责,分析原因,拟定改进措施。

(7)对特殊工种工人组织训练,并且必须经过严格考核合格后,持合格证方能上岗操作。

(8)组织制定和执行施工安全技术措施方案、与生产同步进行的检修工程的安全措施及进行生产试验的临时安全措施,并亲临现场指挥,保证安全生产。

(9)发生伤亡事故时,要组织紧急抢救,保护现场,立即上报并查明原因,采取防范措施,避免事故扩大和重复发生。对险肇事故要查明原因,接受教训,采取改进措施,对安全生产有贡献者和事故责任者分别提奖励和处分意见。

(10)严格执行个体防护用品和保健津贴的发放标准。

(11)按国家规定配备专(兼)职安全员,安全员要保持相对稳定。

6. 工段长、班(组)长的安全职责

(1)对工段、班(组)工人在生产中的安全健康负责。

(2)认真执行安全生产政策、法令及本矿的有关指示,严格执行各项安全规章制度和交接班制度。

(3)组织矿工学习安全操作规程和矿山企业及本采区的有关安全生产规定,教育工人严格遵守劳动纪律,按章作业。

(4)经常检查本工段、班组矿工使用的机器设备、工具和安全卫生装置,以保持其安全状态良好。

(5)对本工段、班组作业范围内存在的危险源进行日常监控管理和检查。

(6)整理工作地点,以保持清洁文明生产。

(7)组织工段、班组安全生产竞赛与评比,学习推广安全生产经验。

(8)有权拒绝上级的违章指挥。遇有险情时,有权立即指挥工作人员撤离现场。

(9)发生伤亡事故要积极抢救伤员,保护现场,立即报告,并如实提供事故发生的情况。

(10)及时分析伤亡事故原因,吸取教训,提出改进措施。

7. 专(兼)职安全员的安全职责

(1)协助领导贯彻执行有关安全生产的规章制度,并接受上级安全部门的业务指导。

(2)协助领导修订车间安全管理细则、岗位安全操作细则、安全确认制和制定临时性危险作业的安全措施等。

(3)协助领导开展定期的职业安全、卫生自查和专业检查,对查出的问题进行登记上报,并督促按期解决。

(4)负责组织对新职工(含实习、代培、调转、参观人员等)进入车间和复工人员的安全教育和考试,定期对职工进行安全生产宣传教育,做好每年的普测、考核、登记和上报工作。

(5)负责组织车间内的安全例会,安全活动日,开展安全竞赛及总结先进经验等。

(6)抓好危险源的控制管理,经常检查设备设施和工作地点的安全状况。

(7)制止违章作业和违章指挥,发现危及人身安全的紧急情况时,有权停止其作业,并立即报告小组长、工段长处理。

(8)参加伤亡事故的调查、分析、处理,提出防范措施。负责伤亡事故和违规违制的统计上报。

8. 工人安全职责

(1)自觉遵守矿山安全法律、法规及企业安全生产规章制度和操作规程,不违章作业,并要制止他人违章作业。

(2)班前、班后检查所使用的工具、设备,保证安全可靠,并做到正确使用。对作业现场进行清理整顿,爱护并正确使用防护用具。

(3)接受安全教育培训,不断增强安全意识,丰富安全生产知识,增强自我防范能力。

(4)发现隐患或其他不安全因素应立即报告,发现直接危及人身安全的紧急情况时,有权停止作业或采取应急措施后撤离作业现场,并积极参加抢险救护。

(5)有权拒绝违章指挥和强令冒险作业。

(6)积极参加安全生产活动,主动提出改进安全工作的意见。

(二)矿山企业各职能部门的安全生产责任

1. 安全管理部门安全职责

安全管理部门由矿长直接领导,并在生产副矿长的具体领导下开展工作,是矿长、生产副矿长在安全工作中的助手。负责督促、检查、汇总情况,并做好协调工作。对职责范围内因工作失误而导致的伤亡事故负责。其具体的安全生产职责如下:

(1)对矿山安全法律、法规、规程、标准及规章制度的贯彻执行情况,进行监督检查。

(2)负责组织制定、修改本矿安全生产管理制度和规定,经矿长批准后发布,并督促执行。

(3)负责编制并组织中长期安全生产规划、季度安全技术措施计划及年、季、月职业安全、卫生工作计划的实施。

(4)组织推广安全生产目标管理、标准化作业等现代安全管理方法和先进的职业安全、卫生技术和设施,不断改善劳动条件,预测、预防事故的发生。

(5)参加新建、改建、扩建和技术改造工程项目的设计审查、竣工验收和试运转工作,督促安全卫生设施按“三同时”原则执行。

(6)及时提出企业需要解决的劳动安全卫生科研课题,协助企业科研部门搞好劳动安全卫生的科研工作。

(7)参加各种生产会议,提出职业安全、卫生方面的建设和要求,指导工段、班组安全员的工作。

(8)组织审查改善劳动条件的项目,并督促按期完成。

(9)督促检查承包、联营、技术协作项目中的安全工作。

(10)抓好危险源的控制管理,负责特种设备的安全监督、检测工作。

(11)协助领导组织好日常的安全检查工作,发现问题及时督促和协助解决,发现重大隐患时,有权指令先停止生产,并立即报告企业领导研究处理。

(12)有计划地对职工进行安全生产教育和培训,配合劳动安全监察部门做好新工人和特种作业人员的安全教育培训和考核工作。

(13)督促有关部门和单位,按照有关规定及时发放劳动防护用品、保健食品和饮料,并指导职工正确使用。

(14)会同工会劳动保护组织,选拔、培训安全生产积极分子,指导和支持他们开展群众监督检查活动。

(15)督促有关部门和单位搞好女职工和未成年工的特殊保护工作。

(16)参加本企业伤亡事故的调查处理,进行伤亡事故的登记、统计、分析、报告。做好事故的预测预报工作,协助有关部门提出预防事故的措施,并督促按期实现。

(17)协助有关部门和单位搞好职业病和各种职业危害情况的调查、分析、报告工作,研究和实施防治措施。

(18)总结和推广安全生产的先进经验,表彰安全生产的先进单位和个人。

2. 生产部门的安全职责

(1)在编制生产计划时要同时编制安全措施计划,检查生产进度时要同时检查安全生产情况,如发现问题,负责进行调度,并转告有关部门。

(2)在安排生产、施工程序时,必须考虑生产设备装置的能力,防止设备装置超负荷运行。

(3)在生产安排上,还要确保设备中修、大修计划的按期实施,组织好均衡生产。

(4)在生产调度中发现有重大危险时,要及时进行调度指挥,采取措施,消除隐患。

(5)负责生产事故的调查分析,提出处理意见和改进措施。每月要按时将上月份的生产事故统计报告报送安全专职机构汇总。

3. 计划部门的安全职责

(1)在考虑企业长远规划时,应包括安全技术研究、改善劳动条件和安全生产的项目。

(2)在组织编制年度、季度生产计划时,要列入安全生产的指标和措施;公布各项生产经营指标的同时,要公布安全生产指标及措施落实情况。

(3)在编制技术措施项目的同时安排安全措施项目,并确保其按期实施。

(4)在安排生产的产量和品种时,负责做好必要的安全措施的平衡配套工作。

(5)分配年度更新改造资金时,严格按照国家规定的比例,安排安全技术措施计划经费。

(6)做新建、改建、扩建工程计划时,严格执行安全设施与主体工程的"三同时"原则,计划中应有职业安全卫生的内容,计划下达前应征求安全专职机构的意见。

(7)组织审查技术改造工程初步设计时,应通知安全技术科(处)参加,并签署审查意见。

(8)凡新产品、新项目投产前,不符合职业安全、卫生要求的不得下达计划和安排生产。

4. 技术部门的安全职责

(1)负责进行安全技术的研究工作,有计划地解决安全方面的技术问题;负责安全卫生措施项目工艺设计和审查,解决生产、施工中的有关安全问题。

(2)在制定中长期科技发展规划时,应有职业安全、卫生的规划。

(3)参与安全卫生措施项目的审查,企业安全标准、规范、规程的制定和审查。

(4)编制或修订工艺规程、操作规程,必须符合安全生产条件的要求。

(5)在技术革新、技术改造、新产品试制、新工艺、新材料的采用等项工作中,必须考虑安全生产的要求。应尽量采用无毒、无危险性的工艺、材料;未经论证或鉴定,无保证安全措施的项目,一律不得采纳和推行。

(6)负责组织制定新产品、新工艺的安全操作规程,在试生产前妥善做好各项安全措施,并进行安全指导。

5. 卫生、职业病防治部门的安全职责

(1)负责职业病和职业中毒的防治与管理工作,定期组织有关工种的职工进行体检。

(2)根据有毒物质的测定数据,提出预防职业中毒和职业危害的意见。

(3)负责组织矿、车间的事故抢救网,配备专用医疗救护车,设立生产车间红十字卫生箱和兼职卫生员。

(4)配合安全技术部门进行安全卫生教育,在职工中普及职业病危害和伤害抢救知识。

(5)对工伤、职业病人员的劳动能力和健康状况,提出鉴定意见。

(6)发生伤亡事故后,负责职工的伤病救护工作,制定急救措施,一旦发生人身伤亡事故,迅速实施抢救。

6. 保卫部门的安全职责

(1)负责全厂的保卫工作,制定保卫制度。

(2)认真贯彻执行有关防火防爆工作的政策、法规、规章制度,制定消防及易燃、易爆、剧毒品等安全管理制度和考核办法,并督促贯彻执行。

(3)组织进行防火工作的宣传教育和检查工作,加强对专业消防人员和义务消防人员的领导和训练。组织进行全矿防火工作的宣传教育和检查工作。

(4)负责配备消防器材,指导消防、爆破人员的工作,并与安全技术科(处)协同定期进行教育和训练。

(5)参加安全生产检查工作,进行节日前后的防火、保密、保卫检查,对重大隐患要及时上报,并督促解决。

(6)参加伤亡事故的调查分析和处理工作。负责火灾、爆炸、破坏和原因不清事故的调查及统计工作。

7. 教育培训部门的安全职责

(1)制定教育培训计划时,应有职业安全、卫生教育培训计划,并负责解决教育经费。

(2)按照职业安全、卫生应知应会内容和继续工程再教育的要求,组织各级领导及职工的岗位培训。

(3)协助有关部门做好新工人入矿后的三级安全教育。

(4)对实习、代培人员等需通知安全技术部门进行安全教育后,才能分配到车间实习。

(5)对职工未进行安全技术培训就上岗操作而造成的伤亡事故负责。

8. 人事部门的安全职责

(1)新工人入矿前必须按规定进行体格检查和文化素质考核,不符合招工条件的不得录用。

(2)应和教育、安全技术科(处)协作对新工人进行安全教育,然后再分配工作。

(3)应把安全生产列入干部的教育、考核内容。

(4)严格按编制定员配备、调整安全部门干部,并保证人员素质。

(5)严格按有关规定办理事故责任者的行政处分。对职责范围内因工作失误导致的伤亡事故负责。

(6)工人晋级应把安全生产列为重点考核条件。凡因违反安全规定而造成本人受伤或他人重伤、死亡及设备损坏、火灾等重大事故的直接责任者,一律不得在该期间晋级。

(7)负责督促检查并及时调整经劳动鉴定委员会鉴定不适合所在岗位工作的年老体弱和患有各种疾病人员的工作。

(8)不准分配女职工到有害的岗位作业,已在有害岗位作业的,应调离并妥善另行安排工作。

9. 工会的安全职责

工会组织是保护职工利益,教育职工的工人阶级的群众组织,是企业劳动保护职工管理的主体。其安全生产管理的主要职责是:

(1)宣传党和国家劳动保护、安全生产政策、法规、法令,监督检查其贯彻执行情况。

(2)监督检查新建、扩建、改建或全矿性技术改造工程项目的劳动保护设施严格按照“与主体工程同时设计,同时施工,同时投产”的规定执行。

(3)督促检查劳动保护措施经费的提取、使用和劳动保护措施计划的执行情况;检查企业的安全生产、劳动保护设施,发现问题,向矿行政部门提出口头或书面的建议,限期整改。

(4)发现违章指挥,强令工人冒险作业或者在生产过程中发现明显重大事故隐患和职业危害,危及职工生命安全和造成国家财产损失,有权向企业行政领导或现场指挥人员提出停产解决的建议。如无效即应支持或组织职工拒绝操作,撤离到安全地点。职工的工资照发。

(5)监督检查《生产安全事故报告和调查处理条例》的执行,查明事故原因和责任,总结经验教训,采取防范措施。对于造成伤亡事故和财产损失的责任者,由行政领导给予严肃处理,必要时有权向检察机关或法院提出控告,追究其法律责任。

(6)工会在监督检查安全生产情况时,有关单位必须提供方便,不得阻挠其进入生产(工作)现场或到有关部门调查了解情况、索取资料、听取反映。对有意阻挠、破坏监督检查人员正常工作,进行诬陷、打击报复者,有权要求上级机关严肃处理,对触犯刑律的,应向检察机关或人民法院提出控告。

10. 其他职能部门安全职责

矿山企业中的动力、机械设备、基建、环保、劳资、供销、运输、财务等各有关专职机构，都应在各自业务范围内，对实现安全生产的要求负责，承担分管业务中相应的安全职责。

第三节　矿山安全生产管理规章制度

矿山安全生产管理规章制度是指以有效地保护矿山职工在生产过程中的安全健康，保障矿山企业财产不受损失为目的，根据《安全生产法》、《矿山安全法》及其他安全生产法律、法规、标准，结合企业自己的情况和特点，以文件形式制定并在企业内部发布施行的安全生产行为规范和准则。矿山企业应该建立健全各项安全生产管理规章制度，使职工在各项生产活动中，行动有准则，干活有方向，操作有规范，减少或避免事故的发生，实现安全生产的目的。

一、安全生产检查制度

安全生产检查制度，是指各级领导和工段技术人员以及岗位生产工人，定期或不定期对生产系统进行全面检查的一项制度。安全检查是消除隐患、防止事故、改善劳动条件的重要手段，是矿山企业安全生产管理工作的一项重要内容。通过安全检查可以及时发现矿山企业生产过程中的危险因素及事故隐患和管理上的欠缺。以便有计划地采取措施，保证安全生产。

（一）安全生产检查的内容

1. 查思想

即查各级领导、群众对安全生产的认识是否正确，安全责任心是不是很强，有无忽视安全的思想行为，以及贯彻落实“安全第一，预防为主，综合治理”方针和“三同时”等有关情况。即查全体职工的安全意识和安全生产素质。

2. 查制度

安全生产制度是全体职员的行动准则和规范，查制度就是检查企业安全生产规章制度是否健全，在生产活动中是否得到了贯彻执行。

3. 查管理

检查企业的安全生产组织机构和安全生产责任制是否健全，是否贯彻执行了“三同时”和“五同时”，检查三级教育是否落实。检查各采场、工段、班组的日常安全管理工作的进行情况，检查生产现场、工作场所、设备设施、防护装置是否符合安全生产要求。

4. 查隐患

生产现场存在的事故隐患是导致伤亡事故发生的原因，是安全检查的主要对象。查隐患主要是检查企业生产现场的劳动条件、生产设备和设施是否符合安全要求。例如，安全出口是否畅通，机械有无防护装置，通风及照明、防尘措施，压力容器的运行，炸药库，易燃易爆物品的储存、运输和使用，个体防护用品的标准及使用情况等，是否符合安全要求。

5. 查整改

对被检查单位上一次查出的问题，按其当时登记的项目、整改措施和期限进行复查。检查是否进行了整改及整改的效果。如果没有整改或整改不力的，要重新提出要求，限期整改。对重大事故隐患，应根据不同情况进行查封或拆除。

6. 查事故处理

检查企业对伤亡事故是否及时报告、认真调查、严肃处理。

（二）安全生产检查的方式

安全检查可分为日常性检查、定期检查、专业性检查、专题安全检查、季节性检查、节假日前后安全检查和不定期检查。

1. 日常性检查

即经常的、普遍的检查。班组每班次都应在班前、班后进行安全检查，对本班的检查项目应制定检查表，按照检查表的要求规范地进行。专职安全人员的日常检查应该有计划，针对重点部位周期性地进行。

2. 定期检查

定期检查是指有计划、有组织、有目的地进行安全生产检查。检查的周期根据矿山企业的实际情况确定。矿山企业主管部门每年对其所管辖的矿山至少检查一次，矿每季至少检查一次；坑口（车间）、科室每月至少检查一次。定期检查不能走过场，一定要深入现场，解决实际问题。

3. 专业性检查

专业性检查。是由矿山企业的职能部门负责组织有关专业人员和安全管理人员进行的专业或专项安全检查。这种检查专业性强，力量集中，利于发现问题和处理问题，如采场冒顶、通风、边坡、尾矿库、炸药库、提升运输设备等的专业安全检查等。

4. 专题安全检查

针对某一个安全问题进行的安全检查，如防火检查、尾矿库安全度汛情况检查、“三同时”落实情况的检查、安全措施经费及使用情况的检查等。

5. 季节性检查

这种检查是指针对季节性气候条件的变化，按以前发生事故的规律对易引发事故的潜在危险重点进行检查。如夏季多雨，要提前检查防洪防汛设备，加强检查井下顶板、涌水量的变化情况；秋冬季天气干燥，要加强防火检查。

6. 节假日前后安全生产检查

由于节假日（春节、元旦、国庆节、五一节等）前后，是事故多发期，因此，有必要进行有针对性的安全生产检查。包括节假日前进行安全综合检查，落实节假日期间的安全管理及联络、值班等要求；节假日后要进行遵章守纪的检查等。

7. 不定期检查

不定期检查，是指在新、改、扩建工程试生产前以及装置、机器设备开工和停工前、恢复生产前进行的安全检查。

（三）安全生产检查的方法

不同形式的安全检查要采用不同的方法。安全生产大检查，应由矿山企业领导挂帅，有关职能部门及专业人员组成检查组，发动群众深入基层、紧紧依靠职工，坚持领导与群众相结合的原则，组织好检查站工作。安全检查的常见做法如下。

（1）建立组织。进行安全检查必须有一个适合工作需要的组织，并有专人负责，有组织、有领导、有计划地开展工作。例如，规模、范围较大的安全检查，应在主管部门或地区劳动部门领导下，组成各有关部门参加的安全检查团，分成若干个检查组，分赴现场检查；公司对厂、矿的重点检查，由公司领导负责，由技术、管理方面有经验的同志参加；专业性安全检查，通常由有关职能部门和安全部门负责人担任正副组长，抽调公司和厂、矿专业技术干部和工人组成检查组。

(2)做好检查的各项准备工作。安全检查的准备工作主要包括思想上的准备工作和业务上的准备工作。

思想上的准备工作包括：对参加检查工作的人员进行短期集训，使他们一方面了解安全检查的目的、意义和要求，提高他们对安全生产方针和安全生产法规、法令的认识，在检查中依靠群众、深入现场、实事求是，搞好安全检查；对受检的各个部门、企业和单位的各级领导要组织学习中央和国务院有关安全生产的指示和文件，联系实际、总结过去安全检查的经验，提高各级领导干部安全生产的思想认识，为搞好安全检查打下思想基础；对广大职工群众，要做好宣传和发动工作，提高群众安全生产检查的自觉性，造成一个群众性的查隐患，查整改的活动，使不安全问题得到充分暴露、充分解决。

业务上的准备工作包括：确定检查的目的、步骤和方法、并建立检查组织、抽调检查人员、检查组织的分工、负责检查的范围等。制定检查计划和提纲，安排检查日程；讨论检查的内容，检查的重点，分析过去发生的各类事故资料，给检查人员准备一份过去事故的次数、部门、类型、伤害性质、伤害类别、伤害程度以及发生事故的主要原因和采取的措施等方面的资料，以提醒检查人员加强这方面的检查；设计、印制检查表格，以便逐项检查做好记录，避免遗漏应检查项目与内容。

(3)采用多种形式查找问题。安全检查可以通过现场实际检查，召开汇报会、座谈会、调查会以及个别谈心、查问资料等形式，了解不安全因素和生产操作中的异常现象等方法进行。

安全检查表法是安全检查的一种重要方法。在制定安全检查表时，应根据检查表的用途和目的具体确定安全检查表的种类。安全检查表的主要种类有：设计用安全检查表、厂级安全检查表、车间安全检查表、班组及岗位安全检查表、专业安全检查表等。

(4)把自查与互查有机结合。自查是指在企业单位内发动群众自行检查。互查是企业内部各单位之间开展的互相检查。基层以自查为主，企业内相应部门间要互相检查，取长补短，相互学习和借鉴。事实证明，要使安全检查取得好的效果，必须把自查和互查两者结合起来，真正实行有组织、有领导的群众性安全生产检查。

(5)坚持查改结合。检查不是目的，只是一种手段，整改才是最终目的。对于检查出来的问题和事故隐患，应按危险程度、问题解决的难易程度进行分级管理和解决，尽可能本单位的问题和隐患，本单位内部解决。并将检查的问题与隐患的解决与处理实行“三定”即定措施、定整改完成时间、定负责人。在检查中还需注意发现和解决安全生产上一些薄弱环节和关键问题，检查上一次检查中发现的问题与隐患的整改情况。这样，有利于企业重视整改工作，消除“老大难”问题。总之，在检查中，要重视整改工作，争取做到检查出来的问题和隐患条条有着落，件件有交代。

(6)建立安全检查网络，实行危险源分组检查管理制度。

(7)建立检查档案，结合安全检查表的实施，逐步建立健全检查档案，收集基本的数据，掌握基本安全状况，实现事故隐患及危险点的动态管理，为及时消除隐患提供数据，同时也为以后的安全检查及隐患整改奠定基础。

二、安全教育制度

安全教育培训是矿山企业安全管理的一项重要内容。通过安全知识教育和技能培训，使职工增强安全意识，熟悉和掌握有关的安全生产法律、法规、标准和安全生产知识和专业技术技能，熟悉本岗位安全职责，提高安全素质和自我防护能力，控制和减少违章行为，做到安全生产。

安全教育的内容包括思想政治教育、劳动纪律教育、方针政策教育、法制教育、安全技术训练以及典型经验和事故教训的教育等。

目前，我国企业中开展安全教育的主要形式和方法有三级教育、对特种作业人员的专门训练、经常性的教育等。

(一)三级教育

三级教育是对新工人、参加生产实习的人员、参加生产劳动的学生和新调动工作的工人进行的厂(矿)、车间(坑口、采区)、班组安全教育。三级教育是矿山企业必须坚持的安全教育的基本制度和主要形式。

1. 入厂(矿)安全教育

这是对新入厂(矿)的或调动工作的工人，到厂(矿)实习或劳动的学生，在未分配到车间和工作地点以前，必须进行的一般安全教育。新进矿山的井下作业职工，接受安全教育、培训时间不得少于 72 h；新近露天矿的职工接受安全教育、培训时间不得少于 40 h。教育培训结束时，经考试合格后，方可分配到岗位工作，教育的主要内容有：国家矿山安全法律、法规、规程；本矿山企业安全生产的一般知识和规章制度；安全生产状况和特殊危险地点及注意事项；一般电气、机械和采区安全知识及防火防爆知识；伤亡事故教训等。教育的方法可根据本矿山企业生产特点，机械设备的复杂情况，新入矿工人的数量多少等情况，采取不同的方法进行，如讲课、会议、座谈、演练、参观展览、安全影视、看录像等。

2. 车间(坑口、采区)安全教育

车间教育是在新工人或调动工作的工人分配到车间后进行的安全教育。它的内容包括车间(坑口、采区)的概况；安全生产组织和劳动纪律；危险场所、危险设备、尘毒情况及安全注意事项；安全生产情况、问题和典型事例。教育方法一般由采场安全员讲解，实地参观，进行直观教育。

3. 班组安全教育

这是在新工人或调动工作的工人到了固定工作岗位，开始工作前的安全教育。新的井下作业职工，在接受了安全教育、培训，经考试合格后，必须在有安全工作经验的师傅带领下工作满 4 个月，并再次经考核合格，方可独立作业。教育的主要内容有：本工段或班组的安全生产概况、工作性质、职责范围及安全操作规程；工段、班组的安全生产守则及交接班制度；本岗位易发生的事故和尘毒危害情况及其预防和控制方法；发生事故时的安全撤退路线和紧急救灾措施；个人防护用品的使用和保管。教育的方法采用讲解、示范或师傅带徒弟的办法。

(二)特种作业人员的专门训练

矿山特种作业人员从事的特种作业，是指对操作者本人及他人和周围环境的安全有重大危害的作业，一旦发生事故后，对整个矿山企业生产的影响较大，还会带来严重的生命、财产损失。金属非金属矿山特种作业人员包括矿井通风工、尾矿工、安全检查工、提升机操作工、支柱工、井下电气工、排水工和爆破工。

矿山企业必须组织特种作业人员参加由国家规定的部门进行的专门技术培训，经过考核合格，取得安全操作证后，方准上岗操作。

对于特种作业人员的培训教育有两个方面：一是安全技术知识的教育，二是实际操作技能的训练。对特种作业人员的教育，可采取脱产或半脱产方式，以及对口专业的定期培训、轮训。已取得特种作业人员操作证的特种作业人员，每3年复审一次。

(三)经常性的安全教育

安全教育应该贯穿于生产活动的始终，这也是安全管理的经常性工作。通过安全教育而掌握了的知识、技能，如果不经常使用，则会逐渐淡忘，必须经常地复习。为了使职工适应生产情况和安全状况的不断变化，也必须不断地结合这些新情况开展安全教育。至于安全思想、安全态度教育更不能一劳永逸，要采取多种多样的形式激励职工，使其重视和真正实现安全生产。矿山企业每年应对职工进行不少于20 h的在职安全教育。经常性的安全教育方式方法很多，如利用班前、班后会讲安全，组织专门的安全技术知识讲座，召开事故现场会，观看安全生产方面的电影、电视等。

(四)其他安全教育

各级管理干部、安全员的安全教育由矿山企业负责进行。教育内容是：国家矿山安全法律、法规、规程和标准；本企业的安全生产规章制度、安全生产特点和安全生产技术知识；本企业、本单位及本人所管辖范围内的生产过程中，主要危险区域、危险源、职业危害以及容易引起事故和职业病的类别及触发条件；预防事故、职业病的对策和措施。同时，还应学习与掌握发生灾害时，防止灾害扩大，减少损失的措施。教育可采用送出去脱产学习、集中学习，或现场演示、座谈、讨论、看文件等方式。

在采用新工艺、新技术、新设备、新材料时，要进行新的操作方法、操作规程、安全管理制度和防护方法的教育。

三、岗位安全管理制度

建立健全岗位安全管理制度，是规范职工在生产活动中站标准岗、干标准活、减少或避免危险因素、实现安全生产的重要措施之一。岗位安全管理制度主要有：交接班制度、安全确认制度、安全活动日制度、设备点检制度、地下矿山出入井挂牌制度等。

四、隐患整改制度

矿山企业对事故隐患管理应建立隐患排查、登记、整改治理、销案制度，凡属已经检查发现的隐患，矿山企业均须逐项登记，并按照职责范围，实行班组、采区、矿部和公司分级负责整治的制度。要做到“三定四不推”，即定负责人、定措施(包括经费来源)、定完成期限；凡班组、工段能解决的不推给采区、车间，采区、车间能解决的不推给矿部，矿部能解决的不推给公司、主管部门，公司、主管部门能解决的不推给县、市、省，做到及时整治，按期销案。

五、劳动保护用品发放管理制度

劳动保护用品是指由生产经营单位为从业人员配备的，使其在劳动过程中免遭或者减轻事故伤害及职业危害的个人防护装备。使用劳动防护用品，是保障从业人员人身安全与健康的重要措施，也是保障生产经营单位安全生产的基础，因此，《矿山安全法》、《安全生产法》及劳动部的相关法规对职工劳动保护用品作了明确规定，矿山企业应按照法律、法规的标准，结合本企业的实际情况，制定劳动保护用品发放管理制度。

为保证劳动防护用品质量，国家对特种劳动防护用品建立厂质量检验与认证制度。矿山企业在选购劳动防护用品时，应选购有《产品合格证书》和《产品检验证》的产品。

六、设备管理制度

设备是矿山企业获得经济效益的主要生产工具，因此，矿山企业必须制定详细的设备管理制度。设备管理制度的主要内容如下：购买新设备的要求；新设备的安装规定；设备操作规范；设备使用期限；设备的更新；设备大、中、小修及日常维修的时间及技术要求。

七、安全考评奖惩制度

安全考评奖惩制度是企业安全管理制度的重要组成部分，是安全工作“计划、布置、检查、总结、评比”原则的具体落实和延伸。通过对企业内各单位的安全工作进行全面的总结评比，奖励先进，惩处落后，以充分调动职工遵章守纪、主动搞好安全工作的积极性。各单位应本着促进安全生产的精神，坚持重奖重罚、物质奖励和精神奖励并重的原则，根据企业的实际情况，建立安全生产考评奖惩制度。

第四节　现代安全管理技术

在长期生产发展的实践过程中，传统安全管理积累了丰富的经验，为防止伤亡事故的发生，保障生产的顺利进行作出了很大的贡献。但是，在生产技术飞速发展的今天，它已经暴露出许多弱点，特别是事故的预测预防工作跟不上生产技术的进步，落后于生产的发展。这就要求人们去研究新的劳动保护技术和管理方法，以尽快地与生产技术的发展相适应。为了区别于传统的安全管理，这种新方法的研究和实施，称为现代安全管理。

现代安全管理是现代企业管理的一个组成部分，它吸收了现代自然科学发展的成果，遵循现代企业管理的基本原理和原则，应用安全科学的观点和方法，对安全生产进行全面、系统、科学的管理。推行现代安全管理，可实现安全管理由传统的经验型管理向现代的系统安全管理转变，由伤亡事故管理为中心的事故管理型向以危险源控制为中心的事故预防性管理模式转变，由相对被动的静态的管理模式向主动型、动态的安全管理方式转变。

现代安全管理技术的核心是实现生产系统的本质安全化，即运用系统论、控制论和信息论、可靠性工程以及人机工程的基本理论和方法，实现生产工艺、设备、环境和人员达到最佳安全匹配状态。通过强化培训，提高职工的素质，达到职工操作无违章，从而确保安全。通过提高本质安全化水平，可最大限度地减少生产现场的安全隐患和人员的违章。

现代安全管理的一个重要特征，就是坚持“以人为本”的思想，强调以人为中心的安全管理，把安全管理的重点放在激励职工的士气和能动作用方面。具体地说，就是为了人和人的管理。人是生产力诸要素中最活跃、起决定性作用的因素，保护矿山职工生命安全是安全工作的首要任务。所谓人的管理，是充分调动每个职工的主观能动性和创造性，主动参与安全管理。

现代安全管理的另一个重要特征，是强调系统的安全管理，从企业整体出发点放在整体效应上，使企业达到最佳的安全状态。

一、危险源监控管理

危险源控制管理是现代安全管理的基本内容，是贯彻安全生产方针的基本环节，是运用安全系统工程的理论强化安全管理的新举措，因此，必须认真抓好危险源的控制管理，促进安全生产。

（一）危险源辨识

危险源辨识是指对生产中的危险、有害因素进行辨识和分析。危险因素是指能对人造成伤亡或对物造成突发性损害的因素；有害因素是指能影响人的身体健康，导致疾病，或对物造成慢性损害的因素。通常情况下，二者并不加以区分而统称为危险、有害因素。

1. 矿山危险源

矿山生产过程中存在着许多可能导致矿山伤亡事故的潜在的危险、有害因素，即矿山危险源。矿山危险源的主要特征是，危险源具有较高的能量，一旦导致事故，往往造成严重伤害，并且在同一作业场所有多种危险源存在。主要矿山危险源如下：危险岩体和构筑物，如危险顶板、大面积采空区、危险边坡、危险构筑物等；爆破材料，主要是爆破作业中使用的雷管、炸药等；矿井水与地表水，可能导致矿井透水、淹井、泥石流等事故；可燃物集中的场所；高差较大的场所；机械与车辆；压力容器；电气系统及电气设施。

可能导致的伤害事故类型包括：物体打击、车辆伤害、机械伤害、触电、火灾、高处坠落、坍塌、冒顶片帮、透水、放炮、瓦斯煤尘爆炸、火药爆炸、锅炉爆炸、中毒窒息以及其他事故。

2. 危险源辨识方法

许多系统安全分析、评价方法，都可用来进行危险、危害因素的辨识。选用哪种方法要根据分析对象的性质、特点、寿命的不同阶段和分析人员的知识、经验和习惯来定。常用的危险、危害因素辨识方法大致可分为直观经验法和系统安全分析方法两大类。

(1)直观经验法

适用于有可供参考先例、有以往经验可以借鉴的危险辨识过程，不能应用在没有供参考先例的新系统中。直观经验法又可分为对照、经验法和类比方法。

(2)系统安全分析方法

即应用系统安全工程评价方法的部分方法进行危险、危害因素的辨识。系统安全分析方法常用于复杂系统、没有事故经验的新开发系统。常用的系统安全分析方法有事件树(ETA)、事故树(FTA)等。

(二)危险源的分级

危险源的分级，是按危险源被触发后导致发生事故，其可能造成的危害程度(人员伤亡、生产中断时间、设备破坏的程度)或事故频率进行分级的，危险源分为以下四级：

(1)A级(重大危险源)，可能造成多人伤亡或引起火灾、爆炸，造成设备、厂房设施毁灭性破坏者，或虽事故程度不太严重，但事故频率高，经常造成人员伤亡和影响生产者。如露天边坡滑坡或坍塌，尾矿库溃坝，炸药库、液化气站、油库、氧气库、锅炉房、瓦斯、矿井煤尘、矿尘等发生爆炸，矿井冒顶片帮，透水事故等作业地点均属A级危险源。

(2)B级，可能造成一人死亡或虽未死亡但全部丧失劳动能力(终身致残重伤)的伤害，或造成局部停产一个班以上者。

(3)C级，可能造成人员局部丧失劳动能力(愈后不能从事原岗位工作的重伤)的伤害，或造成生产中断一个班以下者。

(4)D级，可能造成人员微伤、轻伤或伤愈后能在原岗位工作的一般性重伤的伤害，并未造成生产中断。

(三)危险源控制管理

1. 危险源管理的基本原则

针对危险源不同的风险等级，应采用不同的控制措施。不可容许的风险必须立即采取措施；中度的风险应尽可能降低，但要在保证守法的前提下，应采用成本—效益分析和成本—有效性分析等方法确定所应采取的风险管理措施；对于可承受的风险则可以不采取措施。

2. 危险源的控制

企业要定期开展危险源辨识，风险评价工作，系统地识别各种生产经营活动中可能造成人员伤害、财产损失和工作环境破坏的因素，全面掌握本部门的安全风险状况。对识别出的危险源应根据严重程度分类管理，确定风险等级，针对重大风险进行重点控制，必须建立危险源的辨识、分级和控制管理制度，建立必要的记录和台账，定期对执行情况进行检查考核。安全主管部门及相关职能部门要随时监督重大危险源的控制情况。在自身力量无法处理的情况下，各部门要根据轻重缓急，认真研究，制定方案，及时呈报企业。

3. 危险源控制措施的选择

选择危险源控制措施应遵循消除风险—降低风险—个体防护的顺序进行。一般应通过制定和实施管理方案、对职工进行意识教育及能力培训、程序控制、监测和测量及应急计划五种途径来实施。

应针对生产经营及服务管理对象存在的不可容许的风险制定风险控制措施。

4. 危险源控制措施的评审

应对所制定的危险源控制措施进行评价，通过评审，使风险控制措施保证能将风险降低到可承受的水平，实施控制措施不会产生新的重大风险，投资效果好，受影响人员的满意度高，且能被坚决执行。

二、系统安全分析

（一）系统安全分析概念

矿山生产系统是由人员、设备和工作环境等相互作用、相互依存的各种要素（元素）按一定规律组合而成的具有特定功能的整体。随着生产技术的进步，矿山生产系统越来越复杂。矿山事故往往是由多种元素彼此复杂作用的结果。因此，必须从系统的观点出发，努力实现矿山生产系统安全。

系统安全分析是从安全角度对系统进行的分析，它通过揭示系统中可能导致系统故障或事故的各种因素及其相互关联来查明系统中的危险源，以便采取措施消除或控制它们。

（二）系统安全分析的原则

1. 外部因素与内部因素相结合原则

将系统的外部环境与内部因素相结合，使其更具有可操作性。

2. 当前利益与长远利益相结合原则

选择一个有关安全的最优方案，不仅要从眼前的利益出发，并要考虑长远利益。

3. 局部效益与整体效益相结合原则

系统是由许多分系统组成的，我们要求的是整体效益最优化，因此，局部效益要服从整体效益。

4. 定性分析与定量分析相结合原则

在进行系统安全分析时，一定要本着定性与定量相结合的原则，在分析了解系统各方面性质的基础上，尽量建立能够探讨定量关系的数学模型。

（三）系统安全分析的方法

系统安全分析是实现系统安全的重要手段。通过系统安全分析，可以使人们识别事故的危险性和损失率。所以说，它是完成系统安全评价的基础。

迄今为止，人们已经研究开发了数十种系统安全分析方法，适用于不同的系统安全分析过程。其中,安全检查表、预先危险性分析、故障类型和影响分析、鱼刺图分析、事件树分析及故障树分析等方法较为常用。

1. 安全检查表

安全检查表(Safety Check List,简称 SCL)是系统安全工程中最基础、最初步的分析事故的一种方法。制定安全检查表来检查安全是安全管理的一项基础性工作。为了系统地发现工厂、车间、工序或机器、设备、装置以及各种操作管理和组织措施中的不安全因素,事先把检查对象加以剖析,把大系统分割成小的系统,查出不安全因素所在,然后确定检查项目,以提问的方式,将检查项目按系统或子系统顺序编制成表,以便进行检查和避免漏检,这种表就叫安全检查表。

安全检查表具有全面性、系统性、标准化、规范化,给人的印象深刻,可以和生产责任制相结合等优点,任何推行系统安全工程的单位都首先要应用安全检查表。安全检查表克服了传统安全检查的缺陷,是发现事故隐患、防止事故发生的有效手段。使用安全检查表能够大大地提高检查质量,避免检查时出现规定不明确、缺乏计划性和漏检等弊端。由于安全检查表是在集中了以往工作中的经验和教训的基础上,经过事先的周密研究和考虑,再经过编制人员的仔细推敲,以系统的观点,按系统的顺序编制出的安全检查提纲,因而它的使用,对于安全检查工作不仅可起到指导和备忘录的作用,而且会使安全检查工作更为系统、全面和准确。

安全检查表的内容应包括以下几点:

(1)序号(统一编号);

(2)项目名称,如子系统、车间、工段、设备等;

(3)检查内容;

(4)检查标准,即检查项目的要求所依据的有关规定、标准;

(5)检查结果,即采用"√"、"×"回答检查内容中问题;

(6)备注,可注明建议或改进措施或情况反馈等。

最后应注明检查人的姓名和检查时间。

为了使编制的安全检查表既全面又重点突出,既系统又简单实用,在编制时,应注意几点:

(1)要组织安全管理人员、专业技术人员和有经验的岗位操作人员参加的三结合编写班子,共同制作。

(2)安全检查表的提问要简明、扼要、具体、针对性强,并且有规程、规范、标准、法规作为依据,避免随心所欲,流于形式。

(3)要充分了解安全动态,掌握多方面信息,搜集同类(或类似)系统的事故教训,使内容更全面,重点更突出。

2. 预先危险性分析

预先危险性分析(Preliminary Hazard Analysis,简称 PHA),又称为初步危险分析、初步危害分析,是指在每一项工程活动之前,包括设计、施工和生产之前,首先对系统存在的危险性类别、出现条件、导致的后果作一概略的分析。

预先危险性分析的目的是尽量防止采用不安全的技术路线,使用危险性的物质、工艺和设备。它的特点是把分析做在行动之前,避免由于考虑不周而造成的损失。预先危险性分析的重点应放在系统的主要危险源上,并提出控制这些危险源的措施。通过预先危险性分析,可以有效地避免不必要的设计变更,比较经济地确保系统的安全性。预先危险性分析的结果，可作为系统综合评价的依据，还可作为系统安全要求、操作规程和设计说明书中的内容。

预先危险性分析的内容可归纳为：

(1)识别危险的设备、部件，并分析其发生故障的可能性条件；

(2)分析系统中各子系统各元部件的相互关系和影响；

(3)分析原材料、产品，特别是有害物质的性能及储运；

(4)分析工艺过程及其工艺参数或状态参数；

(5)分析人机关系及环境条件；

(6)为保证安全的设备、防护装置等。

预先危险性分析的步骤如下：

(1)调查、确定危险源。调查、了解和收集过去的经验和同类生产中发生过的事故情况。确定危险源，并分类制成表格。危险源的确定可通过经验判断、技术判断或安全检查表等方法进行。

(2)识别危险转化条件。研究危险因素转变为危险状态的触发条件和危险状态转变为事故的必要条件。

(3)进行危险分级。危险分级的目的是确定危险程度，提出应重点控制的危险源。危险等级分为以下四个级别：Ⅰ级，可忽视的。它不会造成人员伤害和系统损坏。Ⅱ级，临界的。它能降低系统的性能或损坏设备，但不会造成人员伤害，能采取措施消除和控制危险的发生。Ⅲ级，危险的。它能造成人员伤害和主要系统的损坏。Ⅳ级，灾难性的。它能造成人员死亡、重伤以及系统严重损坏。

(4)制订危险预防措施。从人、物、环境和管理等方面采取措施，防止事故发生。

3. 故障类型和影响分析

故障类型和影响分析(Failure Modes and Effects Analysis，简称 FMEA)，是系统安全分析的重要方法之一。它采用系统分割的概念，根据实际需要分析的水平，把系统分割成子系统或进一步分割成元件，然后逐个分析各个子系统或元件可能发生的故障和故障呈现的状态(即故障类型)，分析故障类型对于系统以及整个系统产生的影响，最后采取措施加以解决。

FMEA 分析方法能够对系统或设备部件可能发生的故障模式、危险因素，对系统的影响、危险程度、发生可能性大小或概率等进行全面的、系统的定性或定量分析，并可针对故障情况提出相应的检测方法和预防措施。因而具有较强的系统性、全面性和科学性。企业安全管理的实践证明，用 FMEA 分析法进行工业系统中的潜在危险辨识和分析，具有良好的效果。

FMEA 的分析步骤如下：

(1)调查所分析系统的情况，收集整理资料

将所分析的系统或设备部件的工艺、生产组织、管理和人员素质、设备等情况，以及投产或运行以来的设备故障和伤亡事故情况进行全面调查分析，收集整理伤亡事故，设备故障等方面的有关数据和资料。

(2)危险源初步辨识

组织与该系统或设备部件有关的工人、技术人员和安全管理人员开展危险预知活动，摆明问题，从操作行为、设备、工艺、环境因素、管理状态等方面进行危险源辨识和分析。

(3)故障类型,影响及组成因素分析

危险源列出后,即根据收集整理的设备故障、伤亡事故情况等资料进行故障模式、影响及组成因素分析。

(4)故障危险程度和发生概率分析

通过危险源辨识,故障类型及组成因素的分析,对系统中危险因素的基本情况有了初步了解,此时需要给出故障危险等级及其发生概率。

故障危险程度等级见表 2-1。

表 2-1 故障危险程度等级

级别	危险程度	危害后果
Ⅰ级	可忽略的	不造成人员伤害和系统损坏
Ⅱ级	临界的	可能造成人员伤害和主要系统损坏,但可排除和控制
Ⅲ级	危险的	会造成人员伤害和主要系统损坏,需立即采取控制措施
Ⅳ级	破坏性的	造成人员伤害以及系统严重损坏

故障概率是按统计区间的实际故障次数除以统计区间内实际工作小时数进行计算。若实际统计有困难,则按表 2-2 进行半定量分析。

表 2-2 故障概率等级表

级别	故障出现可能性	故障概率
A	非常容易发生	10^{-1}
B	容易发生	10^{-2}
C	较容易发生	10^{-3}
D	不容易发生	10^{-4}
E	难以发生	10^{-5}
F	极难发生	10^{-6}

(5)检测方法与预防措施

检测方法主要是采用常规或专门的方法测定故障因素。

预防措施是对故障因素和危险源的控制措施。

(6)按故障危险程度与概率大小,分先后次序,轻重缓急地逐项采取预防措施。

4. 鱼刺图分析

鱼刺图分析是利用形状像鱼骨架的图形进行系统安全分析的方法。它用于事故或重大故障的原因分析,是一种由结果推论其发生原因的演绎分析方法,故亦称因果分析。

鱼刺图分析从人、物、环境和管理四个方面查找影响事故的因素,每一个方面作为一个分支,然后逐次向下分析,找出直接原因、间接原因和根本原因,依次用大、中、小箭头标出。

绘制鱼刺图一般按如下步骤进行:

(1)确定要分析的某个特定问题或事故,写在图的右边,画出主干,箭头指向右端。

(2)确定造成事故的因素分类项目,如安全管理、操作者、操作对象、环境等,画出大枝。

(3)对上述项目继续分析,用中枝表示对应项目的原因,一个原因画出一个枝,文字记在中枝线的上下。

(4)将上述原因层层展开,一直到不能再分为止。

(5)确定因果分析图中的主要原因,并标上符号,作为重点控制对象。

(6)注明因果分析图的名称。

典型的鱼刺图如图 2-1 所示。

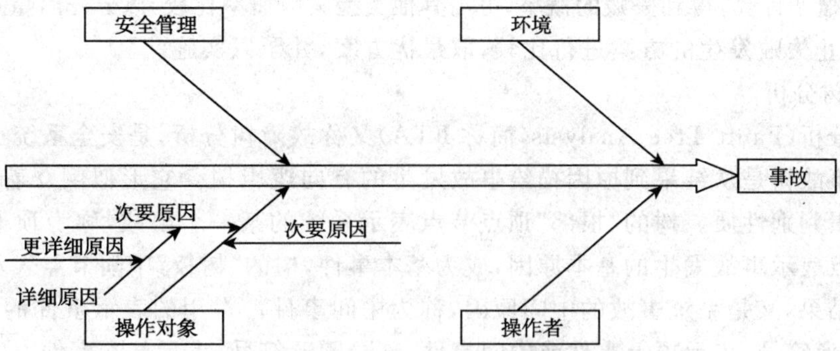

图 2-1 鱼刺图构成示意图

5. 事件树分析

事件树分析(Event Tree Analysis,简称 ETA)是安全系统工程的重要分析方法之一,它从某一初因事件起,按顺序分析各环节事件成功或失败的发展变化过程,并预测各种可能结果的分析方法,即时序逻辑分析方法。其中,初因事件是指在一定条件下能造成事故后果的最初的原因事件;环节事件是指出现在初因事件后一系列造成事故后果的其他原因事件。各种可能结果在事件树分析中称为结果事件。

任何事故都是一个多环节事件发展变化过程的结果,因此事件树分析也称为事故过程分析,其实质是利用逻辑思维的规律和形式,分析事故的起因、发展和结果的整个过程。事件树分析是以人、物和环境的综合系统为对象,分析各事件成功与失败的两种情况,从而预测各种可能的结果。

一起伤亡事故总是由许多事件按着时间的顺序相继发生和演变而成的,后一事件的发生以前一事件为前提。瞬间造成的事故后果,往往是多环节事件连续失效酿成的。所以,用事件树分析法宏观地分析事故的发展过程,对掌握事故规律,控制事故的发生是非常有益的。事件树分析适用于多环节事件或多重保护系统的危险性分析,应用十分广泛。

事件树分析一般按以下步骤进行:

(1)从导致被分析事件发生的初始的事件开始,按每一事件可能产生两种对立结果事件,即安全或危险(成功或失败,出现或不出现,发生或不发生),将待分析的事故或故障,按上述两条途径分解,把"成功"分支画在上面,"失败"分支画在下面,由左至右,一步步地展示事故(故障)的发展过程,直到伤害事件或最终故障事件为止。

(2)若已知各阶段随机事件的概率,可计算出结果事件的概率。例如:由一台水泵 A 和两个阀门 B、C 组成的排水系统,画出"排水故障"的事件树如图 2-2 所示。在该事件树中有两条导致排水故障的途径,并在图中标明了各事件发生的概率。

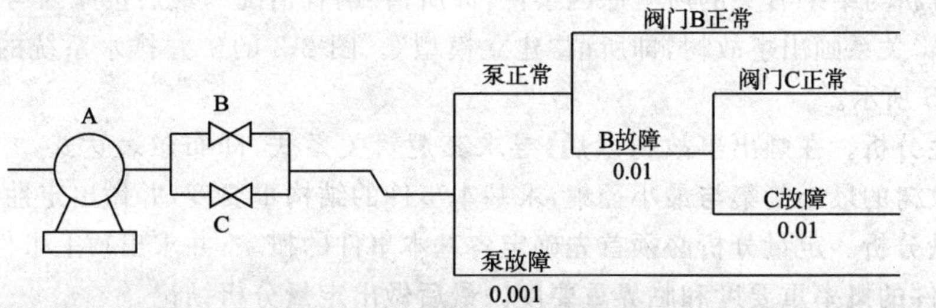

图 2-2 排水故障系统及其事件树

(3)分析造成失败前的各阶段事件,寻求防止失败发生的对策。

(4)根据概率计算,得到失败的概率,可与其他类型失败概率比较,以分先后重点予以控制。

(5)将防止失败发生的方案进行比较,取最优方案,并予以实施。

6. 事故树分析

事故树分析(Fault Tree Analysis,简称 FTA)又称故障树分析,是安全系统工程最重要的分析方法。事故树是从结果到原因描绘事故发生的有向逻辑树。它形似倒立着的树,树中的节点具有逻辑判别性质。树的"根部"顶点节点表示系统的某一个事故,称为顶上事件。树的"梢"底部节点表示事故发生的基本原因,成为基本事件,树的"树杈"中间节点表示由基本原因促成的事故结果,又是系统事故的中间原因,称为中间事件。常用的表示事件的符号如图 2-3 所示。(a)矩形符号,表示顶上事件或中间事件。(b)圆形符号,表示基本事件。(c)菱形符号,表示没有必要详细分析或原因不明确的省略事件。(d)房形符号,表示系统正常状态下发生的正常事件。

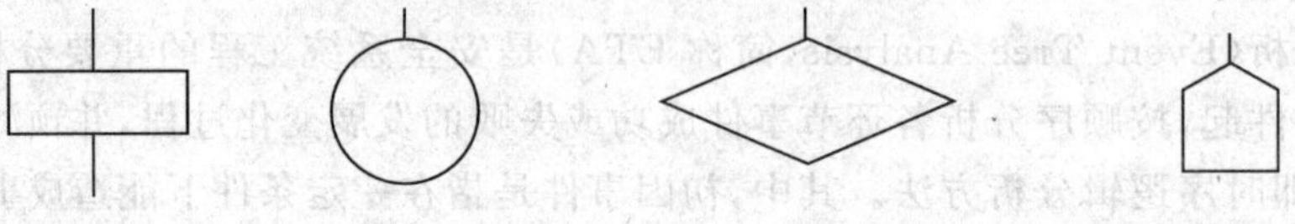

图 2-3 事件树符号

事故因果关系的不同性质用不同逻辑门表示。常用的逻辑门符号如图 2-4 所示,有:(a)与门,表示原因事件同时发生,结果事件才能发生;(b)或门,表示原因事件至少有一个发生,结果事件就发生;(c)条件与门,表示当原因事件同时发生时,还必须满足某一条件,结果事件才能发生;(d)条件或门,表示当原因事件至少一个发生时,还必须满足某一个条件,结果事件才能发生。另外,还有限制门、转出、转入等。

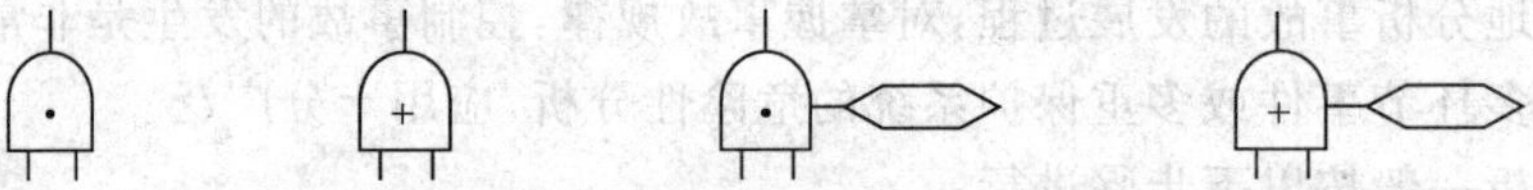

图 2-4 逻辑门符号

事故树分析逻辑性强,灵活性高,适应范围广,既能找到引起事故的直接原因,又能揭示事故发生的潜在原因,既可定性分析,又可定量分析。事故树分析可用来分析事故,特别是重大恶性事故的因果关系。

事故树分析法主要分以下几步进行:

(1)作事故树图。作事故树图时必须首先确定所分析的对象,即所谓"确定目标",然后调查、收集和分析与结果有关的所有原因事件,即所谓"调查情况",最后按原因与结果、原因与原因之间的逻辑关系画出事故树,即所谓"建立模型"。图 2-2 的矿井排水系统的"排水故障"事故树如图 2-5 所示。

(2)定性分析。在画出事故树以后,寻求其逻辑关系式,即布尔表达式,并化简布尔表达式,求出事故树的最小割集与最小径集,求基本事件的结构重要度,并做出定性分析结论。

(3)定量分析。定量分析必须首先确定各基本事件的概率,并求出顶上事件的概率。然后求取基本事件的概率重要度和临界重要度。最后做出定量分析结论。

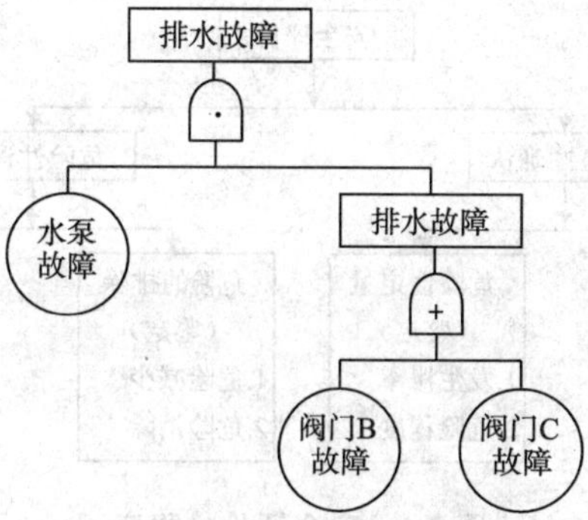

图 2-5　“排水故障”事故树

三、安全评价

安全评价亦称危险性评价或风险评价。安全评价是运用安全系统工程方法，辨识危险，对系统的安全性进行定性或定量预测、分析，寻求最佳的危险控制措施，将系统危险控制在一个允许的范围内，使系统安全达到最佳状态。

(一)安全评价分类

原国家安全生产监督管理局《关于加强安全评价机构管理的意见》中规定，安全评价包括安全预评价、安全验收评价、安全现状综合评价和专项安全评价。

1. 安全预评价

安全预评价是根据建设项目可行性研究报告的内容，分析和预测该建设项目存在的危险、有害因素的种类和程度，提出合理可行的安全对策措施和建议。

2. 安全验收评价

安全验收评价是在建设项目竣工、试生产运行正常后，通过对建设项目的设施、设备、装置实际运行状况的检测、考察，查找该建设项目投产后可能存在的危险、有害因素，提出合理可行的安全对策措施和建议。

3. 安全现状综合评价

安全现状综合评价是针对某一个单位总体或局部生产经营活动的安全现状进行的评价，是根据政府有关法规的规定或本企业职业安全、健康的管理要求进行的对在用生产装置、设备、设施、储存、运输及安全管理状况进行的全面综合安全评价。

4. 专项安全评价

专项安全评价是针对某一项活动或场所，如一个特定的行业、产品、生产方式、生产工艺或生产装置等，存在的危险、有害因素进行的安全评价，目的是查找其存在的危险、有害因素，确定其程度，提出合理可行的安全对策措施及建议。

(二)安全评价的程序

安全评价的程序一般按图 2-6 的步骤进行。它由两个相互关联的步骤组成。

(1)危险性确认。危险性确认首先是识别系统中存在的危险因素及危险性，包括新的潜在危险和原有危险的变化情况，其次是将识别的危险进行分析和量化，建立评价模式，确定评价方法，并得出系统的危险性量化值。

(2)危险性评价。在上一步的基础上，根据危险的影响范围，危险程度，用安全指标予以衡量，作出评价结论，采取安全措施，消除或降低危险性，使危险性控制在允许的范围。

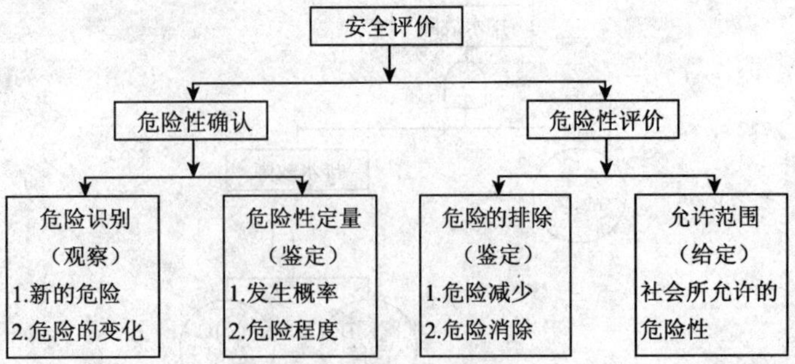

图 2-6 安全评价的程序

从上述评价程序可以看出，安全评价基本上是危险性定量过程，这一过程需要找到两个数据，一是根据分析结果求出的系统危险性数据；二是在法规、标准、统计推测或公众认可的范围内的危险性指标数据。将这两个数据在对系统控制前后不断进行比较，直至系统的危险性降低到允许的危险性指标以下。这一过程实际上就是一个动态反馈控制判断过程。

（三）安全评价方法

安全评价的方法很多，适用的范围和条件各不相同。目前，比较常见的安全评价方法有：

1. 定性安全评价法

定性安全评价法主要是根据经验和直观判断能力对生产系统的工艺、设备、设施、环境、人员和管理等方面的状况进行定性的分析，评价结果是一些定性的指标，如是否达到了某些安全指标、事故类别和导致事故发生的因素等。属于定性安全评价方法的有安全检查表、专家现场询问观察法、因素图分析法、事故引发和发展分析、作业条件危险性评价法、故障类型和影响分析、危险和可操作性研究等。

2. 定量安全评价

定量安全评价法是在大量分析实验结果和事故统计资料基础上获得的指标或规律（数学模型），对生产系统的工艺、设备、设施、环境、人员和管理等方面的状况进行定量的计算，评价结果是一些定量的指标，如事故发生的概率、事故的伤害（或破坏）范围、定量的危险性、事故致因因素的关联度或重要度等。例如，可靠性安全评价法就是通过计算系统的风险率，用相应的安全指标进行衡量，并逐步采取措施调整、控制的一种方法。又如火灾爆炸危险指数评价法就是以物质系数为基础，考虑特定物质、一般工艺或特定工艺的危险修正值，求出火灾爆炸危险指数，据此确定其危险等级，制订相应措施。

3. 综合评价法

即上述两种方法的综合运用。如日本劳动省化工厂六阶段安全评价法。

四、安全目标管理

目标管理就是根据目标进行管理，即围绕确定目标和实现目标开展一系列的管理活动。安全目标管理是目标管理方法在安全工作中的应用，它是以企业一定时期内确定的安全生产总目标为基础，逐级向下分解展开，落实措施，严格考核，通过组织内部自我控制达到安全生产目标的一种安全管理方法。它把全体职工科学地组织在目标体系内，人人为实现安全生产总目标而努力。

安全目标管理是现代安全系统控制的科学方法之一。企业实行安全目标管理，可以集中发挥职工个人的全部力量，提高整个组织的战斗力；能迫使各部门加强改善安全管理基础工作，如建立规章制度、事故统计分析、事故档案及信息工作等；能增强管理组织的应变能力；还能提高各级管理人员的领导能力和促进职工安全思想意识和安全技术素质的提高，从而使企业整体安全生产不断向新的水平发展。

安全目标管理的基本内容包括安全目标体系的设定、安全目标的实施、安全目标的考核与评价。

（一）安全目标体系的设定

矿山企业主要负责人根据国家的安全生产方针政策，上级的要求，结合本单位实际情况，在充分听取职工意见的基础上，制订出安全生产总目标。然后，把总目标逐级向下分解，直到每个职工，使每一级、每一个人都有各自的安全目标，做到层层展开、层层落实。

1. 安全目标设定的依据和原则

安全目标的设定主要依据党和国家的安全生产方针、政策，本企业安全生产的中长期规划，工伤事故和职业病统计数据，企业安全工作的现状，企业的经济技术条件等。

安全目标设定的原则包括：

（1）突出重点。目标应体现组织在一定时期内在安全工作上主要达到的目的，要切中要害，体现组织安全工作的关键问题；要集中控制重大伤亡事故和后果严重的工伤事故、急性中毒事故及职业病的发生、发展。

（2）先进性。目标要有一定的先进性，目标要促人努力、促人奋进，要有一定的挑战性；要高于本企业前期的安全工作的各项指标，要略高于我国同行业平均水平。

（3）可行性。目标制订要结合本组织的具体情况，经广泛论证、综合分析，确实保证经过努力可以实现，否则会影响职工参与安全管理的积极性，失去实施目标管理的作用。

（4）全面性。制订目标要有全局观念、整体观念，目标设定既要体现组织的基本战略和基本条件，又要考虑企业外部环境对企业的影响；总目标的设定既要考虑组织的全面工作和在经济、技术方面的条件以及安全工作的需求，也要考虑各职能部门、各级各类人员的配合与协作的可能与方便。

（5）尽可能数量化。目标具体并尽可能数量化，不但有利于对目标的检查、评比、监督与考核，而且有利于调动职工努力工作实现目标的积极性。对难于量化的目标可采取定性的方法加以具体化、明确化，避免用模棱两可的语言描述，应尽可能考虑可考核性。

（6）目标与措施要对应。目标的实现需要具体措施作保证，只设立目标而没有实现目标的措施，目标管理就会失去作用。

（7）灵活性。所设定的目标要有可调性。在目标实施过程中组织内部、外部的环境均有可能发生变化，要求主要目标的实施有多种措施作保证，使环境的变化不影响主要目标的实现。

2. 安全目标设定的内容

安全目标设定的内容包括安全目标和保证措施两部分。

安全目标是企业中全体职工在计划期内完成的劳动安全卫生的工作成果。企业性质不同，作业条件、内容不同，劳动安全卫生水平不同，安全目标的内容也不同，一般包括：重大事故次数，死亡人数指标，伤害频率或伤害严重率，事故造成的经济损失，作业点尘毒达标率，劳动安全卫生措施计划完成率、隐患整改率、设施完好率，全员安全教育率，特种作业人员培训率等。

保证措施包括技术措施、组织措施，还包括措施进度和责任者。保证措施大致包括：安全教育措施，安全检查措施，危险因素的控制和整改，安全评比，安全控制点的管理。

3. 安全目标的分解

企业的安全生产总目标设定以后，必须按层次逐级进行目标的分解落实，将总目标从上到下层层展开，分解到各级、各部门直到每个人，形成自下而上层层保证的目标体系。目标分解过程如图 2-7 所示：

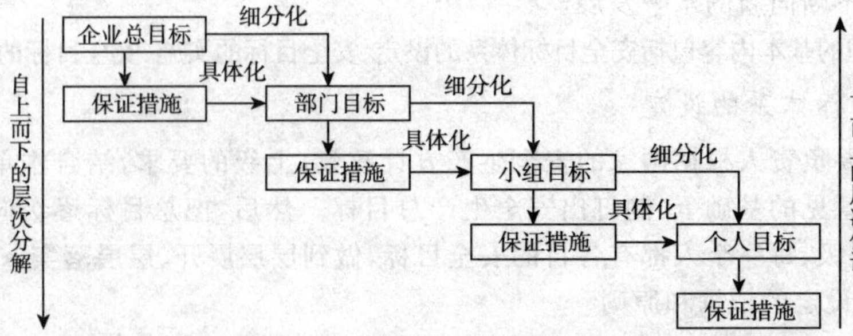

图 2-7　目标分解图

目标分解的结果对目标的实现和管理绩效将产生重要影响，因此必须具有科学性、合理性。在目标分解时应注意：上层目标应具有战略性和指导性，下层目标要具有战术性和灵活性，上层目标的具体措施就是下层的目标；不论目标分解的方法和策略如何，只要便于目标实施都可以采用；落实目标责任的同时要明确利益和授予相应的权力，做到责权利统一；上下级之间、部门之间、人员之间的目标、责任和权利要协调一致，责权利要与单位、个人的能力相符；目标分解要便于考核。

(二)安全目标的实施

企业的每个部门、单位和个人，在明确了各自在目标体系中的地位和作用后，都应该实行自主管理，努力完成自己的目标。各部门、单位要针对目标中的重点问题编制实施计划方案。实施计划方案中应该包括实现目标过程中存在的问题、必须采取的措施、要达到的目标、完成时间、负责执行的部门和人员，以及问题的重要性等。在实施过程中，上级对下级或职工个人完成计划的情况进行检查，以便控制、协调、取得信息并反馈信息。

(三)安全目标的考核与评价

在达到预定期限或完成目标后，上下级一起对达到目标的情况进行考核，总结经验教训，兑现奖惩，并为设立新的安全生产目标做准备。

五、安全信息管理

安全信息是安全管理的基础，有效的安全管理要求对与企业安全生产有关的信息进行全面收集、正确地处理和及时地利用。在信息化的今天，传统的、人工的安全信息管理方式已远远不能满足安全管理的需要。以计算机和通讯技术为依托的安全管理信息系统为安全信息管理提供了强大的支持，使安全信息管理实现了科学化和现代化。

安全管理信息系统是利用计算机硬件、软件、网络、通讯设备及办公设备进行安全信息的收集、传输、加工、储存、更新和维修，为安全管理提供综合信息的人机系统。

(一)安全管理信息系统的功能

1. 信息管理功能

安全管理信息系统管理的信息主要包括：

(1)伤亡事故信息，如企业名称、性质、所属部门、职工人数；伤亡者姓名、性别、年龄、工种、技术等级、受教育程度；伤害类别、部位、严重程度及事故处理情况等。

(2)事故隐患信息，包括隐患存在单位描述、隐患类型、特征、预计后果，整改措施等。

(3)职业安全健康信息,如粉尘、有毒有害物质及噪声检测及职业病患者信息。

(4)企业职工安全技术培训教育信息等。

2. 伤亡事故统计分析功能

在伤亡事故管理的基础上,可以利用计算机进行伤亡事故统计分析,并利用计算机的图形功能,把统计分析结果用图形,如折线图、柱状图、扇形图,形象直观地表现出来,有的软件还可以绘制伤亡事故管理图。

3. 辅助决策功能

开发可视化计算机辅助事故分析系统,它的功能包括了建造事故树、事故树定性及定量分析和不确定性分析等。

收集事故原因分析所需要的有丰富经验的专家知识构建矿山伤亡事故原因分析专家系统,利用计算机推理,即使不是事故分析专家也可以像专家一样熟练地、正确地探讨伤亡事故的原因,实施科学的、正确的安全决策。

(二)安全管理信息系统的结构

安全管理信息系统在不同的企业因其所涉及的信息种类、信息量、管理方式、安全管理目标等的不同,其系统结构形式也有很大的不同。但其基本的系统结构是相似的。它们都是以数据库系统和数据库技术作为安全管理信息系统的系统基础和技术支持。图 2-8 是矿山安全管理信息系统的层次结构图。

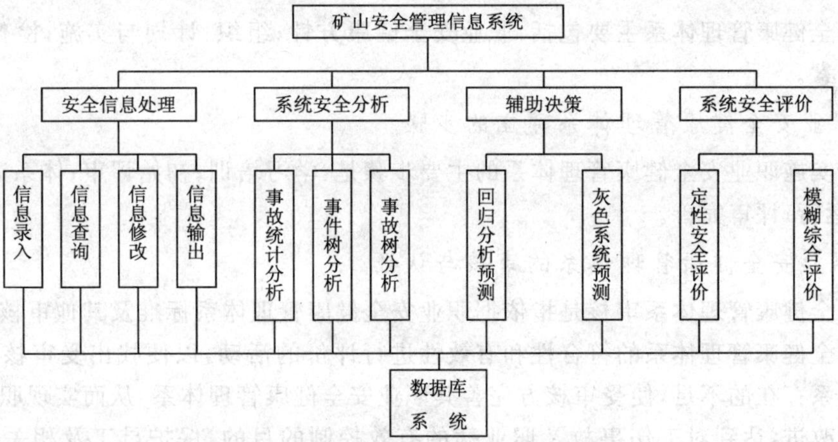

图 2-8　矿山安全管理信息系统的结构图

六、职业安全健康管理体系

职业安全健康管理体系(Occupational Health and Safety Management System,简称OHSMS)是 20 世纪 80 年代后期在国际上兴起的现代安全生产管理模式,它是一套系统化、程序化和具有高度自我约束、自我完善的科学管理体系。其核心是要求企业采用现代化的管理模式,使包括安全生产管理在内的所有生产经营活动科学、规范和有效,建立安全健康的全面风险管理体系,从而预防事故发生和控制职业危害。

(一)职业安全健康管理体系的运行模式

职业安全健康管理体系的运行基础为 PDCA 模型,如图 2-9 所示。按照此模型,一个组织的活动可分为:"计划(PLAN)、行动(DO)、检查(CHECK)、改进(ACTION)"四个相互联系的环节。其核心内容是为企业建立一个动态循环的管理过程框架,以持续改进的思想指导企业系统地实现其既定目标。

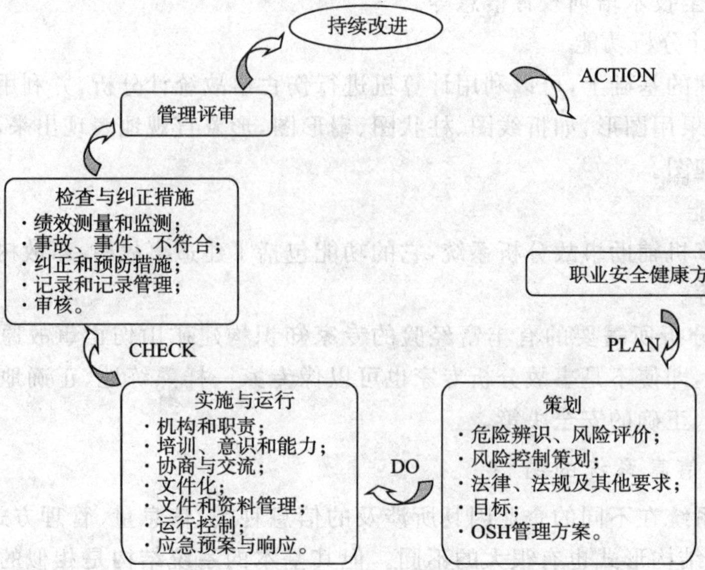

图 2-9　职业安全健康管理体系运行模式

（二）职业安全健康管理体系的基本要素

职业安全健康管理体系主要包括：职业安全健康方针；组织；计划与实施；检查与评价；改进措施等要素。

（三）职业安全健康管理体系建立的步骤

建立与实施职业安全健康管理体系的主要步骤是：学习培训；初始评审；体系策划；文件编写；体系试运行；评审完善。

（四）职业安全健康管理体系的审核与认证

职业安全健康管理体系审核是指依据职业安全健康管理体系标准及其他审核准则对用人单位职业安全健康管理体系的符合性和有效性进行评价的活动，以便找出受审核方职业安全健康管理体系存在的不足，使受审核方完善其职业安全健康管理体系，从而实现职业安全健康绩效的不断改进，达到对工伤事故及职业病的有效控制的目的，保护员工及相关方的安全和健康。

职业安全健康管理体系认证是认证机构依据规定的标准及程序，对受审核方的职业安全健康管理体系实施审核，确认其符合标准要求而授予其证书的活动。认证的对象是用人单位的职业安全健康管理体系，认证的方法是职业安全健康管理体系审核，认证的过程需遵循规定的程序，认证的结果是用人单位取得认证机构的职业安全健康管理体系认证证书和认证标志。

职业安全健康管理体系认证的实施程序包括认证申请及受理、审核策划及审核准备、审核的实施、纠正措施的跟踪与验证以及审批发证及认证后的监督和复评等。

第三章 露天矿山开采安全技术

第一节 露天矿山开采概述

一、露天矿山开采的基本概念

(一)露天矿山

1. 定义

露天矿山是指露在地表或埋藏不深的矿床,采用露天开采进行采矿的矿山。

2. 分类

根据矿床埋藏条件和地形条件,露天矿山分为山坡露天矿和凹陷露天矿。开采水平位于露天开采境界封闭圈以上的称为山坡露天矿,位于露天开采境界封闭圈以下的称为凹陷露天矿。封闭圈是指露天开采境界与地表相交的封闭的上部界限。

(二)露天开采

1. 定义

露天开采是用一定的采掘运输设备在敞露的空间从事矿石开采作业。也就是这样一个过程:采出矿石需将矿体周围的岩石及覆盖岩层剥掉,通过露天运输通道或地下井巷把矿石或岩石运至地表。这种开采方法广泛用于开采金属矿、冶金辅助原料、建筑材料、化工原料及煤等矿床。露天开采所形成的采坑、台阶和露天沟道的总和称为露天矿场。

2. 优点

基于露天开采是在敞露的空间从事矿床开采作业,与地下开采比较,它有如下优点:

(1)相对讲,开采空间受限较小,有利于采用大型机械化设备。机械化、自动化水平较高,可提高矿山开采强度和矿石产量。

(2)劳动生产率高。

(3)开采成本低,使大规模开采低品位矿石成为可能。

(4)矿石损失贫化小,有利于地下矿产资源的回收。

(5)基建时间短,年产吨矿石的基建投资比地下开采低。

(6)对于高温易燃矿体的开采,露天开采也较地下开采更安全。

(7)劳动条件较好,工作也较安全。

3. 缺点

(1)采矿场和废石场往往需要占用数量较大的农田。

(2)露天作业受气候条件的影响。严寒冰雪,酷热暴雨都影响露天矿作业。

(3)露天矿采、装、运,排土作业中产生的尘埃,污染环境;自卸汽车运行中可排放废气,爆破后的岩石因含有害成分对与之接触的大气、水和土壤有一定程度的污染。

(4)把大量剥离岩、土排弃到排土场,排土场占地面较大占用山地和农田且局部恶化生态环境。

(三)露天矿台阶的构成要素

1. 台阶

露天开采时,通常需要把矿岩划分成一定厚度的水平分层,自上而下逐层开采,并保持一定的超前关系,在开采过程中各工作水平在空间上构成了阶梯状,每个阶梯就是一个台阶或称为阶段。台阶是露天采矿场的基本构成要素之一,是进行独立采剥和采矿作业的单元体。

2. 台阶组成要素(如图 3-1 所示)

(1)台阶上部平盘:是台阶上部的水平面;

(2)台阶下部平盘:是台阶下部的水平面;

(3)台阶坡面:台阶倾斜的面;

(4)台阶坡顶线:为台阶上部平盘与台阶坡面的交线;

(5)台阶坡底线:为台阶下部平盘与台阶坡面的交线;

(6)台阶坡面角(α):为台阶坡面与台阶下部平盘水平面之间的夹角;

(7)台阶高度(h):台阶上部平盘与下部平盘之间的垂直距离。

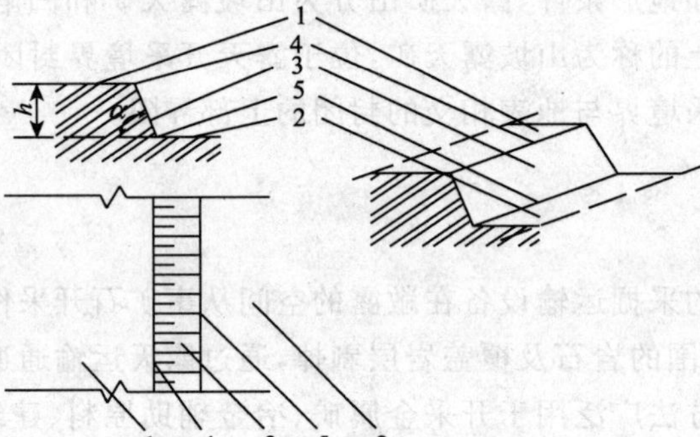

图 3-1 台阶构成要素

1—台阶上部平盘;2—台阶下部平盘;3—台阶坡面;
4—台阶坡顶线;5—台阶坡底线;α—台阶坡面角;h—台阶高度

3. 台阶的命名

通常是以该台阶的下部平盘(装运设备站立平盘)的标高来表示,故常把台阶叫做某水平。如图 3-2 所示。

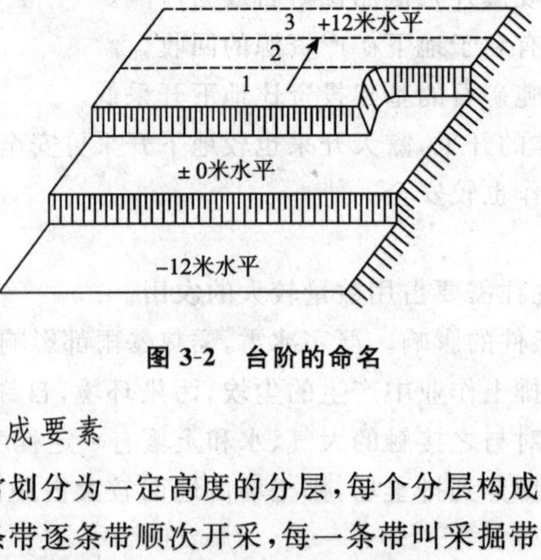

图 3-2 台阶的命名

(四)露天矿采场的构成要素

露天采场内的矿岩通常划分为一定高度的分层,每个分层构成一个台阶,以进行剥离和采矿。工作台阶划分成若干条带逐条带顺次开采,每一条带叫采掘带。采掘带中,进行采掘作业的部分称采掘工作面，具备采运条件的采掘带称工作线。露天采矿场构成要素如图 3-3 所示。

由结束开采工作的台阶平台、坡面和出入沟底组成的露天矿场的四周表面称为非工作帮或最终边坡(图 3-3 中的 AC、BF)。位于矿体下盘一侧的边帮叫底帮，位于矿体上盘的一侧的边帮叫顶帮，位于矿体走向两端的边帮叫端帮。露天矿的下部水平 CD 叫露天矿的底盘。

通过非工作帮最上一个台阶的坡顶线与最下一个台阶的坡底线所作的假想斜面叫非工作帮坡面或最终帮坡面(图 3-3 的 AG、BH)。该帮坡面代表露天矿场边帮的最终位置。非工作帮上的平台，按用途分为安全平台、运输平台和清扫平台。

安全平台(图 3-3 中的 2)是用作缓冲和阻截滑落的岩石，同时还用作减缓最终帮坡脚，以保证最终边帮的稳定性和下部水平的工作安全。宽度一般为台阶高度的 1/3。

运输平台(图 3-3 中的 3)是作为工作台阶和出入沟之间的运输联系的通道。它设在与出入沟同侧的非工作帮和帮沟上，其宽度依所采用的运输方式和线路数目决定。

清扫平台(图 3-3 中的 4)是用作阻截滑落的岩石，并用清扫设备进行清扫。它又起安全平台的作用。每隔 2～3 个台阶在四周的边帮上设一清扫平台，其宽度依所采用的清扫设备而定。

最终帮坡面与水平面的夹角称为最终边坡角(图 3-3 中的 β、γ)。

最终帮坡面与地表的交线为露天矿的最终境界线。最终帮坡面与地表交线称为露天矿场的上部最终境界线(图 3-3 中 AB)。最终边帮与露天矿场底平面的交线称为下部最终境界线(图 3-3 中 GH)。

上部最终境界线与下部最终境界线所在水平的垂直距离为露天矿场的最终深度。

正在进行开采和将要进行开采的台阶组成的边帮叫露天矿场的工作帮。工作帮的位置是固定的，随着开采工作的推进而不断变化。工作帮的水平部分叫工作平盘(图 3-3 中的 1)。即是台阶构成要素中的上部平盘和下部平盘，它是用以安装设备进行穿孔爆破、采矿和运输工作的场所。

通过工作帮最上一个台阶的坡底线与最下一个台阶的坡底线所作的假想斜面叫做工作帮坡面(图 3-3 中 DE)。工作边坡与水平面的夹角称为工作边坡角，一般为 8°～12°，最多不超过 15°～18°，人工开采可适当大一些。

最终帮坡角和工作帮坡角在露天矿设计和生产中有十分重要的意义，其大小直接影响露天开采境界和露天矿的生产能力。

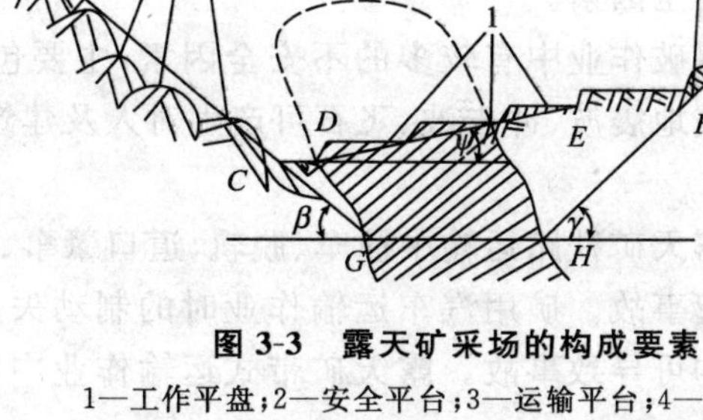

图 3-3　露天矿采场的构成要素

1—工作平盘；2—安全平台；3—运输平台；4—清扫平台

(五)露天矿剥采比

露天开采与地下开采相比，重要特点之一是要进行大量的剥离。为了采出矿石，需要剥离一定数量的岩石。剥离的岩石量与采出矿石量之比，即采出一吨矿石所需剥离的岩石量叫剥采比，其单位可用 t/t、m^3/m^3、t/m^3 等表示。剥采比在露天开采设计、采掘计划编制以及指导日常矿山采剥生产中是一个重要的参数。

露天矿设计和生产中常用的剥采比如下：

(1)平均剥采比，是指露天开采境界内总的岩石量与总矿石量之比；

(2)分层剥采比，是指境界内某一水平分层的岩石量与矿石量之比；

(3)生产剥采比，是指露天矿某一生产时期内所剥岩石量与所采矿石量之比；

(4)境界剥采比，是指露天开采境界增加单位深度后引起岩石增量与矿石增量之比；

(5)经济合理剥采比，是指经济上允许的最大剥岩量与可采矿量之比。

二、露天矿山开采方式

露天矿山开采方式有：机械化开采、水力开采、人工开采、挖掘船开采。

(一)机械化开采

机械化开采是使用采掘运输设备，在露天的空间从事开采作业。为了采出矿石需要将矿周围的岩石及覆盖物的岩层剥掉，并通过露天沟道或地下巷道把矿搬到地面。这种搬运的生产过程，称为剥离。开采生产矿石的过程，称为采矿。

(二)水力开采

水力开采是采用高压水流射击冲采矿石，并用水力冲运。此法常用于开采松软的砂矿床。

(三)人工开采

人工开采是用人力使用铁锤、钎杆打孔，进行爆破，将矿岩装入人力车，运至排卸地点。

(四)挖掘船开采

挖掘船开采，是利用挖掘船开采海洋或河道中的矿床。

三、露天矿山的主要安全问题

露天矿的安全技术是研究露天开采过程中造成伤亡的不安全因素及其控制措施。在设计生产过程中的开拓、采矿、机械设备和各种工艺流程的同时，就要采取确保安全生产的各项技术。

露天矿的主要安全问题有以下几方面：

(1)机械运行的安全问题。穿孔机、浅孔机、牙轮钻行走作业时，由于露天作业条件恶劣可引起各种安全事故。电铲作业时机械室内、电铲作用范围内、电铲向汽车装载时，以及电铲作业台阶岩块悬浮倒挂、盲炮等不安全因素。

(2)爆破的作业安全问题。爆破作业中有较多的不安全因素，主要包括爆破准备、药包加工、装药、起爆、爆后检查等。爆破地震波、冲击波、飞石可产生对人及建筑物的危害，早爆和盲炮处理可以引起大的安全事故。

(3)交通运输的安全问题。露天矿铁路运输中撞车、脱轨、道口肇事、线路弯曲、下沉、行驶过程的制动、调车时摘挂车可引起事故。矿用汽车运输作业时的制动失灵、夜间照明不良、路况不好、行驶过程中翻斗自起等均可导致事故。露天矿带式运输作业中，由于保护罩不当，人员靠近胶带行走引起伤人等。

(4)阶段构成的安全问题。由于露天矿阶段构成要素在设计和生产中选择不当，可造成边坡安全隐患和引发事故。因此露天矿阶段高度、工作阶段坡面角、非工作阶段的最终坡面角和最小工作平台宽度等应严格遵守有关规定和设计的要求。

(5)边坡稳定及防排水的安全问题。露天矿边坡的滚石、塌方、滑坡等事故对矿山生产及机械设备人身安全危害极大。

(6)露天矿山用电的安全问题。露天矿使用的三相交流电、采场移动设备的高压胶缆，各种接地保护失灵、各种电气设备的安装检修存在的不安全因素。

四、露天开采矿山安全生产的基本要求

(1)采矿的方法和开采顺序合理，并符合设计和安全规程的要求。

(2)工作帮和非工作帮的边坡角、台阶高度、平台宽度及台阶坡面角应符合安全规程的要求，对影响边坡的滑体采取了有效的措施。

(3)采矿、铲装、运输设备的安全防护装置和信号装置齐全可靠。

(4)爆破安全距离符合安全规程的要求，采场避炮设施安全可靠。

(5)尾矿和排土场的设置符合安全规程要求。

(6)有防排水、防尘供水系统，各产尘点防尘措施及装备齐全、可靠。

(7)对开采中产生的噪声、振动、有毒有害物质等有预防措施。

(8)按规定选择电气设备、仪器仪表，其安装和保护装置符合要求并安全可靠。

(9)供电、照明、通讯系统及避雷装置安全可靠。

(10)按规定建立矿山救护组织，配备救护器材，制定了事故应急救援预案。

(11)水文、地质及有关图纸等技术资料齐全。

(12)安全生产规章制度健全，按要求设置安全管理机构，配置安全管理人员，对特种作业人员按规定进行教育培训和考核。

第二节　露天矿山开采工艺及工艺安全要求

一、露天开采的生产流程与开采步骤

(一)开采步骤

1. 开拓

是指建立地表与露天采场各生产水平及各水平之间的运输通路。由采矿场通往破碎站或选矿厂、废石场和采矿场各工作之间的运输线路，建成采矿生产运输系统及水、电、风输送管网，为采准、回采工作创造条件。

2. 采准

在矿山生产期间，为各生产水平的掘进与扩帮及剥离工作。

3. 回采

矿石的回采工作。

(二)露天矿山开采的生产流程

露天矿山开采由剥岩、采矿和掘沟三个环节组成，其主要生产工艺程序：穿孔、爆破、矿岩的铲装、矿岩的运输及岩石的排卸。生产流程图如图3-4所示。

二、穿孔作业及安全要求

穿孔作业是露天矿开采的首道工序，其目的是为爆破工作提供装放炸药的孔穴。穿孔质量的好坏，直接关系到其后的爆破、采装、破碎、运输等工作的效率。

目前我国露天开采中使用的穿孔设备，主要有牙轮钻、潜孔钻、火钻。钢绳冲击式穿孔机

和凿岩台车，其中以牙轮钻机使用最广，潜孔钻机次之。火钻和凿岩台车仅在某些特定条件下使用，钢绳冲击式穿孔机已逐步被淘汰。国内外的一些专家还在探索各种新型穿孔方法，如频爆凿岩、激光凿岩、超声波凿岩、化学凿岩和高压水射流凿岩等。但仍停留在试验研究阶段，在实际生产中，尚未获得广泛应用。

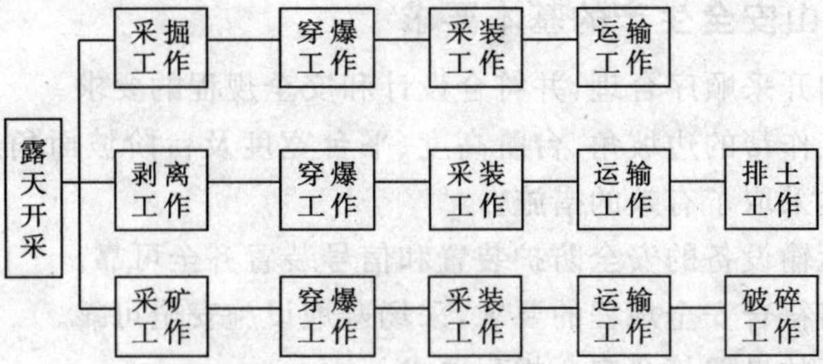

图 3-4　生产流程图

（一）牙轮钻机

1. 概述

牙轮钻机的穿孔原理，主要是通过其回转机构和推压机构使钻具连续回转并对其施加轴向压力，以动压和强大的静压形式破坏岩石，同时，利用压缩空气排除岩粉，从而形成炮孔。因此，牙轮钻机破碎岩石主要靠两个组成部分，一是钻机通过钻杆使钻头向下加压，压碎岩石；另一个是使钻头旋转，剪碎岩石。由于其回转传动和推压方式不同，牙轮钻机可分为：底部回转连续加压式、底部回转间断加压式和顶部回转连续加压式三种，目前，国内外绝大多数牙轮钻机，均采用顶部回转连续加压式。其基本类型有：滑架式封闭链—齿条式牙轮钻机、液压马达—封闭链—齿条式牙轮钻机、液压马达—链条链轮组式牙轮钻机、液压马达—钢绳—齿条式牙轮钻机、液压缸—卡爪式牙轮钻机。

2. 技术性能

牙轮钻机是我国大型露天矿山广泛使用的一种高效率的穿孔设备。按穿孔尺寸计算，牙轮钻机穿孔的速度一般为 4 000～6 000 m/月，最高可达 10 000 m/月以上；若按台年穿爆量计算，一般为 400 万～600 万 t，最高可达 1 200 万～1 400 万 t，是钢丝绳冲击钻机的 4～5 倍。牙轮钻机的钻孔速度比潜孔钻机约高 40%～100%。从经济效果衡量，牙轮钻机穿孔的成本也最低，大约为钢丝绳冲击钻机的 75%，为潜孔钻机的 70%。

（二）潜孔钻机

1. 概述

潜孔凿岩是把冲击器和钻头潜入孔底的一种凿岩方式，随着孔深的增加，冲击器和钻头也随之向孔底推进，钻机过程中，在安装于机架上的回转机构带动下，使冲击器和钻头连续回转，与此同时，压气山洪由供风接头进入钻杆，推动冲击器活塞反复冲击钻头，将岩体破碎形成岩孔，并利用压气和从冲击器排出的废气将凿下的岩粉从孔底沿着孔壁吹至地面。因此，潜孔凿岩时，冲击、回转、推进和排粉等过程是同时进行的。

潜孔钻机的类型及使用情况按照潜孔钻机的设备重量和钻孔直径划分有：轻型潜孔钻机、中型潜孔钻机、重型潜孔钻机。

2. 特点

潜孔钻机是我国 20 世纪 50 年代开始使用的一种穿孔设备，60 年代取代了钢丝绳冲击钻。它的主要特点是：

(1)孔径小(150～200 mm)，能钻凿斜孔，爆破的矿岩块度小，便于用小型挖掘机采装。

(2)设备结构简单，操作维护方便，机动灵活，价格低。

(3)设备效率发挥得较好，钻孔效率为 2 000 m/(台·月)，台年穿爆矿岩量约 60 万～150 万 t。这种设备主要适用于中小型露天矿。

(三)火钻

火钻是借高温(1 600～3 000 ℃)、高速(1 100～1 800 m/s)的火焰喷向岩石表面，使岩石在热力作用下骤燃、膨胀、碎裂、剥落而成孔。火钻穿孔的机理，就是建立在岩石受热产生不均匀变化的基础上。因而适用于热量小、导热性差、膨胀性大的岩石，特别是石英含量很大的矿岩，如石英岩、含铁石英岩、石英花岗岩等。对于那些裂隙发达，含黏土 2%～4%以上的岩石则不很适用。

火钻在石英类坚硬矿岩中，穿孔效率为 6 m/h，大大地超过钢丝绳冲击钻穿孔效率。火钻的主要缺点是需要消耗大量的柴油和氧气(或压气)，穿孔成本很高。

(四)冲击式穿孔机

冲击式穿孔机，从 20 世纪 40 年代开始在我国露天矿山使用以来，目前在一些中小型露天矿山仍在继续随用，但是，由于钢绳冲击式穿孔机存在穿孔效率低，设备笨重，穿孔成本高，工人劳动强度大，辅助作业时间长，备品备件消耗量大，穿孔技术落后等弊病，已逐渐被潜孔钻机或牙轮钻机所代替。

钢绳冲击式穿孔机，是靠电力拖动，将钻头提起到一定高度，然后突然放下，冲击破碎岩石，最后形成炮孔。

我国生产的钢绳冲击式穿孔机结构，共有行走部分、机架部分和钻具等三个组成部分。行走部分为履带式，靠电机拖动，机架部分装有提升机械、操纵系统和传动系统、塔杆等。通过塔杆滑轮的钢绳系上钻具，由偏心轮传动使钻具反复进行冲击做功而破碎岩石。钻具主要由钻杆和钻头组成，钻杆系用以加大钻具的重量，也即加大钻具的冲击力量。

(五)凿岩机

凿岩机主要是应用在坚硬的岩石中钻凿炮孔。它的钻孔作用为冲击转动式的。按照动力划分，又有风动、电动、内燃和液压等类型凿岩机。露天矿山主要用风动凿岩机。当露天矿山眼深在 4 m 以内的一次浅孔凿岩和二次爆破凿岩时均选用各种手持式凿岩机，其重量较轻，通常小于 20 kg，功率较小，但操作时，劳动强度大，在矿山中已很少使用。

(六)凿岩台车

凿岩台车是随着采矿工业的发展而出现的一种新型凿岩作业设备。它是将一台或几台凿岩机连同自动推进器一起安装在特制的钻臂或台架上，并且有行走机构，使凿岩机作业实现机械化。

按照凿岩台车的用途可分为平巷掘进台车，采矿台车，露天开采台车；按照台车行走机构可分为轨轮，轮胎和履带式；按照其架设凿岩机台数可分为单机，双机和多机台车等。

凿岩台车是使用导轨式重型风动凿岩机的穿孔设备，由于设备简单、灵活、孔径小，可以打任意角度的炮孔，对提高劳动生产率，改善劳动条件作用明显，所以小型矿山广泛应用。

(七)穿孔作业的安全要求

(1)穿孔作业操作人员必须了解钻机的性能，熟练操作程序，并严格执行钻机的安全技术操作规程。

(2)凿岩工属特种作业人员,必须经培训考试合格,取得特种作业证书,方能上岗作业。

(3)作业前应对设备进行认真点检,并详细检查作业场地有无塌方、危岩、障碍物等,确认安全后,方可启动设备,进行凿岩操作。

(4)钻孔过程中应经常观察孔口及设备运转情况,发现异常现象应及时处理;禁止凿干孔。

(5)钻机移动时,突出部位距台阶边缘必须保持 3 m 以上,并设专人指挥。抱闸制动不灵不准开机,钻机停放或作业时,纵轴线应垂直地面。严禁停放在爆堆。钻机不宜在 15°的坡面上行走,如必须通过此路面时,应放下钻架,并采取防倾覆措施。

(6)钻机靠近阶段边缘行走时,应检查行走线路是否安全,其外侧突出部分距阶段坡顶线的最小距离:台车为 2 m;牙轮钻、潜孔钻、钢绳冲击式钻机为 3 m。

(7)钻机行走时,司机应先鸣喇叭,履带前后不准站人,不准 90°急转弯或在松软地面上行走,通过高、低压线路时应保持足够的安全距离。钻机不应长时间在斜坡道上停留。没有充分的照明,夜间不得短距离行走。

(8)钻机稳车时,千斤顶距阶段坡顶线的最小距离:台车为 1 m;牙轮钻、潜孔钻、钢绳冲击式钻机为 2.5 m。穿凿第一排孔时,钻机的水平纵轴线与坡顶线的最小夹角为 45°。禁止千斤顶下垫石块,并确保台阶坡面的稳定。

(9)钻机工作时,严禁操作人员在钻机周围停留。牙轮钻机严禁套孔和打斜孔。严禁钻机与下部台阶接近边缘的电铲同时作业。平台上禁止站人。钻机长时间停机,应切断机上电源。

(10)终止作业时,必须切断动力电源,关闭水、气阀门。

(11)挖掘每个阶段的爆堆的最后一个采掘带时,上阶段正对挖掘机作业范围的第一排孔位上,不得有钻机作业或停留。

(12)起落大架前将钻杆、旋转减速箱拴牢,并详细检查起落机构是否卡紧,任何人不得在大架下逗留通行。如发现钢丝绳锈蚀或断丝(断丝超过 10%),必须更换。

(13)停送电和启动设备时必须做到呼唤应答,凿岩机移动前应查看机下是否有人或障碍物,机上是否有滑动物件,提升钎杆时,钻机大架、平台上严禁站人。

(14)包扎电缆线时,必须断电,挂安全警示牌或设专人看守。未经修理人员许可,不准送电。

(15)电缆线不准放在泥浆水里或金属物上,如遇车辆通过电缆线时,应用木材或石块保护,以防压坏电缆线。

(16)变压器开关送电前,应检查确认变压器壳体是否漏电后方可操作。移动电缆和停切送电源时,应严格穿戴好高压绝缘手套和绝缘鞋,使用符合要求的电缆钩。

(17)电缆跨越公路时,必须埋设在地下。钻机发生接地故障时,必须立即停机,同时严禁任何人上、下钻机。

(18)打雷、暴雨、大雪天气或大风天气,不允许上钻架顶部作业。

(19)严禁双层作业。高空作业时必须系好安全带。

(20)处理电气故障,清扫配电箱柜,修理或调整电磁抱闸,必须切断电源。

(21)修理提升电磁抱闸时,必须将旋转机构托住,防止松闸后自动坠落。放钻具时不准用手托钻头。

(22)修理或更换风管必须停风。孔口有人工作时,不准向冲击器送风。

(23)清扫、坚固、注油及修理转动部件时,必须停机进行并切断电源。

(24)采场爆破发出第一次报警信号前，凿岩机必须开到安全可靠的地点停机避炮，并将门窗关好。放炮完毕后要检查、清扫平台和顶部后方可送电。

(25)大、中型爆破，应将电缆线拉出爆区，爆破后应检查确认，发现电缆线有破损应及时包扎。

(26)电炉罩盖必须齐全，人离开时必须切断电源，凿岩司机操作室内严禁用明火取暖。夜间应有良好的照明。

(27)凿岩机驾驶室内必须配备消防设施，以防电器起火。

三、爆破作业及安全要求

爆破作业是露天矿开采的重要工序，为随后的采装、运输、破碎提供适宜的矿岩物。所以，爆破工艺的好坏，对后续工作有着很大的影响。爆破工作的目的是破碎坚硬的实体矿岩，为采装工作提供块度适宜的挖掘物。在露天开采的总费用中，爆破费约占15%～20%。

(一)爆破形式

在露天矿开采中，露天矿山爆破的爆破形式有浅孔爆破、深孔爆破、多排孔微差爆破法、多排孔微差挤压爆破法、硐室爆破、药壶爆破及药包外覆爆破(多用于矿岩的大块二次破碎)。

1. 浅孔爆破法

所谓浅孔爆破是相对于深孔爆破而言的。浅孔爆破采用的炮孔直径较小，一般为30～75 mm，炮孔深度一般在5 m以下，有时可达8 m左右，如用凿岩台车钻孔，孔深还可增加。由于孔径、孔深的限制，其爆破量较少，不能满足大型装运设备的要求。因此，浅孔爆破主要用于生产规模不大的露天矿或采石场、硐石、隧道掘凿、二次爆破、新建露天矿山包处理、山坡露天单壁沟运输通路的形成及其他一些特殊爆破。大、中型露天矿仅用这种爆破方法进行二次爆破处理根底或工作面上悬浮的孤石。

(1)浅孔爆破方法的主要特点

①具有机动灵活性，适用范围较广；

②对埋藏条件复杂，采下矿石品位要求较高的矿床可以实行分爆分采，以降低贫化率；

③凿岩工具较为简单，易于掌握；

④准备工作量少；

⑤爆破下来的矿石块度小，容易满足装运和破碎的要求；

⑥与硐室爆破和深孔爆破相比，使用炸药消耗量少。

不足之处是：不能适应大规模生产的需求，并且在装药、连线、起爆这几个环节中容易出现漏洞，造成爆破事故。

(2)炮孔布置

采用浅孔爆破法，其孔眼布置应根据岩石构造、结构和工作面的条件，炮孔有水平的、倾斜的、垂直的或以上各种炮孔的混合布置。

2. 深孔爆破法

深孔爆破就是用钻孔设备钻凿较深的钻孔，作为矿用炸药的装药空间的爆破方法，它是露天矿的主要爆破方法，使用最广。露天矿的深孔爆破主要以台阶的生产爆破为主。

深孔爆破的钻孔设备主要应用潜孔钻和牙轮钻，其钻孔可钻垂直深孔，也可钻倾斜炮孔。倾斜炮孔的装药较均匀，矿岩的爆破质量较好，为采装工作创造好的条件。

为减少地震效应和提高爆破质量，在一定条件下可采取大区微差爆破，炮孔中间隔装药或底部空气间隔装药等措施，以便降低爆破成本，取得较好的经济效益。

(1)深孔爆破特点

①一次爆破的矿岩数量大，一般为20万～100万t，可满足现代化的采运设备高效率生产的要求。

②深孔爆破可采用先进的爆破技术。如微差爆破、挤压爆破以及有特殊要求的爆区可采用抛掷爆破、定向爆破。

③穿爆工序的工人劳动生产率可提高3～4倍。

④爆破作业较为安全、管理比较简单，对炸药除有水的深孔以外没有特殊要求，起爆方法也较灵活。

(2)深孔

深孔爆破，是露天矿应用最为广泛的一种爆破方法。炮孔的深度一般为15～20 m。孔径为75～310 mm，常用的孔径为200～250 mm。深孔爆破广泛用于大型矿山的开沟、剥离、采矿等生产环节。其爆破量占大型矿山总爆破量的90%以上。

深孔有垂直深孔和倾斜深孔之分。垂直深孔多为冲击式穿孔机所穿凿。倾斜深孔多为牙轮钻机或潜孔钻机所穿凿。其倾斜度一般为75°～80°。

3. 多排孔微差爆破法

多排孔微差爆破法是排数4～6排或更多的微差爆破。这种爆破方法一次爆破量大，矿岩破碎效果好，常用的微差间隔时间为25～50 ms。目前是我国一次爆破量较大的爆破方法之一，这种方法能一次爆破5～10排炮孔，爆破矿岩量可达30万～50万t。这里的微差爆破是指相邻炮孔中药包在极短时间(以ms计算)内按预先设计的次序顺次起爆的爆破方法。

(1)多排孔微差爆破法的优点

①一次爆破量大，减少爆破次数和避炮时间，提高采场设备的利用率；

②炸药的消耗量与其他爆破方法相比，大为减少；

③改善矿岩破碎质量，其大块率比单排孔爆破少40%～50%；

④爆破的根底少，块度破碎均匀，能提高电铲台时生产效率；

⑤提高采装、运输设备的效率10%～15%；

⑥提高穿孔设备的效率10%～15%。这是由于工作时间利用系数增加和穿孔设备在爆破后冲区作业次数减少的缘故；

⑦爆破的冲击波小，有利于边坡的稳定。

(2)多排孔微差爆破的起爆顺序

多排孔微差爆破的起爆顺序有多种形式，我们根据爆破的要求、现场所允许的条件、岩石的性质及地质构造特点、所允许的最大冲击波、控制时间的间隔、准备工作量及生产或工程所能达到的能力等因素，来选用起爆顺序。其主要的起爆顺序有：

①单排孔微差爆破起爆顺序。这种方法多采用孔间微差起爆顺序，简单，易于掌握，多用于台阶工作面采矿爆破作业中。

②多排孔排间微差爆破的起爆顺序。这种方法也较为简单，在一般情况下，效果较好。多排孔排间微差爆破的炮孔布置多数采用三角形方式，有时也布置为方格形。

③波浪形微差爆破的起爆顺序。这种起爆顺序，具备了以上两种微差爆破的特点，岩石粉碎性好，爆破宽度小，炮孔布置较复杂，多数用于矿石难于爆破或易于产生大块的工作面上。但是这种起爆顺序连线较为复杂，且易留根底。

④对角形微差爆破起爆顺序。此种起爆顺序能保证最小起爆堆宽度，岩块飞散距离较小。

⑤楔形微差爆破起爆顺序。这种方法多用于炮孔排数较多，如路堑的掘进。由于其产生挤压和冲击作用，因而岩石粉碎得较好。

4. 多排孔微差挤压爆破

多排孔微差挤压爆破，是指工作面残留有爆堆情况下的多排孔微差爆破。渣堆的存在，为挤压创造了条件，同时能延长爆破的有效作用时间，改善炸药能的利用和破碎效果，又能控制爆堆宽度，避免矿岩碎片的飞散。微差间隔时间比普通微差爆破大 30%～50%为宜，我国露天矿常用 50～100 ms。

(1)相对应于多排孔微差爆破法而言，多排孔微差挤压爆破法的优点是：

①岩矿破碎效果更好。这主要是由于前面有渣堆阻挡，包括第一排在内的各排钻孔都可以增大装药量，并在渣堆的挤压下充分破碎。

②爆堆更集中。对于采用铁路运输的矿山，爆破前可以不拆道，从而提高采装、运输设备效率。

(2)多排孔微差挤压爆破法的缺点：

①炸药消耗量较大；

②工作平盘要求更宽，以便容纳渣堆；

③爆堆高度较大，可能影响挖掘机作业的安全。

5. 覆土爆破法

覆土爆破法是指用不凿炮孔的方法进行大块的二次破碎(俗称糊炮法)。这种爆破方法的具体操作是在大块上部或侧面放置炸药包，药包最好是放在被炸岩石的凹处，其炸药用量的多少视所用炸药的猛度、大块的块度、要求破碎的程度及岩石的性质而定。并预先将雷管插入炸药包中。为了提高爆破效率，在炸药包的上面覆盖以厚度大于装药高度的黄土、泥土、沙子或细粒岩粉，即可起爆。

这种爆破方法可以适用于凿岩工作困难，不便于打孔或临时急需破碎大块的情况下。但一般矿山的正常爆破作业很少使用这种方法。其原因是难以控制它的爆破效果，炸药消耗量大，同时岩片飞散距离远，容易造成事故，所以矿山采用这种爆破方法较少。

6. 硐室爆破

(1)概述

硐室爆破是将比较多或大量炸药放置在预先凿好的硐室中，集中装药，进行爆破的方法。其每次起爆的炸药数量没有规则，有的装几十吨、几百吨或上千吨。由于一次爆破量较大，所以又称大爆破。硐室爆破法是在基建和特殊情况下，大量抛掷或松动岩石，以保证基建剥岩或筑坝工作的前提完成而采用，或是采石场在有条件且在采矿需求量很大时采用。

硐室爆破可分松动爆破和抛掷爆破两大类。松动爆破又分弱松动和强松动爆破，抛掷爆破又分抛扬、抛坍和定向抛掷爆破。

(2)药包布置方式

药包布置方式必须注意岩石的地质结构特性和可爆性及爆破的地形条件，正确地选择药包结构和布置方式。

(3)主要特征

准备工作量较少，可以在短时间内完成大量岩石的爆破工作；适用于各种硬度的岩石，特别是在地形复杂的地点不受施工条件的限制；不需要特殊凿岩设备，掘进硐室一般使用掘进凿岩机即可进行掘硐;对使用的炸药没有特殊要求,凡是深孔爆破所用的炸药均可在硐室爆破中使用。硐室爆破的不足之处是:掘进操作人员凿岩条件差,爆破大块较多。

（二）爆破作业的安全要求

(1)露天矿爆破作业中存在较多不安全因素,因此从事爆破作业的工作人员必须经过爆破技术训练和专业安全教育,掌握安全操作方法和了解爆破安全规程,持证上岗。

(2)建立并执行爆破管理制度。

(3)应具有爆破设计说明书,并按设计说明书进行爆破施工。

(4)爆破作业必须由专职爆破员操作。

(5)爆破工作开始之前,必须确定危险区域的边界,并设有明显的标志和岗哨,使所有通路处于监视之下,每个岗哨应处于相邻岗哨视线范围内,爆破前必须有明确的警戒信号。

(6)起爆前,所有人员应撤离到安全地点,防止早爆事故造成伤亡。爆破后,应严格按规定的等待时间,然后进入爆破地点检查并填写爆破记录。检查中发现拒爆药包或对全爆有怀疑时,应设置警戒线并立即处理。每次爆破后,爆破员必须及时将剩余爆破器材退库。

(7)爆破时,个别飞散物对人员的安全距离不得小于《爆破安全规程》的规定。

(8)露天爆破需设人工掩体时,掩体应设在冲击波危险范围之外,其结构必须坚固严密,位置和方向应能防止飞石和炮烟的危害;通往人工掩体的道路不得有任何障碍物。

(9)在同一地区同时进行露天和地下开采,或在露天开采场附近地下有排水或运输巷道时,每次进行露天(或地下)硐室、深孔大爆破的单位都应提前向有关单位发出通知,并且通知中应说明爆破的时间、地点、方法、规模、危险范围和采取的安全措施。

(10)在爆破危险区域内有两个以上的单位或作业组进行露天爆破作业时,必须统一指挥。

(11)统一区段的二次爆破,应采用一次点火或远距离起爆。

(12)为了防止人员陷入松软土岩或沙矿床爆破后的空穴,爆区必须设置明显标志并经安全检查,确认无塌陷危险后,方准恢复作业。

(13)大爆破装药量应根据实测资料校核修正,经爆破工作领导人批准。

(14)装药前对硐室、药壶和炮孔进行清理和验收;使用木质炮棍装药;装起爆药包、起爆药柱和硝化甘油炸药时,严禁投掷或冲击;深孔装药出现堵塞时,在未装入雷管、起爆药柱等敏感爆破器材前,应采取铜或木制长杆处理。

(15)装药车或装药器装药时要有可靠的防静电措施。

(16)禁止使用冻结的或解冻不完全的硝化甘油炸药。

(17)装药后必须保证填塞质量,硐室、深孔或浅眼爆破禁止使用无填塞爆破(扩壶爆破除外);禁止使用石块和易燃材料填塞炮孔;填塞要十分小心,不得破坏起爆线路。

(18)禁止捣固直接接触药包的填塞材料或用填塞材料冲击起爆药包;禁止在深孔装入起爆药包后直接用木楔填塞。禁止拔出或硬拉起爆药包。

(19)起爆药包的加工需在独立的房间内进行,禁止烟火。

(20)建立爆破器材的储存制度;库房内储存的爆破器材数量不得超过库房设计容量;性质相抵触的爆破器材必须分库储存;库房内严禁存放其他物品。

(21)爆破器材包装应牢固、严密、性质相抵触的爆破器材不得混装;装载爆破器材的车厢、矿车、罐笼等,不准同时载运职工和其他易燃、易爆物品。

(22)禁止进行爆破器材加工和爆破作业的人员穿化纤衣服。

(23)爆破作业的爆破准备、炮位验收、药包加工、装药、堵孔、起爆和爆破检查等环节都必须保证安全生产。

(24)爆破准备工作应事先了解天气情况,禁止黄昏、夜间、雷雨、大雾进行大爆破作业。爆破前做好炮孔检查:有无乱孔、堵孔、卡孔、积水,及时调整设计装药量。

(25)雷雨季节宜采用非电起爆法。

(26)禁止烟火,禁止使用明火照明。

(27)为保证人员、设备和建筑物的安全,必须正确确定各项安全距离。

(28)严格按照盲炮处理的各项规定处理盲炮。

(29)露天高硫矿床爆破应遵守《爆破安全规程》的有关规定。

(30)车辆、矿车运输必须符合国家有关运输规则的安全要求。

(31)爆破材料的销毁应要遵守相关的规程。

四、采装作业及其安全要求

采装作业是使用装载机械将矿岩直接从地下或爆堆中挖掘出来,并装入运输机械的车厢内或直接卸到指定的地点。它是露天矿开采全部生产过程的中心环节,其他生产工艺如穿爆、运输等都是为采装而服务的。采装工艺以及生产能力在很大程度上决定着露天开采的方式、技术面貌、开采强度和最终的经济效果。

(一)采装设备

采装工作所用的机械设备有机械式单斗挖掘机、索斗铲、前装机、轮斗挖掘机、链斗挖掘机等。金属露天矿由于矿岩比较坚硬,目前国内外都以单斗挖掘机和前装机为主。前装技术发展的趋势是大型化和连续化,因此,随着爆破技术和挖掘机制造的进步,大型轮斗式挖掘机在金属矿山的应用是很有发展前途的。

1. 挖掘机(又称机械铲)

(1)概述

挖掘机是国内外露天矿广泛应用的一种采装设备,可用于采矿、剥离、排土、掘沟、倒装等工作。随着露天矿规模的不断扩大,挖掘机的工作参数也不断增大,国外露天矿采装挖掘机的最大铲斗容积已达 19 m^3。我国生产的样机斗容量大,达 10～12 m^3,现行露天矿使用较多的是 4 m^3 斗容挖掘机。

(2)结构

挖掘机是由工作设备、回转盘、走行和电气等四部分组成。工作设备包括铲斗、开斗机构、铲杆、推压机构、起重臂等,其中推压机构是工作设备的最重要部分,其主要齿条推压和钢绳推压两种方式。回转盘是挖掘机上部设备和工作装置的基座,其支持在轱辘圈上,轱辘圈则压在走行部分上部的圆形轨道上,回转盘借中心枢轴与走行部分联结定位。走行部分是整个设备的支承基座,用以承受回转盘上面所有机构的重量,并装有走行机构,可前后走行和左右转弯。电气部分包括高压配电设备、变压器、低压配电设备、整流设备、电动机、照明及辅助用电设备等,根据挖掘机作业要求,主要机构都采用直流电动机传动。此外,现在大中型挖掘机为改善劳动条件,保护设备安全运转,装有一系列的辅助设施,如司机室内设有空调装置等。

(3)技术参数

为了充分发挥挖掘机的装载能力,其工作面参数应该与挖掘机的设备规格与工作面参数相适应。主要参数是台阶高度、采掘带宽度和采区长度。在挖掘不需预先爆破的岩土时,台阶高度一般不大于最大挖掘高度。若超过最大挖掘高度时,上部残留的岩土易突然塌落,可能引起局部掩埋和砸坏挖掘机以致危及人员的安全。松动爆堆的岩石，爆堆高度可谓最大挖掘高度的1.2～1.3倍。采区长度至少应保证挖掘机5～10天以上的采装爆破量。采掘带宽度是一次挖掘的宽度。采掘带过窄，挖掘机移动频繁，采用铁路运输还会使移道次数增加。采掘带过宽，采掘带边缘满斗程度低，残留岩矿较多，清理工作面量大。采掘带宽度应保持使挖掘机向里侧回转角度不大于90°，向外侧回转角度不大于30°。

2. 前装机

(1)概述

前装机在露天矿被用作挖掘机装载设备、装载运输设备或者辅助设备。作为装载设备，经常与汽车配套使用。前装机种类很多，例如按车架整体性分，有整体结构和铰链结构；按传动方式分，有液力传动、电传动和联合传动；按行走装置分，有轮胎行走式和履带式行走两种。由于轮胎式前装机机动灵活、调动方便、行走速度高，可达20～40 km/h，因此轮胎式前装机在露天矿应用比较广。但前装机装车时的台阶高度一般8～15 m。台阶过高，作业不安全；过低，设备生产能力低。对大型前装机来说，采掘带宽度应为12～15 m。

我国已能生产十多种规格型号的前装机。随着前装机制造水平的提高，中、小型矿山将其作为主要采装运设备，使工艺过程简单化。对于大型矿山，使用前装机取代挖掘机进行正规采装作业，其强度不够，只适用于松散岩石和表土中装载。但作为其他辅助作业设备，如清理工作面场地、修筑与维护道路、堆积散落和低爆堆矿岩、配矿、移动电缆等，在溜井附近或其他个别适用的部位，用前装机进行装运工作，是必不可少的。

(2)结构

前装机是一种自装自运的多用设备，其主要组成包括：传动系统、制动系统、转向系统及工作液压四个部分。传动系统包括液力变矩器、变速箱、空转动装置、轮缘减速装置、驱动桥和车轮。制动系统为双管路气顶油四轮制动，制动器为点盘式，其制动方式有脚制动器、手制动器和排气制动。转向系统是采用螺杆螺母循环球转向机，直接带动转向阀，利用液压转向。工作液压系统主要由油箱、双联油泵、分配阀、双联阀杆、流量转换阀、动臂油缸和转斗油缸组成。

(3)技术参数

前装机的主要技术工作参数是铲斗容积、最大卸载高度、最大卸载高度的卸载距离、铲取力和牵引力。铲斗容积是设备生产能力大小的主要指标。在技术规格中用的铲斗额定容积是指铲斗上缘四周以1：2的坡度堆积物料的条件下，铲斗所能装载的物料容积，又称堆积铲斗容积。额定铲斗容积一般比铲斗平装时的几何容积大10%～20%。铲斗容积式根据设备设计时的额定装载重量和装载物料的容积重量确定的。卸载高度是按装车要求设计的。最大卸载高度条件下的卸载距离也受前装机稳定性的影响，其数值较小。故在装载时，前装机尽量靠近运输设备。

3. 其他采装设备

(1)液压铲

液压铲与普通挖掘机相比有如下特点：结构简单，重量轻，容易把回转运动变成往复运动，去掉钢绳传动系统，可以克服因钢绳迅速磨损而发生的故障；省去了齿轮减速箱，摩擦离合器和制动器等易损件，减少润滑点，因而减少了维修工作量；调速容易、简便，易实现自动或半自动控制；液压铲外形尺寸较小，回转及行走速度较快，灵活性大；抗冲击性能好；便于更换工作机械，可以一机多用。

(2)索斗铲

索斗铲的工作机构与机械铲不同,它的铲斗由一条提升钢绳吊挂在悬臂上,由牵引钢绳和提升钢绳相配合控制其铲装和卸载。索斗铲通常安置在开采台阶的上部平盘上,挖掘站立水平以下的岩石,其挖掘深度取决于索斗铲的臂长和挖掘坡面角。

(3)推土机

推土机结构简单、工作灵活可靠、效率高、维修工作量少,在国内用于砂矿开采以及在露天矿排土场推排岩土和矿石,应用广泛。

(二)采装作业安全要求

(1)挖掘机汽笛或报警器应完好。进行各种操作时都必须发出警报信号。夜间作业时,车下及前后灯必须良好。

(2)两台以上的挖掘机在同一平台上作业时,挖掘机之间应保持一定的安全距离。采用汽车运输时,其间距不得小于最大挖掘半径的 3 倍,且不得小于 50 m;采用电机车运输时,不得小于两列列车的长度。

(3)相邻两阶段同时作业的挖掘机必须沿阶段方向错开一定的距离,在上阶段边缘安全带进行辅助作业的挖掘机必须超前下阶段正常作业的挖掘机最大挖掘半径的 3 倍的距离,且不得小于 50 m。

(4)当挖掘机运行时发现悬浮岩块或塌陷征兆、盲炮等情况,应立即停止工作,并将设备开到安全地带。

(5)挖掘不需爆破的松动软岩时,如果台阶高度超过挖掘机最大高度,容易引起台阶上部岩帮倒挂,应采取措施降低台阶高度,或提高挖掘机作业水平面。

(6)挖掘机作业时,任何人不得在悬臂和铲斗下面及工作面的底帮附近停留;其平衡装置外形距阶段坡底线的水平距离不得小于 1 m;铲装时,禁止铲斗从车辆驾驶室的上方通过。装车时,矿岩的最大块度不得超过 1 m;装满车后,应向车辆驾驶人员鸣示信号;必须听从信号工的指挥。

(7)禁止向运输设备装载过满和装载不均,以及将巨大岩块装入车的一端,以免引起翻车事故。

(8)在向汽车装岩时,禁止铲斗从汽车驾驶台上方通过,车厢内不得有人;装车时,汽车司机不得停留在司机室踏板上或有落石危险的地方。装车时不得将铲斗压碰汽车车帮,铲斗卸矿高度不得超过 0.5 m。

(9)禁止用挖掘机铲斗处理黏帮车辆。

(10)挖掘机必须在作业平台的稳定范围内行走。

(11)挖掘机上下坡时,驱动轴应始终处于下坡方向;铲斗必须要空载,并下放与地面保持适当距离;悬臂轴线应与行进方向一致。

(12)挖掘机通过铁路无人道口时,应做到一站二看三通过;通过电缆、风水管、铁道路口时,应采取保护电缆、风水管及铁道路口的措施;通过危险路段(如松软或泥泞路面)时,应采取防止沉陷的措施,并有专人指挥;上下坡时应采取防滑措施。

(13)严禁挖掘机在运转中调整悬臂架的位置和检修部件。

(14)推土机在倾斜工作面上作业时,允许的最大作业坡度应小于其技术性能所能达到的坡度。

(15)推土机作业时,刮板不得超过平台边缘。推土机距离平台边缘小于 5 m 时,必须低速运行。禁止推土机后退开向平台边缘。

(16)推土机发动时，严禁人员在机体下面工作，机体近旁不准有人逗留。

(17)推土机行走时，禁止人员站在推土机上或刮板架上。发动机运转且刮板抬起时，司机不得离开驾驶室。

(18)推土机牵引车辆或其他设备时，被牵引的车辆或设备，应有制动系统，并有人操纵；推土机的行走速度，不得超过 5 km/h；下坡牵引车辆或设备时，禁止用缆绳牵引；指定专人指挥。

(19)推土机的检修、润滑和调整，应在平整的地面上进行。检查刮板时，应将其放稳在垫板上，并关闭发动机。禁止人员在提起的刮板上停留或进行检查。

五、运输作业及其安全要求

露天矿运输工作主要是将露天采场采出的矿石运送到选矿厂或储矿场，将岩石运送到排土场，并将生产作业人员、设备和材料运送到工作地点，而完成上述工作的网络就构成了露天矿运输系统。矿山的运输方式主要有：自卸汽车运输、铁路运输、带式运送机运输、斜坡箕斗提升运输、斜坡卷扬运输、架空索道运输、联合运输（汽车—铁路联合运输、自卸汽车—斜坡箕斗联合运输）等。

（一）自卸汽车运输及其安全要求

在道路运输方式中，自卸汽车运输在国内外获得了广泛的应用，并有继续发展而取代铁路或其他运输方式的趋势，已成为露天矿开采技术的主要发展方向。

1. 公路分类和构造

(1)露天矿生产公路按其性质和所在位置的不同，可分为三类。

①运输干线：从露天矿场出入沟通往卸矿点（如破碎站）和排土场的公路。

②运输支线：由各开采水平与采矿场运输干线相连接的道路和由各排土水平与通往排土场运输干线相连接的道路。

④辅助线路：为通往分散布置的辅助性设施（如炸药库、变电站、水源地、检修站、尾矿坝等），行驶一般载重汽车的道路。

(2)按服务年限，公路又可分为以下三类。

①固定公路：采矿场出入沟及地表永久性公路，其服务年限在 3 年以上。

②半固定公路：通往采矿场工作面和排土场作业线的道路，其服务年限为 1～3 年。

③临时性公路：这一类公路是指采掘工作面和排土线的道路，它随采掘工作线和排土线的推进而不断地移动，所以又称为移动公路。这种线路一般不修筑路面，只需适当整平，压实即可。

2. 自卸汽车运输与铁路运输比较具有的特点

(1)机动灵活，调运方便，特别是有利于金属矿的多金属矿石的分采，并适于开采分散的或不规则的矿体，对各种地形条件适应性强。

(2)爬坡能力强，最大堆度可达 10%～15%，在高差相同的情况下，汽车的运距短，基建工程量小，投资少，建设速度快。

(3)能与挖掘机密切配合，缩短运输周期，提高挖掘机效率。

(4)自卸汽车转弯半径小，最小可达 15～20 m。

(5)运输组织简单，可简化开采工艺。

(6)道路修筑和养护简单。

3. 矿用自卸汽车运输安全要求

(1)深凹露天矿运输矿(岩)石的汽车,应采取废气净化措施。

(2)自卸汽车严禁运载易燃、易爆物品;驾驶室外平台、脚踏板及车斗不准载人。禁止在运行中升降车斗。

(3)车辆在矿区道路上宜中速行驶,急弯、陡坡、危险地段应限速行驶,养路地段应减速通过,急转弯处严禁超车。

(4)双车道的路面宽度,应保证会车安全。陡长坡道的尽端弯道,不宜采用最小平曲线半径。弯道处会车视距若不能满足要求,则应分设车道。

(5)雾天和烟尘弥漫影响能见度时,应开亮车前黄灯与标志灯,并靠右侧减速行驶,前后车间距不得小于 30 m。视距不足 20 m 时,应靠右暂停行驶,并不得熄灭车前、车后的警示灯。

(6)冰雪和多雨季节,道路较滑时,应有防滑措施并减速行驶;前后车距不得小于 40 m;禁止急转方向盘、急刹车、超车或拖挂其他车辆;必须拖挂其他车辆时,应采取有效的安全措施,并有专人指挥。

(7)山坡填方的弯道、坡度较大的填方地段以及高堤路基路段外侧应设置护栏、挡车墙等。

(8)对主要运输道路及联络道的长大坡道,可根据运行安全需要设置汽车避难道。

(9)道路与铁路交叉的道口,宜采用正交形式,如受地形限制必须斜交时,其交角应不小于 45°。道口必须设置警示牌。车辆通过道口前,驾驶员必须减速瞭望,确认安全方可通过。

(10)装车时,禁止检查、维护车辆;驾驶员不得离开驾驶室,不得将头和手臂伸出驾驶室外。

(11)卸矿平台(包括溜井口、栈桥卸矿口等处)要有足够的调车宽度。卸矿地点必须设置牢固可靠的挡车设施,并设专人指挥。挡车设施的高度不得小于该卸矿点各种运输车辆最大轮胎直径的五分之二。

(12)拆卸车轮和轮胎充气,要先检查车轮压条和钢圈完好情况,如有缺损,应先放气后拆卸。在举升的车斗下检修时,必须采取可靠的安全措施。

(13)禁止采用溜车方式发动车辆,下坡行驶严禁空挡滑行。在坡道上停车时,司机不能离开,必须使用停车制动并采取安全措施。

(14)露天矿场汽车加油站,应设置在安全地点,不准在露天采场存在明火及不安全地点加油。

(15)夜间装卸车地点,应有良好照明。

(16)道路的一侧悬岩边缘应修建安全挡墙,挡墙的高度应不低于 0.5 m;道路的两侧不准堆放障碍物;特殊路段应设置明显的安全标志;晴朗干燥的天气,路面必须洒水降尘。

(17)排土场路面应平整,横向坡道的坡度不应大于 2%;如遇雨雪天气,排土场危险地点应设专人指挥,夜间应挂明显的灯光标志。

(18)汽车在储矿场和排土场卸载时,必须听从信号工的指挥。卸载完毕,车厢落到位后方准行驶。在下坡道,使用制动器较多造成制动器温度过高时,应将车辆停放在安全地点,让其自然冷却,严禁用凉水为制动器降温,以免造成制动器爆炸伤人;会车时应提前减速,选择合适的路段进行会车。严禁在单车道、桥梁、隧道、涵洞、转弯处等地点会车。

(19)通向装卸地点道路的坡度大于 10%时,禁止汽车倒车行驶。

(20)卸矿汽车必须在车斗完全放稳后方可行驶。

(21)汽车在采场内的行驶速度不得超过 20 km/h,在运输干线上应不超过中速行驶。

(22)道路狭窄和来往交通频繁的道路或泥泞、冰滑道路上;风、雨、雪、雾交加,视线不清;十字路口、下坡、桥梁、隧道、涵洞、道口、有警告标志和禁止超车的地点,禁止超车。

(23)汽车在行驶中突发故障需要检修或班中停车进餐时,应选择平坦、坚实、视线距离远,不影响他车行驶的安全地点或指定的车库停放,并拉好手制动器,以防溜车。

(24)驾驶员必须严格执行交通部颁布的交通规则和技术操作规程,严禁无证驾驶。驾驶员必须经培训考试合格,领取了驾驶证,方准驾驶汽车。

(25)挖掘机装矿(岩)时,驾驶员身体不得露在驾驶室外。

(26)启动车前,应认真检查汽车各部件是否良好,油、水是否符合标准,车轮胎有无砸钉、破损、漏气、缺气等,确认完好后,方可启动车辆。

(27)冬季天气寒冷,启动车辆后,应慢速运转几分钟,待水温升至60℃,气压升到3～4个大气压时,方可行驶运载。

(28)禁止酒后开车,或边驾驶边饮食。

(29)汽车驾驶员必须服从分配,听从指挥,到指定的地点装车和按规定的线路行驶,不准乱装滥卸。

(30)驾驶室内严禁超坐,驾驶室平台禁止乘人和堆放物品。

(二)铁路运输安全要求

铁路运输担负露天矿山运输任务的主要设备之一,在我国仍有较大比重。铁路运输适用于储量大、面积广、运输距离长(超过5～6 km)的露天矿和矿山专用线路。

1. 铁路线路分类

根据露天矿生产工艺特点,铁路运输线路可分为下列三类:

(1)固定线,是连接露天采矿场、排土场、储矿场、选矿厂以及工业场地之间的铁路干线。

(2)半固定线,是指采场的移动干线、平盘联络线以及使用期限在3年以下的其他线路。

(3)移动线,是指采掘工作面的装运线路和排土场的卸载线路。

上述各类线路,按其轨距可分为标准轨(1 435 mm)和窄轨(分别为600 mm、700 mm或720 mm、900 mm)。

一般情况下,大型露天矿多数采用标准轨,小型露天矿采用窄轨,中型露天矿根据具体情况而定。

2. 矿山车站的组成及布置

露天矿车站一般由矿山站、岩石站、卸矿(破碎)站及会让站等组成。

(1)矿山站:是露天矿运输系统的中枢。股道较多,一般由6～10股道,20～30组道岔组成。除通过、会让矿岩、杂用列车外,尚有车辆停放线及运输辅助设备(如排土犁、移道机、吊车、养路等设备)的停放线。该站由于通过列车对数较多,为疏散通过咽喉区车流,岔区布置要尽可能创造能同时接发车的条件。

(2)岩石站:负担废石列车会让、分发开往各条排土线任务,为缩短废石列车入换时间,尽可能将岩石站设在废石场入口处。岩石站一般由4～6股道,12～18组道岔组成。其中除办理废石车会让外,较集中的站有排土犁、移道机的停放线。

(3)卸矿(破碎)站:一般在选矿厂粗破碎车间上方,一般由3～5股道,8～14组道岔组成,其中4股道较多。

(4)矿山会让站:矿山会让站在"之"字折返开拓系统中,大都为尽端式。根据能力需要,可布置成燕尾式及套袖式。

3. 铁路运输的优缺点

(1)铁路运输的主要优点

①适合长距离运输,运输能力大,能满足大、中型矿山运输要求;

②能和国有铁路直接接轨办理行车业务、简化装卸工作;

③设备和线路较为坚固,备件供应可靠;

④运输成本低。

(2)铁路运输的主要缺点

①基建投资大,建设速度慢,爬坡能力小,线路工程和辅助工作量大;

②采场和废石场移道工程量大,掘沟、延深速度慢;

③受矿体埋藏条件和地形条件影响大,要求线路坡度小、曲线半径大,在地形狭窄的山包上以及狭短的深凹矿,线路布设受限制,灵活性差;

④线路系统和运输组织工作复杂;

⑤线路移动频繁。

4. 铁路运输安全要求

(1)矿山企业必须加强对铁路运输的安全管理,建立健全铁路行车的各项安全管理制度。

(2)矿山铁路,应按规定设置避难线和安全线;在适当地点设置制动检查所,对列车进行检查试验;设置甩挂、停放制动失灵的车辆所需的站线和设备。

(3)设在曲线上的牵出线,必须有保证调车安全的良好瞭望条件。在T接线和调车牵出线的铁路中心线至有作业的一侧路基面边缘的距离应不小于3.5 m,窄轨铁路的路肩宽度应不小于1 m。

(4)在全长大于10 m、中桥高大于6 m的桥梁(包括立交桥)和线路中心到跨线桥墩台的距离小于3 m的桥下线的地段应设双侧护轮轨。

(5)固定线和半固定线的最小曲线半径为机车固定轴距≤2.6 m、全轴距＜11 m,矿车固定轴距≤1.8 m、全轴距＜11 m,机车固定轴距≤2.6 m、全轴距＜16 m,矿车固定轴距≤1.8 m、全轴距＜11 m,矿车固定轴距1.2 m×2、全轴距＜13 m。改、扩建矿山利用旧有机车固定轴距大于2.6 m,小于3 m时,应在曲线内侧设单侧护轮轨。

(6)人流和车流密度较大的铁路与道路的交叉道口,应立体交叉。平交道口应在瞭望条件良好,满足机车及汽车司机的规定能视距离的线路上,站内不宜设平交道口。瞭望条件较差或人(车)流密度较大的平交道口,应设自动道口信号装置或设专人看守。

(7)电气化铁路,应在道口处铁路两侧设置限界架;在大桥及跨线桥跨越铁路电网相应部位处,应设安全栅网;跨线桥两侧,应设防止矿车落石的防护网。

(8)繁忙道口、有人看守的较大的桥隧建(构)筑物和可能危及行车安全的塌方、落石地点,宜安设遮断信号机,其位置距防护地点不小于50 m。在有暴风雨、雾、雪等不良气候条件的地区,或当遮断信号机显示距离不足400 m时,还应在主体信号机前方300 m(窄轨铁路150 m)处,设预告信号机或复示信号机。

(9)装(卸)车线一般应设在平道或坡度不大于2.5‰(窄轨不大于3‰)的坡道上;对有滚动轴承的车辆,坡度应不大于1.5‰。特殊情况下,机车不摘钩作业时,其装卸线坡度不得大于15‰。线路尽头必须设安全车挡。

(10)列车运行速度由矿山具体确定,但必须保证在准轨铁路300 m、窄轨铁路150 m的制动距离内停车。

(11)同一调车线路上禁止两端同时进行调车。采取溜放方式调车时，必须有相应的安全制动措施。在运行区间内不准甩车，在站线坡度大于2.5‰(滚动轴承车辆大于1.5‰，窄轨大于3‰)的坡道上进行甩车作业时，必须采取防溜措施。

(12)列车通过电气化铁路、高压输电网路或跨线桥时，禁止人员攀登机车、煤水车或装载敞车的顶部。电机车升起受电弓后，禁止登上车顶或进入侧走台工作。

(13)铁路吊车作业时，应根据设备性能和线路坡度的需要，采取止轮或机车(列车)连挂等安全措施。

(14)矿车进入弯道、道岔、站场和尽头时，必须减速缓行；禁止任何人搭乘车辆；双轨道上同向或逆向行驶的矿车的间距，应不小于0.7 m。

(15)发生故障的线路，应在故障区域两端设停车信号，独头线路发生故障时，应在进车端设停车信号；故障排除和停车信号撤除前禁止列车在故障线路区域运行。

(16)列车运行到弯道，视线距离短的路段时，应鸣笛，并减速行驶，以防铁路线上有人行走。

(17)机车升起受电弓后，禁止机车内乘务人员登上车顶或侧走台工作。

(18)在行人多、车辆通行密度大的道口应安装自动控制栏杆。以防机车通过时，汽车和行人进入道口，导致事故。

(19)在复杂的路段或可能危及行车安全的地点，应埋设醒目的安全标志牌，以警示司机谨慎驾驶和行人注意安全。

(20)列车在矿区域的铁路线上行驶，最高时速不得超过35 km/h，进入装车地点运行速度不得超过5 km/h。

(21)在运行区域内不准甩车，随意停车，如机车发生故障不能运行时，应及时通知车站或有关领导，并在线路两端设停车信号标志。独头道线路发生故障时，应在进车端设停车信号。故障排除后向车站报告，恢复此线通行。

(22)同一调车线上禁止两端进行调车作业。调车作业应做好呼唤应答，以防误操作造成人身伤害事故。

(23)列车在冰雪天运行和在2.5%的坡道上甩车作业时，必须采取切实可行的防滑措施。在运行区间内不准甩车，在站线坡度大于2.5‰的坡道上进行甩车时必须采取防滑措施。

(24)机车司机必须经培训考试合格，取得操作证书后，方能上岗作业。

(25)加强铁路线路的维修，确保线路达到技术规程的要求。

(26)加强对机车司机的培训，提高他们的操作技能及综合素质。

(27)机车司机必须熟知本岗位的《安全技术操作规程》、《技术规程》、《运输规程》等各项规章制度，熟知运输线路、各种信号的设置及站管规则。

(28)必须认真履行交接班制度，认真检查机车各部件，发现隐患应及时处理后，才能进行运输作业。

(29)机车司机在操作时，正确穿戴好劳动防护用品。冬季在线路上或机车内工作时不得把耳朵盖严，炎热的夏天不准赤足或裸臂进行工作。

(30)机车乘务人员在机车上或靠近机车工作时，必须于安全地点，禁止站在不牢固或可变动的位置与物体上进行工作。停车时，严禁在车下或轨道中心休息。

(31)机车上的司炉工，禁火作业使用火钩、扒火时应戴好防护手套，不得赤手接触燎热部位，后手须握在火钩的下环内，使用后放置时，要用棉纱、破布垫好，闪开身子并要注意车上及周围的工作人员。

(32)机车锅炉放水时,必须在站段或区间内指定的地点进行。并注意汽水喷出射程内确认无人后,方可放水。

(33)机车驾驶室内的防寒、防暑、防火设施必须齐全有效。

(三)其他运输方式

1. 斜坡轨道卷扬运输

斜坡轨道卷扬运输有斜坡箕斗和串车两种方式,斜坡箕斗是专用在斜坡道上的运载容器,与串车相比,运输能力大,发生跑车事故的可能性小,但需设置装卸设施,不如串车提运灵活。斜坡箕斗提升需要多次转载,随开采水平的下降,转载站移设工作量大且复杂,生产能力受到限制,故大型露天矿很少应用。

斜坡卷扬运输的安全要求:

(1)斜坡道与上部车场和中间车场的连接处,必须设置灵敏可靠的阻车器。

(2)斜坡道上应设防止跑车装置等安全设施。

(3)斜坡卷扬运输速度不得超过升降人员或用矿车运输物料的最高速度和运输人员的加速度或减速度。

(4)斜坡道运输的机电控制系统,应有限速保护装置、主传动电动机的短路及断电保护装置、过卷保护装置、过速保护装置、过负荷及无电压保护装置、卷扬机操纵手柄与安全制动之间的连锁装置、卷扬机与信号系统之间的闭锁装置等。

(5)卷扬机紧急制动和工作制动时,所产生的力矩和实际运输最大静荷重旋转力矩之比 K,不得小于 3。质量模数较小的绞车,保险闸的 K 值可适当降低,但不得小于 2。

(6)调整双滚筒绞车滚筒旋转的相对位置时,制动装置在各滚筒闸轮上所产生的力矩,不得小于该滚筒悬挂重量(钢丝绳重量与运输容器重量之和)所形成的旋转力矩的 1.2 倍。

(7)计算制动力矩时,闸轮和闸瓦摩擦系数应根据实测确定,一般采用 0.30～0.35,常用闸和保险闸的力矩应分别计算。

(8)卷筒直径与钢丝绳直径之比不得小于 80。卷筒直径与钢丝直径之比不得小于 1200。专门运输物料的钢丝绳,安全系数不小于 6.5;运输人员的钢丝绳,安全系数不得小于 9。钢丝绳在卷筒上作多层缠绕时,卷筒两端凸缘必须高出外层绳圈 2.5 倍钢丝绳直径的高度。钢丝绳弦长不宜超过 60 m;超过 60 m 时,要在绳弦中部设置支撑导轨。

(9)应沿斜坡道设人行踏步。斜坡轨道两侧应设堑沟或安全挡墙。

(10)斜坡道道床的坡度较大时,必须有防止钢轨及轨梁整体下滑的措施;钢轨敷设必须平整、轨距均匀。斜坡轨道中间应设地辊托住钢丝绳,并保持润滑良好。

(11)矿仓上部应设缓冲台阶、挡矿板、防冲击链等防砸设施。斜坡轨道中间应设地辊托住钢丝绳,并保持润滑良好。

(12)卷扬司机、卷扬信号工、矿仓卸矿工之间应装设声光信号联络装置。联系信号必须清楚;信号中断或不清时,不得进行操作。

(13)在斜坡道上,或在箕斗(矿车)、料仓里工作,必须有安全措施。

(14)调整卷扬钢丝绳,必须空载、断电进行,并用工作制动。拉紧钢丝绳或更换操作水平时,运行速度不得超过 0.5 m/s。

(15)对钢丝绳及其相关部件,应定期进行检查与试验;钢丝绳不能有断股和严重的损伤,否则必须按要求更换。

(16)卷扬机的操作者必须思想集中,密切观察运转情况,发现异常,立即停车。

2. 自溜运输

在山坡露天矿场,矿石借助自重,从溜井或溜槽放至地面。这种运输方式不受矿山规模的限制,利用地形高差自重放矿;运营费用低,在距地面高差较大,坡度较陡的山坡露天矿场中得到较广泛的应用。其按溜道的形式可分为溜槽和溜井。溜槽按其底部结构,可分为有漏斗仓和无漏斗仓两种。溜井的底部是通过平硐往外运矿石的,因此也称为平硐溜井运输。

自溜运输的安全要求:

(1)确定溜井位置,必须依据可靠的工程地质资料。溜井必须布置在坚硬、稳定、整体性好、地下水不大的地点。溜井穿过局部不稳固地层,必须采取加固措施。

(2)溜槽的位置和结构要和合理选择。溜槽的倾角要从安全和放矿条件来考虑,一般为40°～60°。溜槽底部周围应有标志,溜矿时不准人员靠近,以防滚石伤人。

(3)溜井和溜槽的卸矿口应设格筛和护栏,并设明显标志、良好照明和牢固的车挡,以防人员、卸矿车坠入溜井或溜槽。机动车卸矿时,应有专人指挥。

(4)放矿系统的操作室,必须设有安全通道。安全通道应高出运输平硐,并应避开放矿口。

(5)平硐溜井必须建立完善的通风除尘系统。

(6)窄轨自溜运输,车辆的滑行速度不得超过3 m/s。滑行速度1.5 m/s以下时,车辆间距应不小于20 m;滑行速度超过1.5 m/s时,车辆间距应小于30 m。自溜运输,沿线应按需要设减速器或阻车器等安全装置。

(7)运输平硐必须留有宽度不小于1 m的人行道。进入平硐的人员,必须在人行道上行走。平硐内应有良好的照明设施和联络信号。

(8)容易造成堵塞的杂物,超规定的大块物件、废旧钢材、木材、钢丝绳及含水量较大的黏性物料,严禁卸入溜井。

(9)溜井口周围的爆破,应有专人设计。溜井应有良好的防、排水设施。

(10)溜井上、下口作业时,禁止非工作人员在附近逗留。禁止操作人员在溜井口对面或矿车上撬矿。

(11)溜井发生堵塞、塌落、跑矿等事故时,应待其稳定后再查明事故的地点和原因,并制定处理措施;严禁从下部进入溜井。

(12)应加强平硐溜井系统的生产技术管理,编制管理细则,定期进行维护检修。检修计划应报矿长批准。

(13)雨季应加强水文地质观测,减少溜井储矿量;溜井积水时,不得卸入粉矿,并应暂停放矿。采取安全措施妥善处理积水后才能放矿。

3. 带式运输机

带式运输机的工作原理是用胶带做牵引和承受构件的,并且靠胶带与滚筒之间的摩擦传动原理而工作的一种连续运输设备。

带式输送机运输的安全要求:

(1)带式输送机两侧应设人行道,经常行人侧的人行道宽度不小于1.0 m;另一侧不小于0.6 m。人行道的坡度大于7°时,应设踏步。

(2)禁止工人靠近运输机皮带行走;设置跨越皮带机的有栏杆路桥;机头、减速器及其他旋转部分应设有防护罩;皮带运转时禁止注油、检查和修理。

(3)非大倾角带式输送机运送物料的最大坡度,向上不大于15°,向下不大于12°。

(4)带式输送机的运行时,非乘人带式输送机,严禁人员乘坐;不得运送规定物料以外的其他物料及过长的材料和设备;物料的最大块度应不大于 350 mm;堆料宽度,应比胶带宽度至少小 200 mm;应及时停车清除输送带、传动轮和改向轮上的杂物,严禁在运行的输送带下清矿。

(5)带式输送机的胶带安全系数应为 8～10。钢绳芯带式输送机的钢绳安全系数应为 3.5～5。

(6)钢绳芯带式输送机的滚筒直径,应不小于钢绳芯直径的 150 倍,不小于钢丝直径的 1 000倍,且最小直径不得小于 400 mm。

(7)各装料点和卸料点,应设固定保护装置、电气保护和信号灯。

(8)带式输送机应设有防止胶带跑偏、撕裂、逆转的装置,胶带和滚筒清理、过速保护、过载警报、防止大块冲击装置,以及沿线路的启动、紧急停车等装置和良好的制动装置。钢绳芯带式输送机还必须设防止胶带脱槽装置和多滚轮传动的叠绳保护装置。

(9)更换栏板、刮泥板、托辊时必须停车,切断电源,并有专人监护。

(10)胶带启动不了或打滑时,严禁用脚蹬踩、用手推拉或压杠子等办法处理。

4. 架空索道运输

架空索道运输的安全要求:

(1)架空索道运输应遵守 GB 12141—2008。

(2)索道线路经过厂区、居民区、铁路、道路时,应有安全防护措施。

(3)索道线路与电力、通讯架空线路交叉时,应采取保护措施。

(4)遇有八级或八级以上大风时,应停止索道运转和线路上的一切作业。

(5)离地高度小于 2.5 m 的牵引索和站内设备的运转部分,应设安全罩或防护网。高出地面 0.6 m 以上的站房,应在站口设置安全栅栏。

(6)驱动机必须同时设置工作制动和紧急制动两套装置,其中任一装置出现故障均应停止运行。

(7)索道各站都应设有专用的电话和音响信号装置,其中任一种出现故障,均应停止运行。

六、阶段构成的安全要求

台阶高度直接关系到采矿作业安全与否,因此,确定台阶高度必须考虑矿岩的性质及埋藏条件,这里矿岩的埋藏条件主要是指矿体的厚度、产状及岩石的均质性,还要考虑穿爆和采掘工作,其中采掘工作的要求是影响台阶高度的最主要的因素;此外,工作台阶坡面角和最终边坡角也在阶段构成中应予以考虑的。因为工作台阶坡面角的大小直接影响采掘安全生产。其影响的主要因素是矿岩的性质、穿孔爆破方式、推进方向、矿岩层理方向和节理发育状况等因素。而合适的最终边坡角有利于保证安全生产和提高开采的经济效益。

阶段构成的安全要求主要有:

(1)阶段高度应符合相关规定。如果阶段高度超过规定,必须在保证安全的前提下,经过技术论证,并报主管部门批准。

(2)挖掘机或前装机铲装时,爆堆高度应不大于机械最大挖掘高度的 1.5 倍。

(3)人工开采时,工作阶段坡面角应符合相关的规定。

(4)非工作阶段的最终坡面角和最小工作平台的宽度,应在设计中规定。

(5)采矿和运输设备、运输线路、供电和通讯线路,必须设置在工作平台的稳定范围内。

(6)爆堆边缘到准轨铁路中心线的距离,应不小于 2.5 m;到窄轨铁路中心线的距离,应不小于 2.0 m；到汽车道路边缘的距离，应不小于 1 m。

(7)稳固的矿岩的台阶高度应适当大一些，而对节理、裂隙较发育的不稳固的矿岩，台阶高度应低一些。

(8)台阶高度必须保证生产作业人员和设备的安全。

(9)机械开采时台阶较高，人工开采台阶较低。

(10)矿岩性质采掘作业方式台阶高度要符合表 3-1 的要求。

表 3-1　生产台阶高度的确定

矿岩性质	采掘作业方式		台阶高度(m)
松软的岩土	机械铲装	不爆破	不大于机械的最大挖掘高度
坚硬稳固的矿岩		爆破	不大于机械的最大挖掘高度的 1.5 倍
砂状的矿岩	人工开采		不大于 1.8
松软的矿岩			不大于 3.0
坚硬稳固的矿岩			不大于 6.0

开采结束并段后的台阶高度超过上表规定时，在保证安全的前提下，由设计确定。

(11)挖掘机或前装机铲装时，爆堆高度应不大于机械最大挖掘高度的 1.5 倍。安全规程规定人工开采时，工作阶段坡面角应符合表 3-2 的规定。

表 3-2　工作阶段坡面角的规定

矿岩性能	工作阶段坡面角
松软的矿岩	不大于所采矿岩的自然安息角
较稳固的矿岩	不大于 50 ℃
坚硬稳固的矿岩	不大于 80 ℃

非工作阶段的最终坡面角和最小工作平台的宽度，应在设计中规定。爆堆边缘到准轨铁路中心线的距离，应不小于 2.5 m；到窄轨铁路中心线的距离，应不小于 2.0 m；到汽车道路边缘的距离，应不小于 1 m。

(12)露天矿山的边坡角的参数可参照相关的规定。

第三节　排土安全要求

一、概述

露天开采的一个重要特点就是要剥离覆盖在矿床上部及其周围的表土和岩石，并将其运至专设的场地排弃。这种专设的排弃岩石的场地称做排土场(或废石场)。在排土场按一定方式进行堆放岩土的工作称为排土工作。

排土工作是露天矿生产的重要环节，其包括排土场位置与排土方法的选择，排土线的形成和发展以及覆土造田、环境保护等主要内容。所以要合理选择排土场位置和组织排土作业，不仅关系着采装、运输的生产能力和经济效果，同时涉及对农业生产的影响问题。

矿山企业选择排土场位置时，要尽量考虑不占或少占用农田和耕地。最大限度地利用山谷、洼地和海滨等地设置排土场。在山谷设置排土场时，充分考虑到山洪的影响；排土场不应设置在将来扩大的露天矿开采境界范围内；排土场尽量设在露天矿场的近处，并布置在居民区的下风向地带，以防矿岩粉尘污染居民区的空气；同时还要防止岩土中的有害化学成分带入河流和农田污染环境。

按排土场与露天矿的相对位置，排土场可分为内部排土场和外部排土场。内部排土场是指将岩土直接排弃在露天矿场的采空区，但是内部排土场要求矿体的砸开采深度在 30～50 m 之内，倾角小于 5°～10°，并且在一个采场内有两个开采深度不同的底平面，除后者之外，都必须一次采掘有用矿物的全厚。但我国大部分露天矿都不具备这种排土条件，故多采用外部排土场。所谓外部排土场是指将岩土排弃在露天矿场采场之外，是一种最经济的排土方法。

随着社会的进步，科技的发展，露天矿排土技术与排土治理也在发展，其趋势表现为采用高效率的排土工艺提高排土强度；增加单位面积的排土容量，提高堆置高度，减少排土场占地；排土场复垦，减少环境污染等。

二、排土方法

露天矿根据采用的运输方式和使用的排土机械的不同，排土方法分为：汽车运输——推土机排土，铁路运输——挖掘机、排土犁、前装机、胶带排土机排土等排土方法。按排土场的堆置顺序又可分为单台阶排土、覆盖式多台阶排土、压坡角式组合台阶排土。

（一）汽车运输—推土机排土方法

采用汽车运输的露天矿绝大多数是采用推土机排土，推土机排土作业包括：汽车翻卸岩土，推土机推土，平整场地和整修排土场公路。这种方法的优点是机动灵活，爬坡能力强；适应在各种复杂地形的排土场作业，宜实行高台阶排土，排土场内的运距短，可在采场外就近排土，而且排土线路建设投资少，排土工艺和技术管理简单。我国多数露天矿采用汽车运输一推土机排土。

（二）铁路运输的排土方法

铁路运输排土主要是应用其他移动式设备进行转排工程，如排土犁、挖掘机、排土机、前装机、索斗铲等。国内目前以挖掘机排土为主，排土犁为辅。

三、排土场常见事故及原因

排土场常见的事故有排土场大面积滑坡，形成泥石流，排土场台阶下沉、坍塌，排岩时岩石下滚等。排土场的灾害形式因地质、地理、气候等自然条件的不同而异，按其环境危害表现形式可分为排土场滑坡、排土场泥石流和排土场环境污染三大类。

（一）排土场滑坡

因松散固体大规模错动、滑移，对环境造成的破坏性危害。其原因大致有建设初期设计、建设考虑不周；生产中排土不科学；排水设施不健全；人为因素；其他人力不可抗拒的因素等。

（二）排土场泥石流

液固相流体流动对环境形成的破坏性危害。矿山泥石流一般是由于水动力或重力形成的。水动力成因泥石流是指大量松散的固体物料堆积在汇水面积大的山谷地带，在动水冲刷作用下沿陡坡地形急速流动。重力成因泥石流是吸水岩土遇水软化，当水含量达到一定值时，便转化为黏稠状流体。此外，亦可能由坍塌、滑坡体直接转变为泥石流。而形成泥石流要有三个基本条件，其是泥石流区内要含有丰富的松散岩土；山坡地形陡峻，具有较大的沟床纵坡；泥石流区的上中游有较大的汇水面积和充足的水源。

（三）排土场环境污染

气体或液体携带有害粉尘或泥沙对环境造成污染性危害。矿山排土场作为矿山开采中收容废石的场所，其中必然会存在大量的固体小颗粒，无论采用哪种排土工艺，在卸土和转排时，都会随着排弃的废石在排土场坡面滚动，在风力作用下，便产生大量的灰尘，并随风四处飞扬，从而影响排土作业人员的身体健康，而且对排土场周围造成危害，且污染空气，影响农作物的生长等。由于排土场的位置一般都较高，在风力作用下，污染的范围也较大。此外，排土场因水土流失造成的水系污染对生态环境的影响也是很大的。

四、排土场的安全要求

(1)选择排土场场址时应对场地做水文地质、工程调查，重视排土场的建设质量。

(2)排土场应设在矿床开采境界之外，不应影响露天开采的正常进行。

(3)排土场下部应设警戒牌，严禁人员行走或停留。废石滚落范围内不得修建道路和建筑物。

(4)在地下采空陷落区域内布置排土场时，只有在地表陷落稳定并经详细检查后，方可堆放废石。

(5)排土场卸载平盘应保持2%反向坡度。场地必须保持平整，不得有积水。

(6)排土场进行排弃作业时，必须圈定危险区域，并设置警戒标志，危险区域内严禁人员进入。高阶段排土场应设有专人负责观测和管理，发现危险征兆，必须采取有效措施及时处理。汽车运输的卸排作业，应有专人指挥，在同一地段不准同时进行卸排和推排作业。卸排作业场地应经常保持平整。

(7)采用汽车运输的排土场，汽车进出道路应留有宽度1 m以上的人行道；卸载地点应设不低于0.8 m的车挡，并应有专人指挥。

(8)为了防止排土场边沿滑坡、坍塌，而导致排土设备倾翻、坠落，应采取分区间歇式排土方法，使所排弃的岩土沉结和压实，避免排土场台阶边坡失稳。

(9)铁路临时线路和半固定线路应经常垫道、换枕木或加枕木。

(10)列车运行时禁止卸载，进入排土场卸载时，应从尾部列车至机车前方依次卸载。

(11)铁路移动线路的卸车地段，路基应向场地内侧形成反坡。

(12)车在卸车线上运行和卸载时，其运行速度在移动线上不超过15 km/h，在排土线上不超过8 km/h。列车运行中不准卸载(曲轨侧卸式和底卸式矿车除外)。卸载顺序应从尾部向机车方向一次进行，机车应以推进方式进入独头线路，列车推送时，应设有调车员在前引导。

(13)挖掘机在排土场挖排作业，严禁超挖卸车线路路基。

(14)挖掘机操作人员在挖排岩石块时应谨慎操作，控制石块的滚落，在排土场的底部与公路交界处修筑挡墙，以防止滚石伤人事故。

(15)排土犁排土作业时，排土犁犁板和支出机构上严禁站人。推排岩土速度不超过5 km/h。

(16)人工排土时，禁止人员站在车架上卸载或在卸载侧处理车厢内的黏帮岩土。

(17)改进排土工艺，合理控制排土顺序，避免形成软弱夹层。并将大块岩石堆置在排土场底层以稳固基础。

(18)排土场应在泥土山坡处，有计划地植树、固皮和保护；排土场周围修筑拦洪导水或截水排水设施，不允许外部涌水进入排土场；排土场内禁止泥土集中排放，影响排土场的稳定。

(19)软岩基础处理。如基底表土或软岩较满，可在排土前挖掉，并在排土场周围挖掘排水沟，排干雨水。

(20)疏干排水，对排土场上方山坡实施汇水截流，将水疏排至排土场外围低洼处。

(21)修建护坡挡墙,控制雨水流向排土场。

(22)排土场植树造林。

第四节　露天矿山边坡管理

一、概述

露天开采时,通常是把矿岩划成一定厚度的水平层,自上而下逐层开采。这种开采的结果使露天矿场的周边形成阶梯状的台阶,多个台阶组成的斜坡称为露天矿边坡。

(一)边坡的结构

一般来说,边坡结构中的基本单元是台阶。不同用途的台阶组合形成了边坡的结构。各台阶参数的组合决定了最终边坡角的大小,而最终边坡角又受到岩体的工程地质条件和开采深度等的限制,且最终边坡角、台阶各项参数、开采深度等一般在开采前由设计来确定。

所以在设计时应从经济观点出发,把剥离量的围岩压缩到最小,使形成的最终边坡角最陡;从安全观点出发要求露天采矿场最终边坡角尽可能的放缓以保持边坡岩体稳定,但放缓边坡角就意味着必增大剥岩量提高采矿成本。所以确定最佳边坡角,是露天设计中的主要组成部分。

此外,在一些采石场尤其是乡镇采石场,往往是不分层的高台阶开采,作业环境极不安全,容易发生高处坠落、坍塌、物体打击与爆破飞石等事故。因此如何控制开采高度与坡度,选取合理的边坡形式与几何形状等,对边坡的稳定性有很大影响。

(二)露天矿边坡的特点

露天矿边坡与其他一些工程边坡如铁路、公路、水库、水坝等形成的边坡相比,具有以下特点:

(1)边坡比较高,从几十米到几百米的均有,走向长从几百米到数公里,因而边坡揭露的岩层多,边坡各部分地质条件差异大,变化复杂。

(2)上部边坡服务年限长,可达几十年,下部边坡则服务年限较短,底部边坡在采矿结束时即可废止。

(3)边坡是用爆破、机械开挖等手段形成的,坡度是人为的强制控制,暴露岩体一般不加维护,因此边坡岩体较易破碎,并易受风化影响产生次生裂隙,破坏岩体的完整性,降低岩体的强度。

(4)由于露天矿场每天穿孔、爆破作业和车辆行走,对边坡岩体经常受到震动影响较大。

(5)边坡的稳定性随着开采作业的进展不断发生变化。

(三)边坡破坏机理

研究边坡岩体变形与破坏机理的目的是了解边坡破坏的内在依据和基本力学过程,从而为边坡稳定性分析和治理提供理论基础。

边坡岩体变形与破坏是由于岩体内部应力应变相互作用的结构。作用于矿山边坡上的力以自重为主,其次是构造力、渗透力和爆破震动力等。边坡开挖以前,岩体内部应力场处于相对平衡的状态,但随着露天矿采场的开挖与延深,岩体在采场一侧就会出现临空面,失去侧向支撑力,引起岩体内部应力状态不断进行调整变化,并且在坡脚和坡顶附近可能会出现应力集中区和张力区,岩体这些应力变化促使其产生新的变形,并且当岩体应力超过其强度时,就会导致岩体发生破坏。

（四）矿山边坡破坏的主要形式

(1)崩塌。它是指陡倾张性结构面的岩体，因根部折断或压碎而突然脱离母体翻滚而下形成的破坏。主要是拉断破坏。

(2)滑坡。它是指岩体沿着一定滑面发生剪切，是边坡破坏的主要形式。根据滑坡面特征又可分为平面滑坡、楔形滑坡和圆弧形滑坡等。

二、边坡岩体破坏

（一）边坡岩体破坏的类型

露天矿开采会破坏岩体的稳定状态，使岩体发生变形破坏。所以，我们可以按边坡岩体的破坏机理将其分为圆弧形破坏、平面破坏、楔体破坏、倾倒破坏四类。

1. 圆弧形破坏

圆弧形破坏是发生在土体边坡和具有散体结构、碎裂结构岩体边坡中，边坡失稳时滑动体是沿着向下凹的弧形破裂而滑动。边坡岩体在破坏时其滑动面呈弧状。

圆弧形破坏是一种常见的破坏形式。如图 3-5 所示。

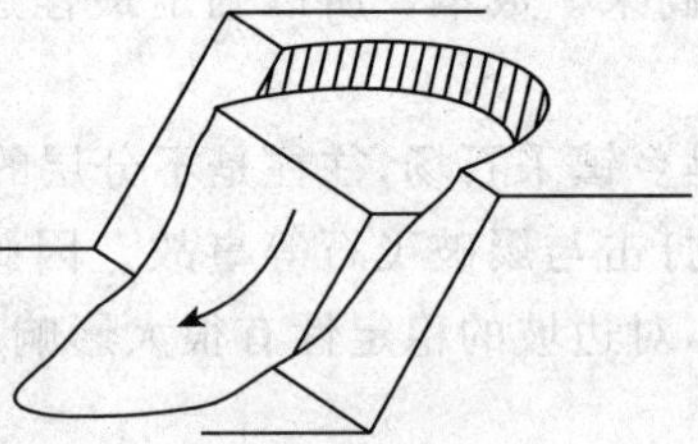

图 3-5 岩体圆弧形滑动示意图

2. 平面破坏

平面滑坡式边坡沿着某一主要结构面发生滑动，其滑线为直线。它是一种发生最多的破坏类型。在结构上受结构面，如断层、节理、层理面和层状沉积层间抗剪强度变化的控制，或受坚硬岩层和层间充填物接触的控制。尤其结构面与边坡相倾向相近，结构面的倾角小于边坡角而大于岩体内摩擦角时，易发生平面破坏。如图 3-6 所示。

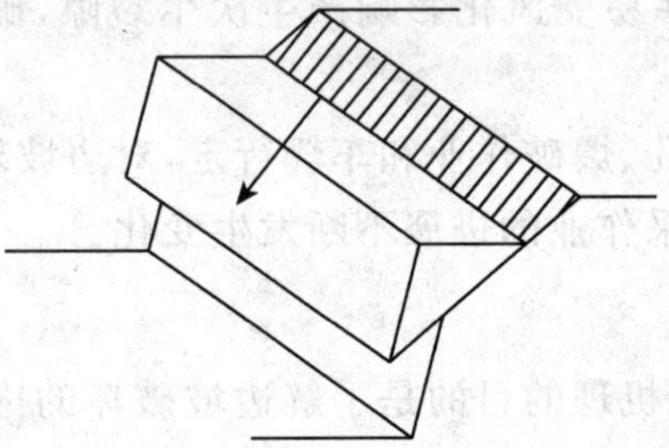

图 3-6 平面滑动示意图

3. 楔体破坏

楔体破坏是在边坡岩体中有两组或两组以上结构面与边坡相交，将岩体相互交切成楔形体而发生破坏。当两组结构面的组合交线的倾向与边坡倾向相近，倾角小于坡面角且大于其摩擦角时，容易发生沿着组合交线方向滑动的这种破坏，如图 3-7 所示。楔体破坏一般只涉及台阶。

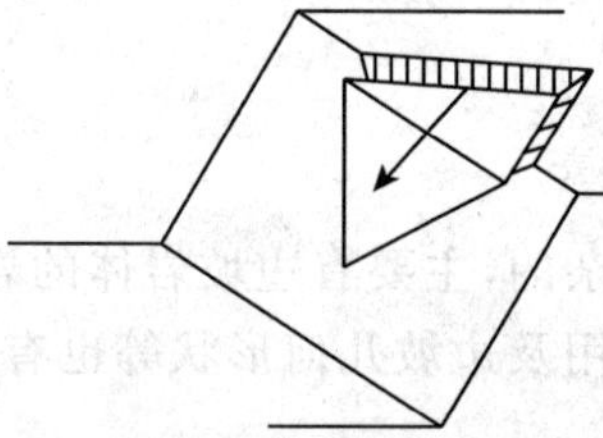

图 3-7　楔形滑动示意图

4. 倾倒破坏

倾倒破坏是多发生在层状结构边坡中，岩层成一组平行的结构面，它们的倾向与边坡相反且倾角较陡，岩柱或岩块绕某一固定基面转动而发生的破坏。如图 3-8 所示。

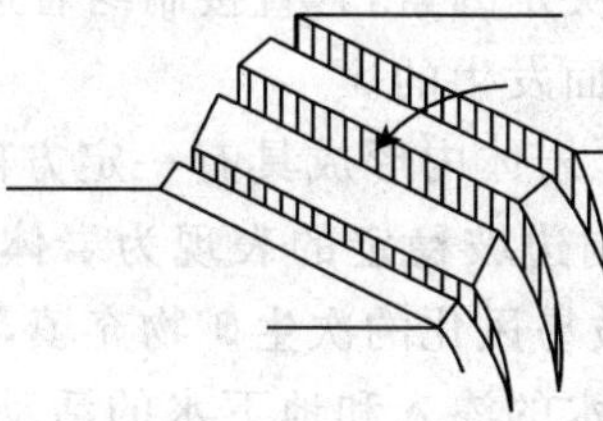

图 3-8　倾倒破坏示意图

（二）边坡岩体的滑动速度

(1)蠕动滑动：其平均滑动速度小于 0.01 mm/s。

(2)慢速滑动：其平均速度为 0.01 mm/s～1.0cm/s。

(3)快速滑动：其平均滑动速度为 1.0 cm/s～1.0m/s。

(4)高速滑动：其平均滑动速度大于 1.0 m/s。

（三）边坡岩体破坏规模分类

露天边坡岩体发生破坏时所产生的后果不但取决于破坏的类型、破坏的速度，还取决于破坏的规模即下滑体积的大小和滑动岩体的范围。边坡岩体破坏的规模可划分为以下四种类型。

1. 小型滑落

一般指发生在单台阶局部边坡上小块岩体沿一个或多个节理面产生局部的滑落，其滑落的垂直距离往往小于台阶的高度。

2. 中型滑落

一般是指一个和多个台阶边坡岩体沿结构弱面产生的一定规模的整体滑落，破坏类型多为楔体破坏，破坏的范围限于局部边坡。岩体滑动的体积一般在 1 万～10 万 m^3。

3. 大型滑落

一般是指多台阶边坡岩体沿结构面产生的大规模整体滑落。岩体的破坏类型多为平面破坏和圆弧形破坏。其滑动体积一般在 10 万～100 万 m^3。

4. 巨型滑落

一般是指露天矿边坡岩体产生大规模破坏，其滑动的范围、体积都很大。一般都在 100 万 m^3 以上。

三、边坡稳定性

(一)影响边坡稳定性的主要因素

影响边坡稳定因素较多而且是复杂的,主要有边坡岩体的岩性、岩体的结构面、水文地质、爆破震动等。此外,边坡高度、风化作用及边坡几何形状等也有一定的影响。

1. 岩性的影响

岩性是指组成边坡岩石的基本属性,包括岩石结构构造、孔隙度、岩石强度等,它是决定岩体强度和边坡稳定性的重要因素。由于岩石的成因不同,其结构与构造也不同,因而导致岩性差异很大。

2. 岩体结构面的影响

岩体结构面是影响边坡稳定性的决定因素,它直接制约着边坡岩体的变形、破坏的产生和发展过程。岩体失稳往往是沿着结构面发生的。

结构面是指在地质发展的历史中,岩体内形成具有一定方向、一定规模、一定形态和特性的面、缝、层、带状的地质界面。它影响边坡稳定的表现为岩体内的结构面都是弱面,比较破碎,交易风化。结构面中的缝隙往往被易风化的次生矿物充填,造成其抗剪强度较低;孔隙、裂隙、节理等结构面发育的岩体,为地表水的渗入和地下水的活动提供良好通道,从而造成抗剪强度降低。

3. 水文地质的影响

地表水的渗入和地下水的活动是导致滑坡的重要因素之一。露天矿的滑坡多发生在雨季或解冻期,一般地下水压可以降低边坡稳定性20%～30%,并在保持安全系数不变的情况下,降低岩石裂隙水压,可使边坡角加陡5°～7°。

4. 爆破震动的影响

爆破震动的影响是露天矿边坡长期经受反复爆破震动而造成的破坏。爆破作业是每个矿山经常进行的,所以,在确定露天矿最终边坡角时,应考虑爆破震动力对边坡稳定的影响。

(二)边坡稳定性检测

边坡稳定性的检测应遵循一定的程序:收集整理基础资料、现场检测、检测资料的分析与计算以及边坡稳定性评定。

1. 收集整理基础资料

主要收集的基础资料包括矿区工程地质资料及有关图件、边坡存在形式和组合形式、过往边坡事故及边坡岩体观测资料等。基础资料整理是指对收集的资料进行分类整理,看是否满足本次检测工作的需要等。

2. 边坡现场检测

边坡现场检测的主要内容有边坡的各项参数、岩体构造、边坡移动的观测和整体观测检查。

3. 检测资料的分析与计算

检测资料的分析与计算是指对检测的数据、资料进行综合分析和计算,主要包括三方面内容:

(1)根据工程地质资料和现场对边坡的调查和观测等资料,采用岩体结构分析法、数学模型分析法等进行综合分析计算。

(2)根据现场实测的边坡各项参数对照国家有关规定确定其是否符合要求。

(3)确定影响边坡稳定的主要因素,以及边坡各项参数、主要结构面等对边坡稳定的影响。

4. 边坡稳定性评定

根据检测资料和分析结论得出被检测边坡是否属于稳定型边坡的结论。然后可根据检测结果提出矿山边坡存在的问题,进而提出相应的治理措施等。

四、边坡的治理措施

(一)边坡的治理措施的分类

(1)对地表和地下水的治理。一般措施有地表排水、水平疏干孔、垂直疏干孔、地下疏干巷道。

(2)减少滑体下滑力和增大抗滑力措施。具体方法有缓坡清理法与减重压脚法。

(3)增大边坡岩体强度和人工加固边坡工程技术。普遍使用的方法有挡土墙、抗滑桩、金属锚杆、钢绳锚索以及压力灌浆、喷射混凝土护坡和注浆防渗加固等。

(4)周边爆破。具体的周边爆破技术有减震爆破、缓冲爆破、预裂爆破等。

(二)疏干排水法

1. 地表排水

一般是在边坡岩体外面修筑排水沟,防止地表水流进边坡岩体表面裂隙中。排水沟要求有一定的坡度,一般为5‰;断面大小应满足最大雨水时的排水需求;边坡顶面也应有一定的坡度;沟底不能漏水;要经常维护水沟,不让水沟堵塞。

2. 地下水疏干

对于地下水可采取疏干或降低水位,减少地下水危害。具体方法有以下三种。

(1)水平疏干孔。水平疏干孔就是从边坡打入水平或接近水平的疏干孔,这对于降低张裂隙底部或潜在破坏面附近的水压是有效的。水平疏干孔的位置和间距,取决于边坡的几何形状和岩体的结构面的分布。

(2)垂直疏干井。就是在边坡的顶部钻凿竖直小井,并在井中配装井泵或潜水泵,从而排除边坡岩体裂隙中的地下水。它是边坡疏干的有效方法之一。

(3)地下疏干巷道。就是在坡面之后的岩石中开挖疏干水源巷道作为大型边坡的疏干措施。

(三)机械加固法

机械加固法是通过增大岩石强度来改善边坡的稳定性。主要方法如下。

1. 应用锚杆(索)加固边坡

用锚杆(索)加固边坡是一种比较理想的加固方法,可用于具有明显弱面的加固。锚杆是一种高强度的钢杆,锚索则是一种高强度的钢索或钢绳。

2. 抗滑桩加固边坡

抗滑桩的种类很多,一般多采用钢筋混凝土桩加固边坡,其中又分大断面的混凝土桩和小断面的混凝土桩。前者一般用于破碎、散体结构边坡的加固,而后者一般用于块状、层状结构边坡的加固。

3. 用喷射混凝土加固边坡

喷射混凝土是作为边坡的表面处理,它用来封闭边坡表层的岩石,避免风化、潮解和剥落,同时又可以加固岩石,提高其强度。

4. 挡墙加固边坡

挡土墙是一种阻止松散材料的人工构筑物，它既可单一地用作小型滑坡的阻挡物，又可以作为治理大型滑坡的综合措施之一。它主要有护坡墙和普通挡墙两种，一般挡土墙多设在不稳定边坡的前缘或坡脚的部位。

5. 用注浆法加固边坡

用注浆法加固边坡是通过注浆管在一定的压力作用下，使浆液进入边坡岩体裂隙中，使破碎岩石黏结为一体，形成稳定的固架，提高了围岩的强度，同时又堵塞了地下水的通道，减少了水的危害。

(四)控制爆破法

1. 减震爆破

减震爆破是最简单最经济的一种控制爆破法。这种方法通常与某种其他控制爆破技术联合使用，如预裂爆破等，只有在岩层相当坚硬时才单独使用。

2. 缓冲爆破

缓冲爆破是沿着预先设计的挖掘界限爆炸，在主生产爆破孔爆破之后，再起爆这些缓冲爆破孔，从而削平或修整边帮上多余的岩石，提高边坡的稳定性。

3. 预裂爆破

预裂爆破是最成功、应用最广泛的一种控制爆破法。它是指在生产爆破之前，起爆一排少量装药的密间距的爆破孔，使之沿着设计挖掘界限形成一条连续的张开裂缝以便散逸生产爆破所产生的膨胀气体，进而保证边坡的稳定性。

五、边坡的安全要求

(1)建立健全边坡管理和检查制度，当发现边坡上有裂隙可能滑落或有大块浮石及“伞檐”悬在上部时，必须迅速进行及时处理。处理时要有可靠的安全措施，受到威胁的作业人员和设备要撤到安全地点。

(2)应选派工程技术人员和有经验的工人专门负责边坡上的管理工作，及时清除隐患，在暴雨季节应加强对边坡、采场的检查，发现边坡有塌滑征兆时有权制止采剥作业，撤出人员和设备。

(3)边坡有变形和滑动迹象的矿山，必须设立专门观测点，定期观测记录变化情况。

(4)遇有岩层内倾于采场，且边坡角大于岩层倾角；或有多组节理，裂隙结合的结构面内倾于采场；或有较大岩体结构弱面切割边坡，构成不稳定的楔形体情况的矿山，必须采取有效的安全措施。

(5)露天矿场应按照由上往下的开采顺序，分成水平台阶正规开采。各作业水平台阶应保持一定的超前距离。严禁从下部分段掏采。采剥工作禁止形成伞檐、空洞等。

(6)合理的进行爆破作业，减少爆破震动对边坡的影响。在接近边坡地段尽量不采用大规模的齐发爆破，可采用微差爆破等；在采场内尽量不用抛掷爆破应采用松动爆破，以防止飞石伤人。

(7)爆破完毕后，必须及时从上而下撬掉险石、浮石。未清除前其下方不准生产。禁止在悬崖陡壁的危险处作业。禁止任何人在边坡底部休息和停留。

(8)在开采的生产过程中，根据揭露的边坡岩体情况及时平整和刷帮，改善边坡轮廓形状。

第五节 露天矿山防排水与防火

一、露天矿山防排水

做好防水与排水工作是保证露天矿安全和正常生产的先决条件。尤其是凹陷露天矿，其客观上具备了汇集大气降水、地表径流和地下涌水的条件，因此在露天矿全过程生产期间，甚至在基建期间都必须采取有效的防排水措施。

（一）露天矿涌水

1. 露天矿产生涌水的主要原因

（1）露天矿产生涌水的自然因素

①气候条件的影响。自然降水渗透地下是地下水获得补充的主要来源，而蒸发又是潜水的主要排泄方式之一。因此气候条件对地下水位的高低有着直接的影响。在气候条件里降水量的大小和蒸发水量对地下水的影响最大。

②地表水体系的影响。地表水体系（如河流、湖泊、水库等）和地下潜水在一定条件下互相转化补给，它们相互之间有着密切关系。河流、湖泊、水库的水位、流量变化传递给附近的矿区。

③地形条件的影响。露天矿选址不当，建在汇水密集的地方，也是影响矿山地下水位高低的重要因素。

④岩石结构的影响。岩石结构的致密度、节理裂隙不发育，则透水性弱不易充水，反之，透水性强，给地下的充水量也就较大。

⑤地质构造的影响。矿岩的产状和褶皱、断层等结构构造对地下水的储量、地表水与地下水连通影响很大。

（2）露天矿涌水的人为因素

①开采方法不当的影响。矿山企业对防排水工作的重要性和必要性认识有偏差，或勘探工作不到位，未掌握水文地质资料，没有采取有效的防排水措施，盲目开采，打通了含水层，导致突然涌水量的增大。

②废石坑积水的影响。已开采完毕的废石坑常有大量的积水，当排水工作结束后，该废坑内的积水水位上涨。当这种水源一经与采场沟通后，在一瞬间就会以很大的水压和水量突然涌入采场。

③未封闭或封闭不严的勘探钻孔的影响。露天矿为了探明矿石的储量和矿岩的结构，进行地质勘探，勘探工作结束后，未用黏土或水泥将钻孔封死，导致投产后穿孔设备在进行穿孔时沟通了含水层和地表水的通路，将水引入了采矿作业区。

④水库的影响。在平原地区人工修筑的水库，若是建在矿山的上游，必然会使附近矿山的涌水量增加。

2. 露天矿涌水的危害

（1）降低设备使用效率和使用寿命。

（2）延缓工程进度，采场底部汇水受淹后掘沟，会降低掘沟速度，给新水平的准备工作造成了很大困难，若不及时排除汇水，必然影响工作的进展。

（3）严重破坏边坡的稳定性，水是导致滑坡的主要因素，它能使岩体的内摩擦角和黏聚力等物理性能指标大为降低，从而削弱了边坡岩体的抗剪强度，造成的大面积的滑坡会切断采场的运输线路并掩埋作业区域，使生产中断，甚至导致人员伤亡事故。

（二）露天矿排水

1. 露天矿排水系统

露天矿排水主要指排除进入凹陷露天矿采场的地下水和大气降水，它分为露天排水（明排）和地下排水（暗排）两大类。各矿山企业应根据本单位的采矿工艺和设备效率而定。露天矿的排水系统主要有以下几种：

(1)自流排水系统。是指利用露天采场与地形的自然高差，不使用动力设备，完全依排水沟等简单工程将水自流排出采场的排水系统，主要是用于山坡露天矿。当局部地段受到地形的阻挡难以自流排出时，可采取开凿平硐导通排除。

(2)露天采场底部排水系统。这种排水系统是在露天矿采场底部设临时水仓和水泵，使进入到采场里的水全部汇集到底部水仓里，再由水泵经排水管排至地表，适用于汇水面积和涌水量小的中小矿山。

(3)露天采场分段截流排水系统。这种排水系统是在露天采场的边帮上设置几个固定式泵站，分段拦截并排出涌水。各固定泵站可将水直接排至地表外，也可采取接力方式通过上水平的泵站将水排到地表。该排水系统适用于汇水面积和水量较大，或者开采深度大、矿山工程下降速度较快的矿山，其优点是：采场底部积水少，掘沟和扩帮作业条件比较好。不足之处是：基建工程量大，最低工作水平还需设临时泵站排水；泵站多，管理不集中。

(4)地下井巷排水系统。这种排水系统多用于涌水量大的露天矿，常与矿床疏干工程统筹考虑。地下井巷排水的布置形式较多，如采取垂直式的泄水井或放水钻孔将采场里的水排泄到集水巷道里，也可以在边坡上开凿水平泄水巷道泄水。

2. 露天矿排水方案选择原则

(1)有条件的露天矿都应当尽量采用自流排水方案，必要时可以专门开凿部分疏干平硐以形成自流排水系统。

(2)露天和井下排水方式的确定。对水文地质条件复杂和水量大的露天矿，首要问题是确定用露天排水方式（明排），还是井巷排水方式。当不采用矿床预先疏干措施时，应考虑井下排水方式为宜。

(3)露天采矿场是采用坑底集中排水还是分段截流永久泵站方式，应经综合的技术经济比较后确定。

（三）露天矿水的防治

露天矿水防治就是利用防治水工程设施，拦截、疏导地表水使之不能流入采区，把地下水隔离在采区之外，或及时把地下水水位降到允许值，汇集并排出露天矿影响区界限以外。

1. 露天矿地表水的防治工程

露天矿地表水的防治工程是防止降雨径流和地表水流入露天采场，以减少露天矿的排水量，节约能源、改善采场作业条件并保证其工作安全的技术措施。一般采用修筑截水沟、河流改道、调洪水库、修筑拦河堤等。

(1)修筑截水沟。在矿区四周修筑截水沟，当雨季降水量大时，既能起到拦截作用，又能起到疏引暴雨山洪的作用。

(2)河流改道。如河流穿过矿区开采境界时，必须改道迁移，改道应选择线路短、地势平和渗水性弱的地段。同时还要考虑矿山的发展远景，避免二次改道。新河道的起点应选在河床下易冲刷的地段，并与原河道的河势相适应，新河道的终点要止于原河道的稳定地段。

(3)调洪水库。季节性的地表水流横穿开采境界时，除采取改道措施外，须在矿区上游修筑调洪水库截流和贮存洪水。

(4)修筑拦河堤。当露天矿开采境界四周的地面标高与附近河流、湖泊的岸边标高相差较小，甚至低于岸边地形时，应在岸边修筑拦河护堤。防止河流洪水上涨时灌入采场。

2. 矿床疏干

矿床疏干是借助于巷道、疏水钻孔、明沟等各种疏水构筑物，在矿山基建前或基建过程中，预先降低开采地区的地下水位，以保证采掘工作面正常而安全进行的一种防水措施。主要方法有巷道疏干法、深井疏干法、明沟疏干法和联合疏干法。

(1)巷道疏干法。巷道疏干法是利用巷道和巷道中的各种疏流水孔降低地下水位的疏干方法。疏干巷道设在含水层内或嵌入在含水层与隔水层的分界线处，可直接起疏水作用。如果掘进在隔水层中，则巷道只能起引水作用，这时必须在巷道里穿凿直通含水层的各种类型疏水孔，地下水通过疏水孔自流式进入巷道。疏水孔主要有丛状放水孔、直通式放水钻孔、打入式过滤管三种类型。

(2)深井疏干法。深井疏干法是在地表钻凿若干个大口径钻孔，并在钻孔内安装深井泵或潜水泵抽水降低地下水位。我国目前主要使用的是离心式深井泵，其疏干深度不超过水泵的最高扬程，并应保证抽水后的地面不致产生强烈下沉而影响水泵的正常工作。

(3)明沟疏干法。明沟疏干法是在地表或露天矿台阶上开挖明沟以拦截地下水的疏干方法。此法很少单独使用，经常作为辅助疏干手段与其他疏干法配合使用。

(4)联合疏干法。有些时候一种疏干法难以达到目的，我们可以结合起来使用。

3. 其他方法

(1)探水钻孔。在对于有地下采空区和溶洞分布的露天矿，必须对可疑地段先探水孔，查明地下水源情况，以便采取应急措施，避免突然涌水造成涌水事故。

(2)修建防水墙和防水门。露天矿山是采用地下井巷排水或疏干的矿山，为保证地下水泵房不受突然涌水淹没的威胁，必须在地下水泵房设防水门。防水门采用铁板或钢板制作，并应顺着水流的方向关闭，门的四周装设密封装置。对于不能为排水、疏干所利用的旧巷道，必须修建防水墙，使之与地下排水或疏干巷道相隔离。防水墙采用砖砌或混凝土修筑，墙的厚度视水压和墙的强度而定。墙上留有防水孔，以便及时掌握和控制积水区内的水压和水量的变化情况。

(3)防水矿柱。当露天矿采掘工作或地下排水巷道接近积水采空区、溶洞或其他自然水体时，须留有防水矿柱，并明确画出安全采掘边界线。

(4)防渗帷幕。防渗帷幕防水是在露天矿开采境界以外，在地下水涌入采场的通道上，设置若干个保有一定距离的注浆钻孔，并依靠浆液在岩缝中的扩散、凝结组成一道挡水隔墙。所谓防渗帷幕就是指由若干个注浆钻孔所组成的挡水隔墙。

(四)防排水的安全要求

(1)矿山必须设置防、排水机构。大、中型露天矿应设专职水文地质人员，建立水文地质资料档案。每年应制定防排水措施，并定期检查措施执行情况。

(2)露天采场的总出入沟口、平硐口、排水井口和工业场地等处，都必须采取妥善的防洪措施。

(3)矿山必须按设计要求建立排水系统。上方应设截水沟；有滑坡可能的矿山，必须加强防排水措施;必须防止地表、地下水渗漏到采场。

(4)露天矿应按设计要求设置排水泵站。当遇特大洪水时,允许最低一个台阶临时淹没,淹没前应撤出一切人员和重要设备。

(5)矿床疏干过程中出现陷坑、裂缝以及可能出现的地表陷落范围,应及时圈定、设立标志,并采取必要的安全措施。

(6)有淹没危险的采矿场,主排水泵站的电源应不少于两回路供电;任一回路停电时,其余线路的供电能力应能承担最大排水负荷;各排水设备,必须保持良好的工作状态。

(7)定期对管道和矿井水质进行化验和检查,防止地下水对管道的腐蚀。

(8)矿山所有排水设施及机电的保护装置,未经主管科室(处室)许可,不得任意拆卸。

(9)剥离和排土工作,不得给深部开采或邻近矿山造成水灾。

(10)应采取措施防止地表水渗入边帮岩体的弱层裂隙或直接冲刷边坡。边坡岩体有含水层时,应采取相应的疏干措施。

(11)溜井应有良好的防排水设施。雨季应加强水文地质观测,减少溜井储矿量;溜井积水时,不得卸入粉矿,应暂停放矿,采取安全措施妥善处理积水后才能放矿。

(12)排土场必须有可靠的截流、防洪和排水设施;排土场应经常保持平整,并保持有3%~5%的反坡。

(13)水力排土场必须有足够的调蓄洪容积,并设置防汛设施。对于较大的水力排土场,必须设值班室,配备通讯设施和必要的水位、坝体与位移等观测的设施,并设有专人负责定期观测与记录。

二、露天矿山防火

(一)露天矿山火灾的主要成因

(1)用火管理不当。

(2)工艺布置不合理。

(3)违反安全操作规程。

(4)电气设备绝缘不好,安装不符合规程要求等。

(5)设备未能及时地维护和检修。

(6)易燃易爆场所未采取相应的防火防爆措施。

(7)对易燃易爆物品管理不善,如库房不符合防火标准,没有根据物质的性质分类储存。

(8)避雷设备装置不当,无避雷装置或缺乏检修,发生雷电引起火灾。

(9)易燃易爆的生产场所或设备管线没有采取消除静电的措施,发生放电引起火灾。

(10)易燃物品放置不当,在一定条件下,引起火灾。

(11)爆破作业中发生的炸药燃烧,以及爆破原因引起的硫化矿尘燃烧和木材燃烧。

(二)露天矿山火灾的扑灭方法

(1)直接灭火法。火源初期可以使用水、沙、岩粉和灭火器等在火源附近直接灭火,但禁止使用水来扑灭油类火源。

(2)隔绝灭火法。对火灾地点实行封闭,切断氧气供应,使火焰由于缺氧而逐渐熄灭。

(3)综合灭火法。将直接灭火法和隔绝灭火法结合起来使用。

我们在选择灭火方法时,要充分考虑到火灾情况、程度和范围,以便及时快速地扑灭火灾。

(三)防火的安全要求

(1)矿山的建构筑物和大型设备,必须按国家发布的有关防火规定和当地消防机关的要求,设置消防设备和器材。

(2)根据国家相关的规章制度,建立防火制度,采取相应的防火措施。

(3)应编制防火灾计划,规定专门的火灾信号。任何人发现火灾时,必须立即采取一切可能的方法直接扑灭,并迅速报告调度室组织灭火。

(4)重要采掘设备,应配备电气灭火器材。设备加注燃油时,严禁吸烟和明火照明。

(5)电气设备着火时,首先要切断电源,在未切断电源前只能用不导电的灭火器灭火。

(6)禁止在采掘设备上存放汽油和其他易燃易爆材料。

(7)禁止用汽油擦洗设备。使用过的油纱等易燃材料,应妥善管理。

(8)炸药厂、炸药库防火要严格遵守《中华人民共和国民用爆炸物品管理条例》。

(9)大型矿山或有自燃危险的矿山应成立专职的矿山救援队。

(10)离城镇 15 km 远的大、中型矿山,应成立专职消防队;小型矿山应成立兼职消防队。

第六节 事故案例

一、塌方事故

(一)事故概况及经过

1989 年 8 月 29 日 16 时 15 分,湖北省某县硅石厂发生岩石脱落事故,死亡 10 人,重伤 4 人,轻伤 4 人。直接经济损失 3 万余元。

某县硅石厂位于宜秭公路 133 号路桩,开采地点距建阳坪大桥 16.7 m 处。1987 年由村办企业转为乡镇企业,王某某以风险抵押金 3 000 元承包经营该厂,破碎车间由李某某承包并兼负责人和安全员。

1989 年 7 月,由于该矿在出事地点的开采处已经形成伞檐,副厂长王某某指定李某某在原开采点和出事地点两处之间进行开采,李某某拒不执行,王某某认为李已承包,没有强行制止,在 8 月中旬,在出事地点发生过一次坍塌事故(没有伤人),出现了明显的事故预兆,厂长王某某、副厂长王某某指出出事地点不安全,并指定要转移到别处开采。李某某不听指挥,仍将生产人员安排在此处开采,厂长、副厂长未再对李某某的违章行为加以制止。

8 月 29 日下午上班后,李某某在出事地点放炮 4 发,未检查清理放炮现场生产人员就开始作业,约 16 时 15 分,工地左上方伞檐岩中一块弧长 22.5 m,约 50 m^3 的岩石突然脱落,当场砸死 10 人,砸伤 8 人。

(二)事故原因分析

这场事故的原因,是严重违反采矿技术规程,放弃“采剥并举,剥离先行,贫富兼并”的露天开采原则,违反了由上而下的开采程序,从下部掏采形成伞檐所造成的。

开采车间负责人安全员,严重违反露天操作规程,对长期存在的隐患已经预见,但为图经济利益而不顾安全。放炮后,未进行检查清理,就准许人员进入现场作业,造成人民生命财产重大损失。

主管生产和安全工作的负责人,对长期存在的事故隐患已经预见,但对违章冒险作业制止不力,未尽到职责,放纵了事故的发生,玩忽职守,对此负有重要责任。

全面主管工作的负责人，忽视安全生产，以包代管，明知存在事故隐患，不采取措施，对违章冒险作业制止不力，放纵了事故的发生，玩忽职守，对此负有一定责任。

二、冒顶事故

（一）事故概况及经过

2001年5月18日凌晨3点30分，广西某县恒大石膏矿发生重大冒顶事故，造成29人死亡，直接经济损失456万元。

2001年5月18日凌晨2点多，在二水平大巷打炮眼的炮工听到210下山附近有响声，3点30分又发出轰轰响声，随后有一股较大的风吹出，电灯熄灭，巷道有些晃动。炮工打电话到三水平叫信号工滕德山通知矿工撤退，但无人接电话，之后他们就撤到地面。后来滕德山自己打电话到井口后也撤出地面。地面当班领导接到通知后立即到井下了解情况。此时井下已停电，北面二水平、三水平塌方的响声不断，无法进入工作面。凌晨5时，矿方清点人员时发现，当班96名矿工中位于三水平北翼工作面的29名矿工被困，生死不明，矿方随即向某县有关部门作了汇报，并向钦州矿务局求援。某县政府有关人员和钦州矿务局救护队很快赶到现场。经过17天全力抢救，最后终因井下情况复杂，土质松散，塌方面积大，施救困难，未能救出被困人员。鉴于被困人员已无生还希望的实际情况，6月3日停止了抢救工作。

（二）事故原因分析

这是一起由于企业忽视安全生产，严重违反矿山安全规程，有关部门监督管理不到位而发生的重大责任事故。

由于主要巷道护巷矿柱明显偏小又不进行整体有效支护，加之矿房矿柱留设不规则，随着采空面积不断增加，形成局部应力集中。在围岩遇水而强度降低情况下，首先在局部应力集中处产生冒顶，之后出现连锁反应，导致北翼采区大面积顶板冒落，通往三水平北翼作业区的所有通道垮塌、堵死。

矿主忽视安全生产，急功近利，在矿井不具备基本安全生产条件的情况下，心存侥幸，冒险蛮干。该矿所有巷道都是在软岩中开掘，但矿主为节省投资不对巷道进行有效支护。在近2年已发生多起冒顶事故的情况下，矿主仍不认真研究防范措施加大巷道支护投入。同时，该矿又采取独眼井开采方法，致使事故发生后因通风不良和无法保证抢险人员安全而严重影响事故的及时抢救。

该矿违反基本建设程序，技术管理混乱。一是没有进行正规的初步设计；二是在主体工程未建成的情况下擅自投入大规模生产；三是没有编制采掘作业规程和顶板管理制度；四是主要巷道保安矿柱留设过小；五是没有制订矿井灾害预防处理计划。

矿井现场安全管理不到位，缺乏有效的安全监督检查。该矿虽设有安全管理机构，但井下缺乏专门的安全管理人员，井下安全监督管理工作基本由值班长和带班人员代替，难以发现重大事故隐患。

政府有关部门把关不严、监管不力。在该矿未经严格的可行性研究，也未作初步设计的情况下批准开办此项目，颁发各种证照。在发现该矿未达到基本安全生产条件就投入大规模生产时不及时制止。特别是在该矿发生多起冒顶事故后仍没有采取果断的关停措施。

县政府对安全生产工作领导不力，对外来投资企业安全管理经验严重不足，管理不到位。

第四章　地下矿山开采安全技术

第一节　地下矿山概述

各种不同的矿物，都或深或浅地埋藏于地下，根据其埋藏深浅度的不同，采用的开采方法也不相同，主要分为露天采矿和地下开采，本章讲述的是地下开采安全技术。地下开采的主要对象是埋藏较深的矿床。

一、地下矿山的基本概念

(一)矿石及其分类

在地壳里面的矿物集合体中，以现代的技术经济水平，能以工业规模从中提取国民经济所必需的金属或矿物产品，就叫矿石。

根据所含金属种类的不同，矿石又可分为以下几种：黑色金属矿石(铁、锰、铬)；有色金属矿石(铜、铅、锌、铝)；稀有金属矿石(铌、钽)；放射性矿石(铀、钍)；贵重金属矿石(金、银、铂)；非金属矿石(建筑石材、石膏、滑石)。

能提取金属成分的矿石，称为金属矿石。金属矿石按其所含金属矿物的性质、化学成分、矿物组成的不同可以分为以下几类：自然金属矿石(金、铂、银等)；氧化矿石(赤铁矿 Fe_2O_3、赤铜矿 Cu_2O)；硫化矿石(黄铜矿 $CuFeS_2$、灰铜矿 MOS_2、闪锌矿 ZnS)；混合矿石是前三种的混合物。

在采矿过程中所采出的围岩或夹石，当前不宜作为矿石开采的称之为废石。矿石与废石的概念是相对的，随着科学技术的发展，矿石与废石的界限也在不断发生变化。

(二)矿床、井田

矿床是矿体的总称，矿体是矿石的聚集体，一个矿体是一个独立的地质体，具有一定的几何形状和空间位置，对于某一矿区而言，一个矿床由一个或几个矿体组成，矿床又可分为工业矿床和非工业矿床。在当前技术经济条件下，符合开采和利用要求的矿床叫做工业矿床。反之，叫非工业矿床。其中，金属矿床的矿体形状厚度及倾角，对于矿床开拓和采矿方法的选择，有直接的影响。因此，金属矿床的分类，一般按其矿体形状、倾角和厚度(矿体三要素)进行分类。

在实际的采矿系统中，在矿务局下面或在公司下面设一个或几个矿山；而在矿山下面设一个或几个坑口；而每一个坑口就是一个独立的开采系统或生产单位。

按照这种所属关系，则有：划归一个公司或矿务局开采的矿体，叫矿区；划归一个矿山企业开采的全部矿床或者是一部分，叫矿田；划归一个坑口开采的矿体，叫井田。一个矿区包括一个或几个矿田，一个矿田包括一个或几个井田，有时一个矿田就等于一个井田。“井田”称谓是由于古代把土地分隔成方块，形状像“井”字，因此称为“井田”。

井田内划分为阶段和水平。井田的范围用井田的长和宽表示，井田合理走向长度为：大型＞7 000 m；中型＞4 000 m；小型＞1 500 m。

把井田分成几条，条的走向平行于煤层的走向，每一条就是一个阶段。上下山开采时一个水平含有两个阶段。井田划分为阶段和水平如图 4-1 所示。

阶段内的再划分：

(1)采区式划分——采区走向 400～2 000 m，斜长 600～1 000 m；

(2)分段式划分——只适合于走向短的井田，很少用；

(3)条带式划分——小于 12°时应积极采用，一条一面。

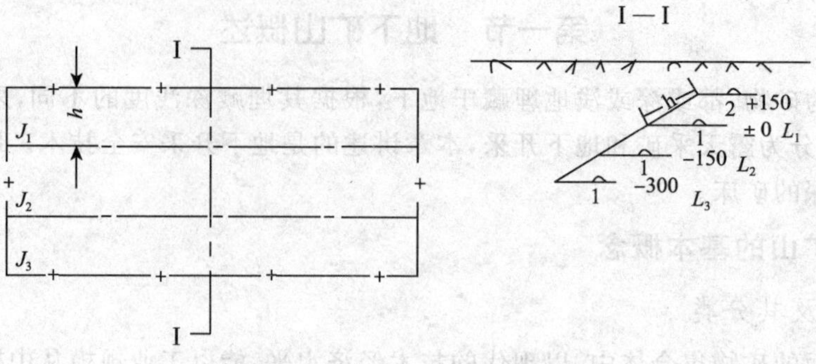

图 4-1 井田划分为阶段和水平

J_1,J_2,J_3——第一、二、三阶段；h——阶段斜长；L_1,L_2,L_3——第一、二、三水平

对于倾斜和急倾斜矿床，井田尺寸一般用沿走向长度和沿倾斜长度或垂直深度来表示；对于水平和微倾斜矿床，则用长度 L 和宽度 B 来表示。当矿床范围不大，矿体又比较集中时，为了生产管理方便，可以用一个井田开采。井田的划分一般是按自然地质条件进行划分的，但同时也要考虑管理的方便性以及技术经济的合理性。生产中往往将一个矿体或几个邻近的矿体划归为一个井田进行独立开采。在开采缓倾斜、倾斜和急倾斜矿床时，在井田中每隔一定的垂直距离，要掘进与走向一致的主要运输巷道，并将井田在垂直方向上划分矿段，这个矿段就叫阶段。阶段高度是指上下两个相邻阶段运输平巷之间的垂直距离。

在阶段中沿走向每隔一定距离，掘进天井连通上、下两个相邻的阶段运输平巷，将阶段再划分独立的回采单元，称为矿块。从地表掘进开凿一些必要的准备工程以及一系列通达矿体的各种通道，用以提升、运输、通风、排水和行人等，这些通达矿体的通道称为矿山井巷。

为了采矿工作方便，将井田盘区运输巷道划分为长方形的矿段，此矿段称为盘区。盘区的范围是以井田的边界为其长度，以两个相邻盘区运输巷道之间的距离为其宽度。在盘区中沿走向每隔一定距离，掘进回采巷道连通相邻两个盘区巷道，将盘区再划分为独立的回采单元，这个单元称为采区。井田直接划分为盘区如图 4-2 所示。

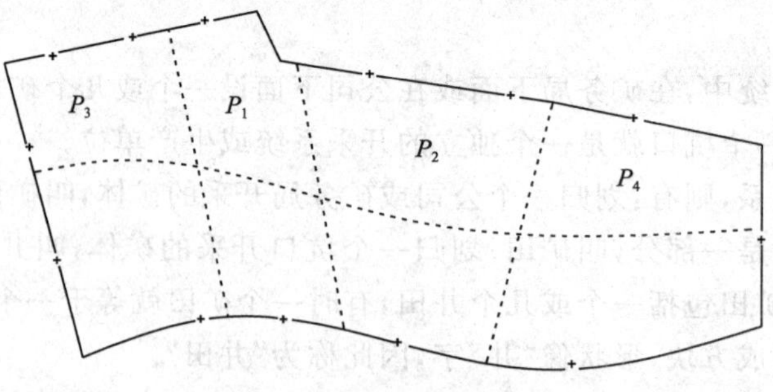

图 4-2 井田直接划分为盘区

P_1,P_2,P_3,P_4——第一、二、三、四盘区

二、开采顺序

(一)井田阶段的开采顺序

井田阶段的开采顺序有两种，一般先采上阶段，再采下阶段，即自上而下的下行式开采方式；与下行式相反，还有一种上行式开采方式。但上行式开采顺序仅在开采缓倾斜矿床时的某些特殊情况下使用，例如地表无存放废石的场地，必须将上部的废石充填于下部的采空区，或者以深部采空区作为蓄水池用等。还有一种开采方式就是多阶段开采，虽然可以增加工作线长度和提高矿井生产能力，但同时也会带来生产管理分散，巷道维护工作量大，占用设备数量多，各种管线、轨道不能及时回收复用，污风串联，经营管理费用增加等一系列的问题。一般同时回采的阶段数目可保持为1～2个，不应超过3～4个。

在生产实际中，一般多采用下行式开采顺序，其优点是：

(1)可以节省初期投资，缩短既定时间；

(2)在逐步向下的开采过程中，能进一步探清深部矿体，避免浪费；

(3)生产安全条件好；

(4)适用的采矿方法范围广。

(二)阶段中的开采顺序

阶段中矿块的开采顺序，是按照回采工作对主井或主平硐的相互关系来划分的。

1. 双翼、单翼和侧翼回采

各采区沿走向的开采顺序是以主井或主平硐为标准的。当主井或主平硐位于阶段的中间或中间附近时，则主井或主平硐把阶段分为两翼，两翼若同时回采则称为双翼回采；若开采完一翼，再开采另一翼则称为单翼回采；当主井或主平硐位于阶段的侧面时，整个开采过程均在主井或主平硐的一侧进行，此阶段的回采称为侧翼回采。

2. 前进式回采、后退式回采和联合式回采

当阶段运输平巷掘进一定距离后，从靠近主要开拓巷道的矿块开始回采，向井田边界方向依次推进，称为前进式回采；阶段运输巷道掘进到井田边界后，从井田边界的矿块开始，向主要开拓巷道方向依次回采称为后退式回采；初期采用前进式回采，当阶段运输平巷掘进完毕后，从井田边界开始后退式回采，称为联合式回采，这种方式生产管理比较复杂。

此外，一个矿床如果有许多彼此相距很近的矿体，那么在开采其中一个矿体时，将会影响到邻近的矿体。在这种情况下，要确定合理的开采顺序。当开采相邻比较近的矿体时特别是开采平行矿脉群时，应当根据矿体之间夹石层的厚度，矿石和围岩的牢固性，所选取的采矿方法和技术措施而定。在同一个井田的数个矿体，往往贫富不均，厚深不均，大小不一及开采条件难易不同。在这种条件下，应遵循以下原则开采，即：贫富兼采，深厚兼采，大小兼采，难易兼采。若不以此原则开采，将会破坏合理的开采顺序，造成严重的资源损失。当围岩不够牢固时，为了加强回采强度，缩小采空区对围岩的影响，则往往上盘矿体与下盘矿体同时回采，即采用对矿脉群进行平行开采的办法，但这种方法仅仅适用于矿脉比较少的情况。

三、矿山开采生产工艺流程

金属矿床地下开采的步骤可分为开拓、采准、切割和回采四个步骤，各步骤反映了不同的工作阶段。

(一)开拓工作

开拓工作是指从地面掘进一系列巷道通达矿体，使矿体连通地面，形成人行、通风、运输、

排水、供电、供风、供水等系统。

为了将井下要采出的矿石、废石运至地面，把废水和污浊的空气排到地表，把人员、材料和设备运至井下进行生产，必须开拓一些井巷工程，称为开拓巷道。例如井筒（竖井、斜井）、平硐、石门、井底车场、井下大的硐室、主要阶段运输巷道、主溜矿井、充填井等，都属于开拓巷道。其中，井底车场是井下井口附近一些硐室、巷道的总称，如：水仓、水泵房、井下变电站等。石门是由井筒通向各个需要开采的矿体所掘进的巷道。井下主要硐室是指井下火药库、井下破碎硐室、翻矿硐室和搓扬机房等。

矿山井道掘进主要采用凿岩爆破的方法，浅孔凿岩一般采用冲击式凿岩，常用的深孔凿岩方法有潜孔式凿岩、接杆式凿岩、牙轮钻进。井下爆破作业必须严格遵守《爆破安全规程》，凡是从事爆破的人员必须经过严格培训。

人行系统必须要保证至少有两个安全出口，使人员可以安全进入，上、下方便，且有完好的人行设备。

(二)采准工作

采准工作是指在已开拓完毕的矿床里，掘进采准巷道，将阶段划分成矿块作为回采的独立单元，并在矿块内创造行人、凿岩、放矿、通风等条件。它是通过开拓一系列巷道，如漏斗颈、溜矿小井、人行、通风天井、联络边等来实现的。

采准工作的任务有两个。即：

(1)将阶段再划分成矿块，作为独立的回采单元。

(2)它为下一步回采工作创造条件(行人、通风、凿岩等条件)。

通常用采准系数和采准比重两项指标来衡量采准工作量的大小。

(1)采准系数(K_1)是指每一千吨矿块采出矿石总量所需要掘进的采准巷道切割巷道的米数，它反映了矿块的采切巷道的长度。

(2)采准工作比重(K_2)是指矿块中采、切巷道采出矿石量与矿块采出矿石总量的比值，它只反映脉内采准巷道和切割巷道，而未反映出脉外的采切巷道工作量。

(三)切割工作

切割工作是指在已采准完毕的矿块里，为大规模回采矿石开辟自由面和自由空间。为了达到上述目的，就必须掘进一系列巷道，有的还要在巷道基础上，加以扩大。如：拉底巷道、开辟拉底空间、开掘切割天井、形成切割立槽、在漏斗颈基础上把漏斗辟开等，这些工作都是为大规模采矿创造条件的。拉底巷道、切割巷道和切割天井，一般称为切割巷道。掘进切割巷道以及拉底、开切割槽和辟漏等工程，统称为切割工作。

(四)回采工作

切割工作完成以后，就可以进行大量的采矿(有时切割工作和采矿同时进行)，通常把大量采矿工作叫做回采工作。回采工作的具体内容包括落矿、搬运和地压管理三项主要作业。

落矿是以切割空间为外破自由面，用凿岩爆破的方法崩落矿石。落矿方式要根据矿床的赋存条件来确定，落矿方法有浅孔、中深孔、深孔或药室等。矿石搬运工作的含意是指在矿块内，把矿石运到运输巷道，并装入矿车中的工作，搬运工作仅仅限于矿块内(即采场内)，采场之外的叫运输。矿石搬运方式主要有重力搬运和机械搬运。

地压是指矿石采出来以后，在地下形成采空区，经过一段时间后，矿柱和上、下盘围岩就发生变形、破坏、崩落等现象，我们把这种现象叫地压。在回采过程中，为了保证开采工作的安全，必须要控制地压和管理地压，并且要清除地压产生的不良影响，我们把这些工作算为地压管理工作。地压管理的方法有三种：凿矿柱支撑采空区；用充填料充填采空区；用崩落的围岩来管理地压。

第二节　井巷工程安全要求

一、矿井的分类与开拓方式

为了勘探和开采矿床，在矿体或围岩中开掘坑道(巷道)，形成完整的运输、通风、排水等系统，而开掘的竖井、通风井、运输等巷道，使矿床与地表连通，这种开掘工作叫开拓。

矿山巷道的种类较多，分类的方法有两种。

(1)根据巷道的中心线与水平面相互位置关系，巷道可以分为垂直巷道、水平巷道和倾斜巷道。

垂直巷道包括以下几个方面：

①竖井，即用于提升矿石、人员、材料、设备或通风、排水及下放充填料等的垂直巷道；

②盲井，用以连通下部分水平巷道同上部分水平巷道，运输或减少矿床开拓工程量；

③探井，为了探矿从地表开掘的工程；

④天井，是连接两个相邻的上下水平巷道的小井，一般不直接通地表，主要用于下放矿石、材料、设备、工具、通风、行人以及探矿等。

水平巷道是中心线与水平面平行的巷道，包括：平硐，具有一个直通地表出口的水平巷道，用来开拓矿床、运输矿石、通风、排水、行人等。两端都有出口同地表相通的水平巷道，又称为隧道。沿脉巷道，是设有直通地表的出口，在围岩或原矿体里开掘的与矿体垂直或斜交而穿过矿体。

倾斜巷道其中心线与水平面斜交，包括：斜井、斜天井和放矿溜井。

(2)根据巷道的作用或用途，矿山巷道分为开拓井巷和辅助开拓井巷。凡属主要运输、提升矿石和矿内通风的井巷均属主要开拓井巷，起辅助作用的井巷叫做辅助开拓井巷。

二、井巷掘进安全要求

(一)平硐掘进安全要求

平硐掘进适用于开采赋存于侵蚀基准面以上山体内的矿体，平硐是行人、设备材料运输、矿渣运输和管线排水等设施以及矿井通风的通道。有沿矿体走向和垂直矿体走向两种方案。主平硐运输可以是有轨的也可以是无轨的。其中垂直走向阶梯平硐如图 4-3 所示。

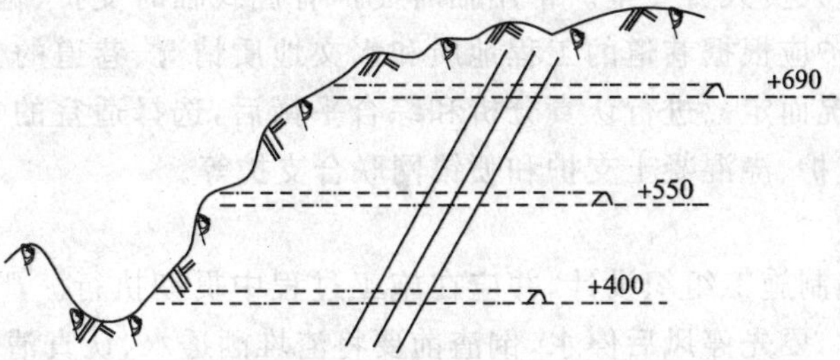

图 4-3　垂直走向的阶梯平硐

1. 开挖前准备

平硐开挖前，应将硐口周围的碎石清理干净，并清理硐口上部山坡的石块和浮石；在破碎岩层处开硐口，硐口支护的顶板至少应伸出硐口 0.5 m。平硐掘进时必须按地质资料做出施工设计、技术施工设计。掘进工人必须熟悉巷道内的安全规程、作业场所及安全通道，要在设计前向施工人员进行宣传教育。作业前必须准备好照明，备好合格的长短撬棍及打孔工具。掘进工作面前要检查炮烟(采用检知管或其他仪器测定一氧化碳的含量)，敲帮问顶，处理好浮石。撬渣应从安全地点向前推进，禁止顺序撬渣。

2. 爆破安全

根据《爆破安全规程》的规定，硐室爆破平硐设计开挖断面不宜小于 1.5 m×0.8 m，小井设计断面不宜小于 1 m^2，平硐设计应考虑自流排水。在开始掘进前，应做好防止塌方的施工准备工作。在掘进施工中，应遵守以下规定：

(1)导硐及小井掘进每循环进深在 5 m 以内，爆破时人员撤离的安全允许距离，应由设计确定。

(2)每次爆破后再进入工作面的等待时间不应小于 15 min。

(3)小井深度大于 7 m，平硐掘进超过 20 m 时，应采用机械通风。

(4)爆破后无论时隔多久，在工作人员下井前，均应用仪表检测井底有毒气体的浓度，浓度不超过规定的允许值时，才准许工作人员下井。

(5)掘进时若采用电灯照明，其电压不应超过 36 V；掘进工程通过岩石破碎带时，应加强支护。

(6)每次爆破后均应检查支护是否完好，清除井口或井壁的浮石，对平硐则应检查清除平硐顶板、边壁及工作面的浮石。

(7)掘进工程中地下水量过大时，应设临时排水设备。爆破后，应对巷道周边岩石进行详细检查，浮石撬净后方可开始作业。

3. 排水

主平硐排水沟的通过能力，要保证平硐水平以下。矿床开采时，水泵要在 20 h 排出一昼夜正常涌水量。平硐出口位置不能受山坡滚石、山崩和雪崩等危害；其出口标高应在历年最高洪水位 1 m 以上，以免被洪水淹没，同时也应稍高于储矿仓卸矿口的地面水平。

4. 支护

钻眼前要检查并处理顶帮的浮石，在不太稳固岩石中巷道停工时，临时支护应架至工作面，以确保复工时顶板不致冒落。在不稳固岩层中施工，永久支护前应根据现场需要，及时做好临时支护，确保从业人员人身安全。常用临时支护有棚式临时支护、锚杆临时支护、喷混凝土临时支护。永久支护应根据巷道的工程地质和水文地质情况、巷道的支护设计以及现场支护材料和施工设备状况而定。进行认真分析和综合平衡后，选择适宜的支护形式。常用永久型支护有：喷混凝土支护、浇混凝土支护和喷锚网联合支护等。

5. 施工组织管理

开挖平巷时，要编制施工组织设计，并应在施工过程中贯彻执行。严禁打干孔，开钻时要先开水后开风，停钻时，要先停风后停水，倒渣前要将渣堆洒透水、认真清洗掌子面和帮顶。作业前要认真检查有无盲炮，发现有盲炮应采用铜勺处理，或在其旁 300 mm 左右处打一平行孔处理。打孔时要注意掌握角度，凿岩时的噪声，应力求控制在国家标准内，在未达标前，必须发放个人噪声防护用品以保护作业工人的健康。采用钻爆法贯通巷道时，当两个互相贯通的工作面之间的距离只剩下 15 m 时，只许从一个工作面掘进贯通，并在双方通向工作面的安全地点设立爆破警戒线。作业高度大于 2 m 必须系牢安全带，喷混凝土作业时，严格按照安全操作规程作业，处理喷管堵塞时，应将喷枪对准前下方，并避开行人和其他操作人员。

（二）竖井掘进安全要求

1. 安全施工要求

竖井中至少有两套独立的提升装置，安全梯电动稳车应具有手摇装置，以备断电时用于提升井下人员。竖井施工初期，井内应设梯子，深度超过 15 m 时，应采用卷扬机救人员。卸渣装置必须严密，不许漏渣，防止井内坠物事故。必须采取防止物体下坠的措施，井口必须装设严密可靠的井口盖和井盖门。卸渣设施必须严密，不准向井下漏渣漏水。井内工作人员携带的工具、材料，必须拴绑牢固或置于工具袋内，严禁向井筒内投掷物料或工具。

竖井施工应采用双层吊盘作业，以确保井内作业人员的安全。为保证井筒延深时的施工安全，在提升天轮间顶部的上方应设保护盖。井筒延深 5～10 m 后安装封口平台，天轮平台距离封口平台的垂高，不得小于 15 m，翻矸平台应高于封口平台 5 m。

2. 爆破器材运输

在竖井、斜井运输爆破器材，应遵守下列规定：

(1)事先通知卷扬司机和信号工，在上下班或人员集中的时间内，不应运输爆破器材；

(2)除爆破人员和信号工外，其他人员不应与爆破器材同罐乘坐；

(3)用罐笼运输硝铵类炸药，装载高度不应超过车厢厢高；

(4)运输硝化甘油类炸药或雷管，不应超过两层，层间应铺软垫，用罐笼运输硝化甘油类炸药或雷管时，升降速度不应超过 2 m/s；

(5)用吊桶或斜坡卷扬运输爆破器材时，速度不应超过 1 m/s；

(6)运输电雷管时应采取绝缘措施，爆破器材不应在井口房或井底车场停留。

3. 掘进爆破

起爆时井筒内不应有人，井筒内的施工提升悬吊设备，应提升到施工组织设计规定的爆破危险区范围之外。用钻井法开凿竖井井筒时，破锅底和开马头门的爆破作业应采用特殊安全措施，并报单位总工程师批准。用冻结法掘进竖井井筒时，一般不应用爆破法开凿冻土阶段；如果必须爆破，应制定安全技术措施并报单位总工程师批准。

（三）斜井掘进安全要求

1. 安全施工

在露天进行斜井开口施工时，应严格按设计进行，并及时进行支护和砌筑挡墙。用装岩机、耙斗装岩机或铲运机出渣前，要检查、处理工作面顶、帮的浮石，在斜井中移动耙斗装岩机时，下方不准有人。在斜井井口应设逆止阻车器或安全挡车板。井内应设两道挡车器，即在井筒中上部设置一道固定式挡车器，在工作面上 20～40 m 处设置一道可移动式挡车器。井内挡车器常用钢丝绳挡车器、安全门等，斜井内人行道一侧，每隔 30～50 m 设一躲避间。井颈及掘进工作面上方应设保险杠，并有专人看管，工作面上方的保险杠应随工作面的推进而经常移动，井下必须安装通信装置。

2. 爆破

斜井掘进时的凿岩爆破工作与平巷类似，但孔数和药量较平巷多。特别是靠底板边的炮孔所需药量更多。底孔一般使用抗水炸药。底孔深度较其他孔深 100～200 mm，一般底孔间距不大于 30～40 cm。

（四）天井、溜井掘进安全要求

天井及溜井的施工难度大，独头掘进、通风、检、橇工作面浮石困难并且作业条件差、劳动强度大、施工质量要求高，因此使用的工作台，必须牢固可靠。

1. 普通方法

必须设置距离工作面不小于 6 m 的安全棚，掘进高度超过 7 m 时，应设梯子间、渣子间等设施。梯子间的设置，必须符合下列要求：

(1)梯子的倾角不大于 80°；

(2)相邻两个梯子平台的距离不大于 6 m；

(3)相邻平台的梯子孔要错开，平台梯子孔的长和宽，分别不小于 0.7 m 和 0.6 m；

(4)梯子上端高出平台 1 m，下端距井壁不小于 0.6 m；

(5)梯子宽度不小于 0.4 m，梯子的蹬间距离不大于 0.3 m；

(6)梯子间与提升间应全部隔开。

2. 吊罐法

用吊罐法掘进天井时，上罐前应对吊罐进行检查，吊罐提升钢丝绳的安全系数不小于 13，吊罐内有罐内人员控制的升、降、停信号操纵装置，升降吊罐时应处理卡帮和废石。吊罐法施工时，严防发生“翻罐”和“蹲罐”事故，凿岩时吊罐要架牢，防止摆动。

3. 爬罐法

用爬罐法掘进天井时，人员在爬罐运行时，不准利用自重下降，应遵守吊罐法掘进的有关规定。运送导轨应用装配锁固定，安装导轨时，应站在安全伞下处理好浮石，再将导轨固定牢靠。

第三节　地下采矿作业

矿山企业应当在采矿许可证批准的范围开采，禁止越层、越界开采。使用的设备、器材、防护用品和安全检测仪器，应当符合国家安全标准或者行业安全标准。矿山开采应当有下列图纸资料：

(1)地质图（包括水文地质图和工程地质图）；

(2)矿山总布置图和矿井井上、井下对照图；

(3)矿井、巷道、采场布置图；

(4)矿山生产和安全保障的主要系统图。

一、常用的采矿方法

根据回采过程中采场管理方法的不同，地下采矿方法可分为空场采矿法、崩落采矿法、留矿采矿法及充填采矿法。具体见表 4-1。

二、采矿一般安全要求

地下采矿，必须按采矿设计和作业规程进行，采矿方法和开采顺序合理，并符合安全规程的要求。及时监督检查煤炭工业企业安全生产状况，组织安全检查，监督事故隐患排查，对不具备安全生产条件的矿井和作业场所提出整改或停产整顿意见建立矿井事故隐患排查制度。按照企业负责、政府监督检查的原则，建立矿井事故隐患排查制度，明确各级领导和业务部门的安全职责。

表 4-1 几种常用的采矿方法

方法	分类		适用条件
空场采矿法	全面采矿法		矿岩稳固，矿体倾角不大于 30°。厚度一般不大于 3～5 m
	房柱采矿法		矿岩稳固，矿体为水平或缓倾斜。厚度一般不大于 3～5 m
	溜矿法		矿岩稳固，矿体为急倾斜的薄或中厚矿体。矿石具有不结块和不自燃、不氧化性质
	分段采矿法		矿岩稳固，矿体为倾斜，厚度为中厚至厚矿体
	阶段采矿法		矿岩稳固，矿体为倾斜和缓倾斜，厚和极厚的矿体
充填采矿法	非结采矿法	干式充填法	围岩不稳固的倾斜或急倾斜的薄或中厚矿体，上向水平分层充填法适用于中厚、厚矿体，矿石较稳固，矿石价值高
		水力充填法	下向水平分层充填法适用于矿岩均不稳固的贵重、稀有金属
	胶结采矿法		围岩不稳固，地表不允许陷落的贵重金属矿体，根据充填料不同，又可分为块石胶结充填法和尾砂胶结充填法
崩落采矿法	单层崩落法（即长、短壁崩落采矿法）		围岩不稳固，矿石较稳固的缓倾斜、薄和极薄的矿体，矿石价值较高、地表允许陷落
	分层崩落法		地表允许陷落，矿岩不稳固的急倾斜中厚矿体，矿石贵重，价值高
	无底柱分段崩落法		地表允许陷落，矿体中等稳固，围岩不稳固的厚矿体
	有底柱分段崩落法		地表允许陷落，矿体中等稳固，围岩不稳固的中厚至厚矿体
	阶段崩落法		地表允许陷落，矿体中等稳固，围岩不稳固的厚至极厚矿体

采用全面采矿法时，回采过程中应周密检查顶板。采用横撑支柱采矿法时，横撑支护材料应有足够强度，要搭好平台后才准进行凿岩作业，禁止人员在横撑支柱上行走。采区宽度（矿体厚度）不得超过 3 m，井巷断面要满足行人、运输、通风和安全设施、设备的安装、维修及施工需要。

回采过程中，必须保证矿柱的稳定性及运输、通风等巷道的完好，不允许在矿柱内掘进有损其稳定性的井巷。回采到房柱至矿柱附近时，应严格控制凿岩质量和一次爆破炸药量，技术人员要及时给出回采界限，严禁超采超挖，严禁人员直接进入溜井与漏斗内处理堵塞。

每个矿井至少有两个独立的能行人的直达地面的安全出口。矿井的每个生产水平（中段）和各个采区（盘区）至少有两个能行人的安全出口，并与直达地面的出口相通。

三、凿岩

凿岩是地下矿山开采工作的一道重要工序，它是为后续爆破、采矿、运输、提升服务的，凿岩工作的好坏不仅直接关系到采矿工作的效率，更重要的是关系到安全生产的重大问题，因此，必须认真抓好凿岩工作。

凿岩前必须进行“四检查”、“四清除”：

（1）检查和清除炮烟和残炮；

（2）检查和清除顶、帮、工作面浮石；

（3）检查和清除盲炮；

（4）检查和清除支护的不安全因素。

凿岩时，必须做到“四严禁”：

（1）严禁打残眼；

（2）严禁打干眼；

(3)严禁戴手套扶钎子；

(4)严禁站在凿岩机钎杆下方。

在钻孔时要集中思想，集中精力，高度注意质量、安全，防止精神松懈而导致事故发生。严禁在推进器未顶牢靠的情况下悬臂作业，避免凿岩作业不稳定，致使台车损坏。

滑架顶尖在岩石上产生滑动，造成斜偏，应及时调整，然后再用顶尖顶牢后，方可继续钻孔。两台凿岩台车同时在同一巷道凿岩时，应相距一定的安全距离。凿岩完毕后，应将凿岩机大臂收拢处于中间状态。台车行走时，要根据路面情况，行走距离和转弯角度、速度应适当。

四、井巷维护与冒顶处理

冒顶事故对矿井安全生产危害极大，因此，加强矿山顶板管理，预测井下工作面可能存在的隐患，及时采取预防措施很有现实意义。

1. 冒顶的预防

要避免在易产生冒顶的断层、节理、层里破碎带、泥化夹层等地质构造软弱面附近布置井巷工程。如井巷工程必须通过这些地带，也应采取相应的支护措施或特殊的施工方案。井巷、采场的形状和结构要尽量符合围岩应力分布要求。因此，井巷和采场的顶板应尽量采用拱形。严格按照安全技术操作规程作业，建立正常的生产秩序和作业制度，加强对职工安全技术教育、培训，提高职工安全防范意识和综合素质。围岩的次生应力不仅与原岩应力和侧压系数有关，而且还与巷道形状有关。采用拱形形状时，施工难度不大且顶板压力不会太集中，顶板稳定性较好。要加强矿井地质工作和采矿方法的实验研究，对原设计的采矿方法不断进行改进，找出适合本矿山不同地质条件下的高效安全的采矿方法，加大采矿强度，及时处理采空区。要控制好采场顶板的稳定性，必须要有一个合理的开采顺序，因此要合理确定相邻两组矿脉的回采顺序；要根据不同的地质条件和采矿方法，严格控制采场暴露面积和采空区高度等技术指标，使采场在地压稳定期间采完。

严密观测顶板冒落征兆，防止发生大面积冒顶片帮。按常规顶板冒落之前总会有些征兆，如支架发出爆裂声响、开始折断；顶板岩石发出破裂和撞击声；顶板有岩石碎块掉落，以及漏水、淋水量增大等现象，一旦发现采场有大面积冒落的征兆，应立即停止作业，火速撤离作业区内的人员。

2. 冒顶处理

常用的冒顶处理方法有砌混凝土、喷混凝土、架棚等。

砌混凝土法中的局部加固法主要适用于料石砌碹或混凝土砌碹的巷道修复。返修巷道必须由外向里分段进行，值得注意的是，前方待返修的 5～10 m 巷道必须用木棚或拱形金属支架加固，以防在拆除时发生冒顶事故。此外返修段巷道一旦开挖后，应及时支护，支护过程必须严格接顶。

喷混凝土的方法适用于喷层开裂，局部有剥落现象，锚体仍能有效地发挥作用，此时只要在原有喷层上加上一层混凝土即可；若破碎严重，应打锚杆加固，还可以增设钢筋架。在棚式支架巷道中，若只有根棚腿折断，先在折断棚腿的顶梁下支上撑柱，并将顶梁抬高 20～50 m，撤出折断的棚腿，修整侧帮松脱围岩，然后换上新的棚腿；若两根棚腿均被压坏，而棚梁完好无损，此时可采用两根临时支柱支撑顶梁。撤出坏的棚腿，然后分别更换棚腿即可。若连续有2～3架支架的棚腿都在巷道一侧折断，此时可在压坏棚腿的一侧抬棚将棚梁托起，然后更换被折断的棚腿。若支架顶梁被压坏，且顶梁上部有浮石时，则应在折断的顶梁前后安设中间棚子，控制顶部岩石防止冒落，然后再更换压坏的顶梁。

五、地压管理

地压泛指在岩体中存在的力，它既包含原岩对围岩的作用力，围岩间的相互作用力，又包含围岩对支护体的作用力。地压的大小，不仅与岩体的应力状态、岩体的物理力学性质、岩体结构有关，同时，还与工程性质、支护类型及支护时间等因素有关。为了便于分析各种不同性质的地压，按其表现形式，将地压分为四类：

(1)变形地压，即岩体因变形、位移受到支护体的抑制而产生的地压。

(2)散体地压，即由于开挖，在一定范围内，滑移或塌落的岩体以重力的形式直接作用于支护体上的压力称为散体地压或松动地压。

(3)冲击地压，是在围岩积累了大量的弹性变形能之后，突然释放出来时所产生的压力。

(4)膨胀地压，是指在泥质或炭质页岩中的巷道，常发生顶板下沉、底板鼓起、两帮突出等现象，并造成支护体破坏。岩体这种吸水后大变形的破坏现象称为膨胀现象，由于膨胀而产生的压力就是膨胀地压。

第四节　矿井运输与提升安全要求

将地下采出的有用矿物、废石或矸石等由采掘工作面运往地面转载站、洗选矿厂或将人员、材料、设备及其他物料运入、运出的各种运输作业就叫做矿井的提升与运输作业。矿山运输的特点是运量大、品种多、巷道狭窄、运距长短不一、线路复杂、可见距离短，因而作业复杂、维护检修困难、安全要求高。国家对矿山工伤事故的统计资料表明，运输和提升发生工伤事故的频率、伤亡的人数，仅次于冒顶和爆破事故。

一、运输巷道及行人的安全要求

轨道运输是地下开采矿山主要的运输方式，主要设备有轨道、矿车、牵引设备和辅助机械设备等。运输巷道是供车辆和人员通行的场所，根据运载工具不同可分为有轨巷道和无轨巷道。为了保障车辆行驶和人员通行安全，巷道的宽度、高度、巷道顶帮和车体突出部位的间隙以及人行道宽度应符合有关规定。

轨道铺设应平直、稳固，轨距、轨面高低、轨道接头以及弯道的曲线半径应符合有关质量标准。巷道内不要堆积杂物，水沟要畅通，没有积水，照明良好。人员要在供行人的巷道内或人行道上行走，要随时注意前后方向驶来的车辆，尤其是在噪声大的地方更要注意。当列车即将通过时，行人不准抢道横跨轨道，不准靠近机车、装载设备以及矿车等其他设备。在双轨巷道内，禁止人员在两轨之间停留，禁止横跨列车，在溜井要防止失足坠落。

二、提升系统

矿井提升的任务有提升矿石、煤炭，下放材料，提升人员设备。所需设备和装置包括提升机、井架、天轮、钢丝绳、连接装置、提升容器、井筒导向装置、井口和井底的承接装置、阻车器、安全闸以及信号装置等。

根据提升系统的用途，提升系统可分为：罐笼提升，箕斗提升。罐笼提升系统用于提升矿石、废石、设备、人员和材料。箕斗提升系统主要用于提升矿石。用于提升物料和升降人员的容器有箕斗、罐笼、矿车和吊桶等，矿车用于斜井串车提升。吊桶用于立井的开凿和延深。一般井筒断面大，提升量多而提升水平(中段)又少的矿井采用双罐笼提升；井筒断面较小，提升水平多的矿井采用单罐笼带平衡锤提升；井筒断面小，提升量少的矿井采用单罐笼提升。

（一）提升容器的安全要求

对于罐笼提升乘罐人员必须听从信号工的指挥，严格遵守乘罐规定。进出罐笼应按顺序依次进出。严禁抢上抢下和超员乘罐。乘罐人员进入罐笼后，信号工必须在关好罐笼门、安全门之后方可发出提升信号。在发出信号后，禁止人员进出罐笼。罐笼运行中，乘罐人员须握住扶手，并且不得将身体探出罐外，保持罐内安静。待罐笼停稳后，方可出罐。

吊桶是竖井开凿和延深时使用的提升容器。吊桶依照构造可分为自动翻转式、底开式和非翻转式。用吊桶升降人员时，必须注意吊桶要沿钢丝绳罐道升降，在凿井初期尚未装设罐道前升降距离不得超过 40 m，吊盘下不装设罐道的部分也不得超过 40 m。乘吊桶人员必须佩戴保险带，不能坐在吊桶边缘。吊桶升降人员到井口时，必须在出车平台的井盖门关闭和吊桶放稳后，方允许人员进出吊桶。

根据《中华人民共和国矿山安全法实施条例》，矿山提升运输设备、装置及设施符合下列要求：

(1)钢丝绳、连接装置、提升容器以及保险链有足够的安全系数；

(2)提升容器与井壁、罐道梁之间及两个提升容器之间有足够的间隙；

(3)提升绞车和提升容器有可靠的安全保护装置；

(4)电机车、架线、轨道的选型能满足安全要求；

(5)运送人员的机械设备有可靠的安全保护装置；

(6)提升运输设备有灵敏可靠的信号装置。

（二）防坠罐

导致钢丝绳被拉断的原因有操作上的错误，违反安全规程，罐笼在井筒内被卡住而提升机继续提升，发生过卷事故，罐笼因为过卷被挡梁阻住以及罐笼主吊杆断裂等，因此必须采取安全防坠措施，具体有以下几个方面：

(1)对提升钢丝绳应每日检查一次，每周进行一次详细检查，每月进行一次全方位检查。检查时，采用慢速运行对钢丝绳进行外观检查，同时可用手将棉纱围在钢丝绳上，如有断丝，其断丝头就会把棉纱挂住。如发现钢丝绳受到损伤，或钢丝绳延长 0.5%或直径缩小 10%，均须更换。

(2)单绳提升的罐笼必须带防坠器，以便在万一发生提升钢丝绳断绳时，能阻止罐笼下坠，保障乘罐人员的生命安全。防坠器在任何条件下必须可靠地、平稳地制动下坠的罐笼，保证乘罐人员的安全。防坠器的制动速度应为 10～15 m/s，1 人乘罐时，最大制动速度不得超过 50 m/s。

(3)为了预防过卷事故的发生，在井架上提升容器正常停车位置以上 0.5 m 处，装设过卷开关。一旦发生过卷时，提升容器使过卷开关切断主电源，提升机安全制动。过卷高度根据安全规程规定：

提升速度小于 3 m/s 时，不得小于 4 m；

提升速度大于 3 m/s 且小于 6 m/s 时，不得小于 6 m；

提升速度大于 6 m/s 且小于 10 m/s 时，不得小于最大速度值；

提升速度大于 10 m/s 时，不小于 10 m。

(4)乘罐人员一定要严格遵守乘罐制度，服从管理人员和信号工的指挥，遵守秩序，不要拥挤。发出升降信号后，或者罐笼没有停稳和没有发出停车信号以前，不许上下，以防失足坠落或者挤伤碰伤。当罐笼升降时，要站稳，抓住扶手，保持罐内安静，不要将头和手脚或工具伸到罐笼外面去。罐顶应装可以打开的顶盖门，以便在发生卡罐时，乘罐人员可以从该门获得救护。

三、井口安全措施

为保证提升作业的安全，防止发生人身事故或设备事故，在罐笼提升系统中井口必须装设必要的安全设施。

常用的进出罐笼的承接设施有托台和摇台。使用托台时，罐笼及其载荷主要由托爪承担，不受钢绳的影响。但停罐作业时间长，提升过程复杂，当操作失调或其他意外情况致使托爪伸出时，将会造成严重蹲罐事故。使用摇台，停罐作业时间短，提升过程较简单，一旦因意外原因摇台落下时，轨尖被打翻而不会影响罐笼安全通过，不会造成蹲罐事故。

在井口及各中间中段，为了防止人员进入危险区域，发生坠井事故，或者防止运输设备冲入井筒，发生设备坠井事故，都必须装设安全门。安全门的形式较多，有罐笼带动上下滑移式、开启式、横向滑移式以及折叠式等。安全门应开启灵活，具有可靠的防护作用。其操作方式有手动、罐笼带动、气动、电动等多种方式。安全门只允许在上下罐作业时打开。其他时间都处于关闭状态。当安全门打开时，提升机司机旁的信号牌应是显示停车信号，并切断工作信号。

第五节　矿井通风与防尘

矿井通风系统是指向井下各作业地点供给新鲜空气、排出污浊空气的通风网路和通风动力以及通风控制设施等构成的工程体系。矿内空气的变化，造成矿井作业环境恶劣，空气质量和气候条件差，对矿井作业职工的安全与健康造成威胁。矿井空气中混入的有毒有害气体是爆破作业、柴油机械运行、井下发生火灾时产生的以及从矿岩中涌出的，井下采掘工作面进风流中的空气成分（按体积计算），氧气不得低于20%，二氧化碳不得高于0.5%。因此，必须进行矿井通风与防尘。供给矿井各工作面新鲜空气，排除、稀释有毒有害气体及矿尘，保护矿工安全健康，提高劳动生产率。

一、矿井内的毒害气体

地面空气进入矿井后，由于矿石表面的氧化，木料的腐烂，凿岩、爆破及装运等作业产生粉尘和有毒有害气体，致使矿井空气成分发生变化，不同于地面空气，称为矿内空气。地面空气进入矿井后，不仅混入了各种有毒有害气体的矿尘，空气的温度、湿度和压力也发生了较大的变化。

1. 毒害气体的来源

矿山的主要有毒有害气体有：氮氧化物、一氧化碳、二氧化硫、硫化氢、甲醛等。吸入上述有毒有害气体能使人发生急性和慢性中毒，并可导致职业病。矿山爆破后所产生的有毒气体的主要成分是一氧化碳和氮氧化物；柴油机械工作时所产生的废气成分比较复杂，其中以氧化氮、一氧化碳、醛类和油烟为主；高硫矿床氧化时，会产生氧化硫和硫化氢气体以及大量热；在含硫矿岩中进行爆破，会产生二氧化硫和硫化氢；矿山火灾时会产生大量一氧化碳。

2. 毒害气体的危害

一氧化碳是一种无色、无味、无臭、难溶于水的气体。主要危害：血红素是人体血液中携带氧气和排出二氧化碳的细胞，一氧化碳与人体血液中血红素的亲合力比氧大250～300倍。一旦一氧化碳进入人体后，首先就与血液中的血红素相结合，因而减少了血红素与氧结合的机会，使血红素失去输氧的功能，从而造成人体血液“窒息”。一氧化碳含量为0.08%时，40 min

引起头痛眩晕和恶心，含量为0.32%时，5～10 min引起头痛、眩晕，30 min引起昏迷，死亡。

二氧化硫易溶于水，二氧化硫溶于水后生成腐蚀性很强的硫酸，对眼睛、呼吸道黏膜和肺部有强烈的刺激及腐蚀作用，二氧化硫中毒有潜伏期，中毒者指头会出现黄色斑点，0.01%出现严重中毒。

二氧化氮呈棕红色、有刺激性臭味、极易溶于水，会使人咳嗽、胸痛、呕吐、呼吸困难、手指、头发变黄。二氧化氮中毒的特点是起初无感觉，往往要经过6～24 h后才出现中毒征兆。即使在危险浓度下，起初也只是感觉呼吸道受刺激咳嗽，但经过6～24 h，就会发生严重的支气管炎、呼吸困难、吐黄痰、发生肺水肿、呕吐等症状，以致很快死亡。

硫化氢无色、微甜、臭鸡蛋味、易溶于水，性极毒，可使人体血液中毒，对眼膜和呼吸道也有刺激作用。

二、通风系统

矿井通风系统是由通风机和通风网路两部分组成。风流由入风井口进入矿井后，经过井下各用风场所，然后进入回风井，由回风井排出矿井，风流所经过的整个路线称为矿井通风系统，通风网路是指风流经过井巷的连接形式。

1. 通风方法

矿井通风方法依风流获得的动力来源不同，可分为自然通风和机械通风两种。

(1)自然通风：利用自然气压产生的通风动力，致使空气在井下巷道流动的通风方法叫做自然通风。自然风压一般都比较小，且不稳定，所以《煤矿安全规程》规定，每一矿井都必须采用机械通风。

(2)机械通风：机械通风是利用矿井风机的作用，使进出风井井口产生压力差而促使空气流动的通风方法。采用机械通风的矿井，自然风压也是始终存在的，并在各个时期内影响着矿井的通风工作，在通风管理工作中应给予充分重视，特别是高沼气矿井尤应注意。

选择通风系统必须按照本矿具体条件，考虑多方因素，以达到技术上合理、安全可靠和通风费用低这三项基本原则。

矿井使用的风机按用途分为：主要扇风机(用于全矿井或矿井某一翼通风)，在矿井通风系统中的主扇有压入式、抽出式和压抽混合式三种工作方式；辅助扇风机(用于矿井某一区域通风，借以调节区域风量)；局部扇风机(用于矿井局部地点)。

2. 主扇工作方式

(1)压入式

主要通风机安设在入风井口，在压入式主要通风机作用下，整个矿井通风系统处在高于当地大气压的正压状态。在冒落裂隙通达地面时，压入式通风矿井采取的有害气体通过塌陷区向外漏出。当主要通风机因故停止运转时，井下风流的压力降低。

适用条件：

①回采过程中回风系统易受破坏，难以维护；

②矿井有专用的避风井巷，能将新鲜风流直接送往作业地；

③靠近地表开采，或采用崩落法开采，覆盖岩层透气性；

④矿石或围岩含放射性元素，有氡及氡子体析出。

(2)抽出式

整个通风系统在抽出式主扇的作用下，形成低于当地大气压的负压状态。回风段压力梯度高,使作业面的污浊风流迅速向回风道集中,烟尘不易向其他巷道扩散,排出速度快。抽出式通风的缺点是:当回风系统不严密时,容易造成短路吸风。我国的金属矿山大多使用抽出式通风。

(3)压抽混合式

在入风井口设一风机作压入式工作,回风井口设一风机作抽出式工作。通风系统的进风部分处于正压,回风部分处于负压,工作面大致处于中间,其正压或负压均不大,采空区通连地表的漏风因而较小。其缺点是使用的通风机设备多,管理复杂。

适用条件:

①采矿作业区与地面塌陷区相沟通,采用压抽混合式可平衡风压,控制漏风量;

②有自燃发火危险的矿山,为防止大量风流漏入采空区引起发火,可采用压抽混合式;

③利用地层的调温作用解决提升井防冻的矿井,可在预热区设压入式扇风机送风,抽出式主扇相配合,形成压抽混合式。

根据矿井设计生产能力、煤层赋存条件、表土层厚度、井田面积、地温、矿井瓦斯涌出量、煤层自燃倾向性等条件,在确保矿井安全,兼顾中、后期生产需要的前提下,通过对多种可行的矿井通风系统方案进行技术经济比较后确定。

三、进风井与回风井的布局

按进风井和排风井的相对位置,可分为中央式、对角式和中央对角混合式三类不同的布置形式。

1. 中央式

进、回风井均位于井田走向中央。根据进、回风井的相对位置,又分为中央并列式和中央边界式。

2. 对角式

(1)两翼对角式

进风井大致位于井田走向的中央,两个回风井位于井田边界的两翼(沿倾斜方向的浅部),称为两翼对角式,如果只有一个回风井,且进、回风分别位于井田的两翼称为单翼对角式。

(2)分区对角式

进风井位于井田走向的中央,在各采区开掘一个不深的小回风井,无总回风巷。

(3)区域式

在井田的每一个生产区域开凿进、回风井,分别构成独立的通风系统。

3. 中央对角混合式

由上述诸种方式混合组成。例如,中央分列与两翼对角混合式,中央并列与两翼对角混合式等。

由于矿体赋存条件复杂,开拓、开采方式多种多样,在矿井设计和生产实践中,要结合各矿具体条件,因地制宜,灵活运用,而不要受上述类别的局限。确定进风井与回风井布置方式时,还应注意以下影响因素:

(1)当矿体埋藏较浅且分散时,开凿通达地面的井巷工程量较小,而开凿贯通各矿体的通风联络巷道较长。工程量较大时,则可多开几个进、回风井,分散布置,还可降低通风阻力;反之就应少开进、回风井,集中通风。

(2)要求早期投产的矿井,特别是矿体边界尚未探清的情况下,暂时采用中央式布置,随着两翼矿体勘探情况的不断进展,再考虑开凿边界风井。

(3)主通风井应避免开凿在含水层、受地质破坏或不稳定的岩层中。井口应高出历年最高洪水位;进风井周围风质要好,也要考虑排风井不应对周围环境造成污染。

(4)在生产矿山可以考虑利用稳定的无毒害物质涌出的旧巷道作辅助的进风井或排风井,以减少开凿工程量。

矿井通风系统的要求:

(1)每一矿井必须有完整的独立通风系统。

(2)在不受粉尘、煤尘、灰尘、有害气体和高温气体侵入的地方布置进风井口。

(3)箕斗提升井或装有胶带输送机的井筒不应兼作进风井,如果兼作回风井使用,必须采取措施,满足安全的要求。

(4)每一个生产水平和每一采区,必须布置回风巷,实行分区通风。

(5)井下爆破材料库必须有单独的新鲜风流,回风风流必须直接引入矿井的总回风巷或主要回风巷中。

(6)井下充电室必须有单独的新鲜风流通风,回风风流应引入回风巷。

根据矿井瓦斯涌出量、矿井设计生产能力、煤层赋存条件、表土层厚度、井田面积、地温、煤层自燃倾向性及兼顾中后期生产需要等条件,提出多个技术上可行的方案,通过优化或技术经济比较后确定矿井通风系统。

四、局部通风

局部通风的作用是将新鲜空气送到作业地点,并排除工作面的有害气体,以保证操作人员的良好工作条件。

(一)局部通风系统的设计原则

(1)矿井和采区通风系统设计应为局部通风创造条件;

(2)局部通风系统要安全可靠、经济合理和技术先进;

(3)尽量采用技术先进的低噪、高效型局部通风机;

(4)压入式通风宜用柔性风筒,抽出式通风宜用带刚性骨架的可伸缩风筒或完全刚性的风筒,风筒材质应选择阻燃、抗静电型;

(5)当一台风机不能满足通风要求时可考虑选用两台或多台风机联合运行。

(二)局部通风的方法

(1)利用主扇或辅扇风压或自然风压为动力的局部通风方法,简称总风压送风;

(2)利用扩散作用的局部通风方法,简称扩散通风;

(3)利用引射器通风的局部通风方法,简称引射器通风;

(4)利用局部扇风机的局部通风方法,称局扇通风。

(三)常用通风方式

常用通风方式有压入式、抽出式和混合式。

1. 压入式

使用局扇将新鲜风流压入工作面,并将有害气体从掘好的巷道中排出,压入式通风时,局部通风机及其附属电气设备均布置在新鲜风流中,污风不通过局部通风机,安全性好。

2. 抽出式

抽出式的特点有以下几个方面:

(1)有新鲜风流沿巷道进入工作面，劳动条件好；

(2)有效吸程小，延长通风时间，排烟效果不好；

(3)抽出式通风时，巷道壁面涌出的瓦斯随风流向工作面，安全性较差。

五、矿井防尘

矿尘是指在矿山生产和建设过程中所产生的各种煤、岩微粒的总称。矿尘除按其成分可分为岩尘、煤尘、烟尘、水泥尘等多种有机、无机粉尘外，悬浮于空气中的矿尘称为浮尘，已沉落的矿尘称为落尘。井下粉尘较多的地点有：掘进工作面、回采工作面、自溜运输巷道、皮带运输机的转载点，矿仓及溜井的上下口和井口的卸载点。

1. 通风防尘

通风除尘是指通过风流的流动将井下作业点的悬浮矿尘带出，降低作业场所的矿尘浓度，因此搞好矿井通风工作能有效地稀释和及时地排出矿尘。

《金属非金属矿山安全规程》规定了井巷断面平均风速(见表 4-2)。

表 4-2　井巷断面平均最高风速规定

井巷名称	最高风速(m/s)
专用风井，专用总进、回风道	15
专用物料提升井	12
风桥	10
提升人员和物料的井筒，中段主要进、回风道，修理中的井筒，主要斜坡道	8
运输巷道，采区进风道	6
采场	4

2. 喷雾洒水降尘

是利用水或其他液体，使之与尘粒相接触而捕集粉尘的方法，它是矿井综合防尘的主要技术措施之一，具有所需设备简单、使用方便、费用较低和除尘效果较好等优点。我国矿山使用的喷雾器种类较多，按其动力可分为风水作用和单水作用两类。矿井常用的是单水作用的喷雾器。

3. 湿式凿岩防尘

该方法的实质是指在凿岩和打钻过程中，将压力水通过凿岩机、钻杆送入并充满孔底，以湿润、冲洗和排出产生的矿尘。湿式凿岩，即凿岩时，将具有一定压力的水送入炮孔孔底，冲洗凿岩时产生的粉尘。凿岩机进行凿岩作业时，必须先开水后开风，停机时，应先关风后关水或采用风水联动开关，杜绝钻干孔。

4. 个体防护

加强个体防护、佩戴防尘口罩是综合防尘必不可少的一项措施，这是由于矿内虽然采取了通风防尘措施，但总是有少量微细矿尘悬浮于空气之中，因此加强个体防护非常必要。其目的是使佩戴者能呼吸净化后的清洁空气而不影响正常工作。其中最有效的一项措施便是佩戴防尘口罩。

第六节　矿井火灾的预防

在矿井或煤田范围内发生，威胁安全生产、造成一定资源和经济损失或者人员伤亡的燃烧事故，称之为矿井或煤田火灾。火灾是矿井或煤田较为常见的灾害之一。按火灾发生的诱导原因。可分为外因(外源)火灾和内因(自燃)火灾两大类。

一、火灾的原因及预防

外源火灾是指可燃物在外界火源(明火或高温热源)的作用下,引起燃烧而形成的火灾。

1. 矿井外因火灾事故的原因分析

(1)明火引起的火灾

明火主要产生于加热器、喷灯、焊接和切割作业,烟头也有酿成火灾的可能。这些明火与各种易燃物如棉纱、碎木屑、油毛毡接触引起火灾。

(2)电气原因引起的火灾

火源主要是电流(缆)短路或导体过热,电弧电火花,烘烤(灯泡取暖),供电线路,照明灯具,电气设备的短路、过负荷。此外,电器保护装置选择、使用、维护不当,电气线路敷设混乱也往往是引起火灾的重要原因。

(3)摩擦冲击等引起的火灾

主要是由于胶带与滚筒摩擦、胶带与碎煤摩擦以及采掘机械截齿与砂岩摩擦等产生的摩擦热。此外,顶板冒落,岩石片帮等引起较大摩擦和冲击,在通风不良时产生热量积聚,遇到二氧化硫等可燃性气体引起火灾,金属冲击火花也是引起火灾的原因。

2. 外因火灾的预防

(1)预防明火引起的火灾

防止失控的高温热源产生和存在。按《煤矿安全规程》及其执行说明要求严格对高温热源、明火和潜在的火源进行管理。在大爆破过程中,要加强对电石灯、吸烟等明火的管理,防止明火与炸药以及包装材料接触引起燃烧、爆炸。凡有硫化矿尘燃烧、爆炸危险的矿山,爆破必须一次装药完毕,并充填好炮孔,严禁用黄铁矿粉作充填炮孔料。在井口或井巷焊接作业时,必须制定可靠的防火安全措施,并经安全、保卫部门批准后,方可实施焊接作业。

(2)预防电气火灾的措施

认真检查电气设备、电源线路,发现接头松动、电线老化破损漏电,应及时处理或更换,以免引起线路短路,产生火花,导致火灾事故。正确地选择、装配使用电气设备及电缆,以防止发生短路和过负荷。正确进行线路连接、插头连接、电缆连接、灯头连接等。

(3)预防摩擦冲击的措施

减少摩擦,工具轻拿轻放,加强各种工具的维护。矿井的井筒、井架、井口建筑物、进风平巷、主要运输巷道采用不燃材料建筑。

3. 内因火灾的原因分析

矿物氧化自燃是矿井内因火灾的主要原因。在金属矿和非金属矿地下矿井发生的内因火灾,主要发生在矿石、围岩中含硫矿石、煤和黑色炭质页岩中。其自燃的影响因素主要是具有自燃倾向的矿岩的物质组成和硫的存在形式、矿岩的脆性和破碎程度、矿盐的水分、pH 值以及不同的化学电位。

自燃倾向的识别有以下两种方法。

(1)感官

在巷道内火区附近往往能看到雾气;在冬季,还可能看到从地面的裂缝口、钻孔口上冒出蒸汽或者局部地点的冰雪融化现象;矿内空气和矿井岩石温度升高,硫化矿井中嗅到二氧化硫的刺激性臭味;人体有不舒适的感觉,如头疼、闷热、裸露的皮肤有微痛、精神不正常。地下水变红,黏度增大。

(2)检测

在可疑地区系统地采集空气试样进行分析，以观测空气成分的变化。也可以测定空气中的温度和湿度变化。当发现岩温稳定上升到 30 ℃以上时，一般可认为是火灾初期的象征。

4. 内因火灾的预防

(1)及时清出采场浮矿和其他可燃物质，回采结束后及时封闭采空区；定期检查井巷和采区封闭情况，测定可能自燃发火地点的温度和风量；定期检测火区内的温度、气压和空气成分。

(2)采用机械通风：通风机风压的大小应保证风流方向稳定，不受自然风压的不利影响，但通风机风压不能过大，风井应有反风装置。安装风窗、风门、风墙或辅扇调节通风状况。这些装置应改安在地压较小，巷道周壁无裂缝的位置上。

(3)有自燃发火可能性的矿井，主要运输巷道布置在岩层或者不易自燃发火的矿层内，并采用预防性灌浆或者其他有效的预防自燃发火的措施。

二、矿井灭火

根据火灾发生的主要因素为热源、可燃物、空气的供给三者同时存在，缺一不可。灭火的方法大体可以对应地分为：消除可燃物、降低燃烧温度、断绝空气的供给三个方面。但在实际中采用哪一种灭火方法，要根据矿井自身条件而定。灭火就其方法而言，可分为直接灭火、隔离灭火和联合灭火三大类。

1. 直接灭火法

常用的灭火剂有水、泡沫、干粉、二氧化碳、四氯化碳、卤代烷、惰性气体、沙子和岩粉等。水是不燃液体，是消防上常用的灭火剂之一，使用方法有水射流和水幕两种形式。泡沫是一种体积小，表面被液体围成的气泡群。泡沫的比重小($d=0.1\sim0.2$)，且流动性好，可实现远距离立体灭火，具有持久性和抗燃烧性、导热性能低、黏着力大等特点。泡沫覆盖在火源周围，形成严密的覆盖层，并能保持一定时间，使燃烧区与空气隔绝，具有窒息作用；覆盖层具有防辐射和热量向外传导作用；泡沫中的水分蒸发可以吸热降温，起到冷却作用。泡沫灭火剂可分为化学灭火剂和空气泡沫灭火剂两类。

2. 封闭火区灭火法

是在通往火区的所有巷道内建筑防火墙，填平地面塌陷区裂缝，以阻止空气进入火源地，从而使火焰因缺氧而熄灭。

3. 联合灭火法

当矿内火灾不能用直接灭火法消灭火灾时，应立即采用本法。常用的方法是向封闭火区注入泥浆或惰性气体。常用的惰性气体是二氧化碳、氮气、炉烟、水蒸气。

第七节　矿井水灾的预防

矿井在建设和生产过程中，地面水和地下水通过各种通道涌入矿井，当矿井涌水超过正常排水能力时，就造成矿井水灾。矿井水灾(通常称为透水)，是煤矿常见的主要灾害之一。一旦发生透水，不但影响矿井正常生产，而且有时还会造成人员伤亡，淹没矿井和采区，危害十分严重。所以做好矿井防水工作，是保证矿井安全生产的重要内容之一。

一、水源

造成矿井水灾事故的水源有两类：地表水和地下水。矿井水灾事故中，有 85%～90%的水源来自于地下水。地表水的范围有：江河、湖泊、池塘、水库、沟渠等积水，以及季节性雨水。当水位暴涨，地表水超过矿井井口标高而涌入井下，或由裂隙、断层或塌陷区渗入井下造成水灾。

地下水包括地下含水层水、溶洞水、断层水、老空水等。地下水造成水灾的情况，一般有以下几种：

(1)地下的砾岩层、流沙层和具有岩溶的石灰岩层，都含有大量积水，称为含水层。当采掘工作接近或穿透这种积水区时，就会造成透水事故。

(2)断层及其附近的岩层均比较破碎，在这种破碎带内有时含水或与地表水、含水层沟通，掘进时，碰到这种情况容易造成突水事故。

(3)已采掘的旧巷及空洞内，常有大量积水，称为老空水。老空水常为矿井水灾事故的主要原因。老空水特点是水压大，一旦掘透，来势凶猛，具有很大破坏性。

二、矿井防水措施

(1)地表防水是指为了防止大气降水和地表水渗入地下，在地表修筑的防水工程，如修筑坚实的高台，或可靠的排水沟、拦洪坝，防止地表水渗入地下。合理确定井口位置，井口必须高于历年最高水位 1 m 以上。

(2)整治河流，为防止河水通过河床渗入地下，可在特殊地段用黏土、料石、水泥修筑不透水河床。或在适当地点修筑水坝，用人工河道将河水引出矿区。

(3)查明地下暗河的分布位置，巷道要避免地下暗河。施工时，要先了解地下有无暗河，暗河的出口在哪，出口的标高，水量大小，防止地下暗河的常用的方法有堵塞、截流、绕过、断源等方法。

(4)对于地质条件复杂的矿山，在接近水体而又有断裂层通过的地区或与水体有联系的可疑地段，必须坚持“有疑必探，先探后掘”的原则。钻探水孔的位置、方向、数量、孔径，每次钻进的深度和超前距离，应根据水势的高低、岩石结构与硬度等情况而定。

(5)矿井开采前，收集当地的水文地质资料，在此基础上进行现场勘探，确定矿井水害的危险程度，并编制出地下水害预测图，制定出最佳的开采方案，避免或减少水害。调查含水层(包括溶洞)和隔水层的岩性、层厚、产状，含水层之间、地面水和地下水之间的水力联系，地下水的潜水位、水质、水量和流向，地面水流系统和有关水利工程的疏水能力以及当地历年降水量和最高洪水位在通往含水带、积水区、放水巷道和有突然涌水可能的地点建筑防水闸门和防水墙。

三、透水预兆

(1)巷道壁“挂汗”。这是因压力水渗过微细裂隙后，凝聚于岩石表面造成的。岩层变冷，淋水加大，顶板来压或底板鼓起并有渗水。

(2)工作面接近大量积水区以后，使工作面气温降低，感到发凉，出现压力水流(或称水线)。这表明离水源已较近，如出水混浊，说明水源很近；如出水清则说明水源稍远。

(3)巷道壁“挂红”、酸度大、水味发涩和有臭鸡蛋味，这是老空水的特点。硫化氢气体也是老空区的产物。

(4)钻孔底发软或出水，用探水钻或钎子探水时，如发现钻孔底发软，钻屑发潮，就说明钎子快到积水区，如继续钻就有出水可能。

此外，当接近承压含水层或者含水的断层、流沙层、砾石层、溶洞、陷落柱时；接近与地表水体相通的地质破碎带或者接近连通承压层的未封钻孔时；接近积水的老窑、旧巷或灌过泥浆的采空区时，都应该进行探水作业。

四、透水事故处理

(1)井下透水事故发生后，应尽快通过各种途径向井下、井上指挥机关报告，以便迅速采取营救措施。井下工作人员应绝对听从班组长的统一指挥，按预先安排好的退却路线进行撤退，不要惊慌失措、各奔东西。万一迷失方向，必须朝有风流通过的上山巷道方面撤退。

(2)排水工作很复杂，首先要对水源进行调查研究，然后选择适当能力的排水设备，组织力量进行排水和恢复工作。排水的方法有：直接排干法和先堵后排法。在整个恢复工作期间，必须十分注意通风工作，不可把通风机关闭，以便排出有害气体。

(3)若发现有人被困于矿井底部，在井下发现被困人员时，禁止用灯光束直接照射被困人员的眼睛，采取措施待人员适应强光。应该首先制定营救人员的措施，如果营救时间长，要先向被困地点输送食物及氧气。在搬运被困人员时，要轻拍轻放，保持平衡，避免震动。

(4)切断灾区电源，防止一切火源，防止瓦斯和其他有害气体的聚积和涌出。排水后，侦察抢险中，要防止冒顶和二次水灾。

第八节　事故案例

案例一：瓦斯爆炸

2004年10月20日22时47分，位于河南新密市平陌镇的郑煤集团大平煤矿发生特大瓦斯爆炸事故。当时井下作业人员有446人，有298人逃出。事故造成148人死亡，32人受伤。

事故原因：煤与瓦斯突出，地点在距地表深612 m的21岩石下山掘进工作面。煤与瓦斯突出之后，引发瓦斯爆炸。

这是一起特大型煤与瓦斯突出而引发的特大瓦斯爆炸事故。事后调查表明该矿局部通风设施管理混乱，加大了煤与瓦斯突出后的瓦斯逆流，高浓度瓦斯进入西大巷新鲜气流，达到爆炸界限，遇到架线式电机车产生的火花，发生瓦斯爆炸。根据瓦斯监控系统测定的数据，煤与瓦斯突出距瓦斯爆炸有30 min时间，这期间大平煤矿应急处置措施不力，安全管理存在漏洞也是导致事故扩大的重要原因。

案例二：透水事故

2007年7月29日8时30分左右，河南陕县煤矿东风井发生透水事故，70人被困，矿工全部获救。该矿属国有地方煤矿，属低瓦斯矿井。

直接原因：这次事故是因河床水通过采空区涌入井下造成，透水量3 000 m^3。

间接原因：生产经营单位对汛期安全生产工作重视不够，工作不力。

一是未与当地气象、水利、水文、地质、国土资源等部门建立工作联系，未及时掌握灾害信息，搞好预测预警；

二是对本地区可能发生洪灾等自然灾害以及由自然灾害可能导致的事故灾难认识不足，重视不够，防范不力，有的单位虽然有安排、有要求，但未落实，未事先采取措施，撤离人员、转移设备。

案例三：冒顶事故

2007年5月25日20时10分许，位于凤阳县殷涧镇境内、由外省人承包的凤阳县海鑫矿业有限公司大洪山铁矿3号井发生一起冒顶事故，4名工人当时正在该矿3号井内进行维修巷道作业，上方的顶板突然发生冒顶，3人被石块掩埋，其中两人当场死亡，1人因伤势过重抢救无效死亡。在救援过程中，事故处再次发生微小二次冒顶，1名参与救援的矿工被砸伤，后经治疗康复。

原因分析：由于企业忽视安全生产管理，严重违反开采设计、违反金属与非金属矿山安全规程，导致重大安全生产责任事故发生。

第五章　爆破安全技术

爆破工作是矿山生产工艺流程中的一道主要工序。它为随后的采、装、运工作创造条件。爆破工作直接接触炸药、各种起爆器材等易燃易爆物品，不安全因素极多，时刻威胁着作业人员、采矿设备和邻近居民的人身安全。因此，矿山企业负责人必须加强对爆破工作的安全管理，避免或减少爆破事故的发生。

第一节　爆破基础知识

一、炸药爆炸

炸药是在一定条件下能发生化学爆炸的物质。它在外界作用下能够发生高速的放热反应，同时形成强烈压缩状态的高压气体并迅速膨胀对周围介质做机械功。在工程爆破中，我们看到炸药爆炸时，瞬间产生火花，出现烟雾，发出巨响，形成“爆风”，把各种材料炸坏，当爆破设计不合理或误操作时，就可能引起事故。

（一）炸药的主要特征

（1）炸药是能发生自身燃烧和爆炸反应的物质。不论单质炸药还是混合炸药，本身都含有可燃元素碳（C）、氢（H）和助燃元素氧（O）。一旦发生爆炸，原来的分子结构就破坏了，氧元素就与碳、氢等元素化合，生成气体。

（2）炸药是具有化学爆炸特征的相对稳定的物质。要使其爆炸，必须从外界供给一定的能量。若外界供给的能量小，不足以引爆炸药，则炸药处于暂时稳定状态。为了打破炸药的稳定状态，必须由外界供给足够的能量，这种外界能叫起爆能。工业炸药的起爆能有热能、机械能和爆炸冲击能等形式。

（3）炸药的能量密度高。和一般燃料相比，单位质量的炸药爆炸后所放出的热虽不比一般燃料燃烧后所放出的热量多，但是，如以反应产物单位体积能量计算，则前者高于后者。例如：炭、煤和氧混合燃烧放热 8 959.8 kJ/kg，梯恩梯 4 186 kJ/kg，硝铵炸药（零氧平衡）4 228 kJ/kg。

反之，以反应产生单位体积的能量计算，则炭、煤和氧混合燃烧 17.2 kJ/L，梯恩梯 6 807.7 kJ/L，硝铵炸药（零氧平衡）7 117.5 kJ/L。

（二）炸药爆炸的要素

炸药爆炸是化学爆炸的一种，炸药爆炸时应具备三个同时并存相辅相成的条件，称为炸药爆炸三要素。

（1）反应过程放热量大。放热是化学爆炸反应得以自动高速进行的首要条件，也是炸药爆炸对外做功的动力。

（2）反应速度必须快。这是区别于一般化学反应的显著特点，爆炸可在瞬间完成。

（3）反应必须生成大量气体。一个化学反应，即使具备了前面两个条件，而不具备本条件时，仍不属爆炸。

二、爆破的基本原理及装药量的计算

(一)爆破的机理

当爆破在无限均匀的理想介质中进行时,冲击波以药包中心为球心,呈同心球向四周传播。此时,爆破作用的最终影响范围通常可划分为粉碎圈、破碎圈和震动圈,以上爆破作用范围,又可以用一些同心圆表示,称为破坏作用圈,如图 5-1 所示。

1. 粉碎圈(亦称压缩圈)

图 5-1 中 R_1 表示压缩圈半径,在这个作用圈范围内,介质直接承受了药包爆炸而产生的极其巨大的作用力,因而如果介质是可塑性的土壤,便会遭到压缩形成孔腔;如果是坚硬的脆性岩石便会被粉碎。所以把 R_1 这个球形地带叫做压缩圈或粉碎圈。

2. 破碎圈

围绕在压缩圈范围以外至 R_2 的地带,其受到的爆破作用力虽较压缩圈范围内小,但介质原有的结构受到破坏,分裂成为各种尺寸和形状的碎块,而且爆破作用力尚有余力足以使这些碎块获得能量。如果这个地带的某一部分处在临空的自由面条件下,破坏了的介质碎块便会产生抛掷现象,因而叫做抛掷圈。在破碎区内,应力波引起的介质径向压缩导致环向拉伸。由于岩石的动抗拉强度只有动抗压强度的 1/8 ~ 1/16,所以环向拉应力很容易超过岩石的抗拉强度而产生径向裂隙。径向裂隙与粉碎区连通后,高压爆生气体呈尖劈之势渗入裂隙并驱动其进一步扩展。岩石中,径向裂隙一般可延伸到 8～10 倍药包半径处。应力波通过后,破碎区岩石应力释放,产生与原压应力方向相反的拉伸应力而导致环向裂隙的产生。径向裂隙与环向裂隙相互交叉、贯通,越接近粉碎区,裂隙间距越小,破碎区中的岩石被纵横交错的裂隙切割成碎块。

破碎圈根据工程爆破的需要又进一步细分为抛掷圈和松动圈。

抛掷圈是紧邻粉碎圈的外部,爆炸的能量除了使介质破坏,介质中尚有余裕的抛掷势能。有临空面时,这部分介质将发生抛掷的范围,其相应的半径称为抛掷半径。

松动圈(破裂圈)是指抛掷圈外的一部分介质,爆炸作用只能使其松动破裂的范围,其相应的半径称为松动半径或破裂半径 R_3。

3. 震动圈

在破坏圈范围以外,微弱的爆破作用力基本不能使介质产生破坏。这时介质只能在应力波的作用下,产生震动现象,这就是图 5-1 中 R_4 所包括的地带,通常叫做震动圈。震动圈以外爆破作用的能量就完全消失了。破碎区以外,应力波和爆生气体的准静态应力场都不能再引起岩体破坏,只能引起弹性变形。实际上,破碎区之外,应力波已衰减为地震波,统称弹性震动区。

以上各圈只是为说明爆破作用而划分的,并无明显界限,其作用半径的大小与炸药特性和用量、药包结构、起爆方式以及介质特性等密切相关。

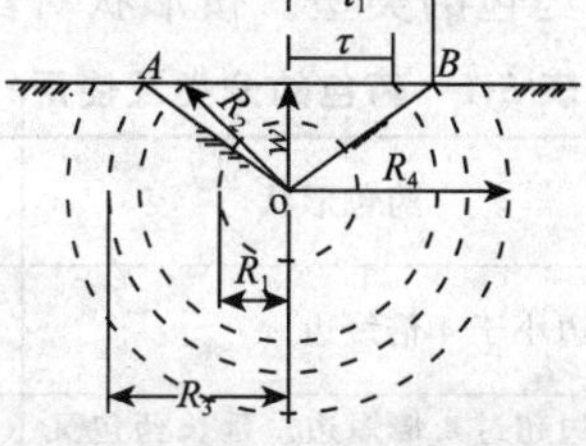

图 5-1 爆破作用的影响范围

(二)爆破漏斗

炸药在矿岩中爆炸后,形成一个爆坑,称为爆破漏斗,如图 5-2 所示。

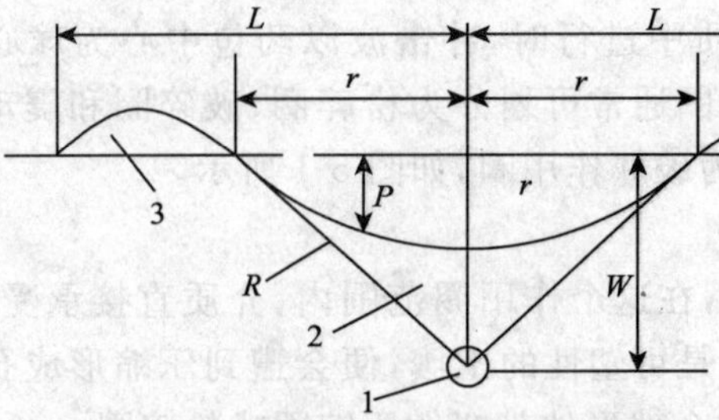

图 5-2 爆破漏斗示意图

1—药包;2—碎碴充填体;3—坑外堆积体

爆破漏斗的几何特征参数如下:

(1)药包中心至临空面的最短距离,即最小抵抗线长度 W。

(2)爆破漏斗半径 r,即在介质自由面上的爆破漏斗半径。若 $r=W$,则 r 为标准抛掷漏斗半径。

(3)爆破破坏半径 R。

(4)可见漏斗深度 P,是指经过爆破后所形成的沟槽深度,它与爆破作用指数大小、炸药的性质、药包的排数、爆破介质的物理性质和地面坡度有关。

(5)抛掷距离 L。

(6)自由面,又称临空面,指被爆破介质与空气或水的接触面。同等条件下,临空面越多炸药用量越小,爆破效果越好。

爆破漏斗的几何特征反映了药包重量和埋深的关系,反映了爆破作用的影响范围。

为了说明爆破漏斗的大小和爆破介质的多少,一般用爆破作用指数 n 来表示,它是爆破漏斗半径 r 与最小抵抗线 W 的比值。改变爆破作用指数,爆破漏斗大小和岩石爆破的现象亦随之而改变。因此,根据爆破作用指数 n,可以将爆破分为:

(1)标准抛掷爆破,即 $n=1$,漏斗张开角 $\theta=90°$。

(2)加强抛掷爆破,其 r 值大于 W 值,一般爆破作用指数 $1<n<3$,爆破漏斗张开角 $\theta>90°$。

(3)减弱抛掷爆破,也叫加强松动爆破,其 r 值小于 W 值,即爆破作用指数 $n<1$,爆破漏斗张开角 $\theta<90°$。

(4)松动爆破,$0.33<n\leq 0.75$,无岩块抛出。

(5)隐藏式爆破,又称内部爆破,$n<0.33$,地表无破裂现象。

(三)药包种类及装药量计算的基本方法

1. 药包种类

药包是为了爆破某一物体而在其中放置一定数量的炸药。药包的类型不同,药量计算各异。在进行药量计算时应首先分清药包的类型。按形状对药包进行分类,见表 5-1。

表 5-1 药包的分类及使用

分类名称	药包的最长边 L 与最短边 a 的比值(L/a)	药包形状	作用效果
集中药包	$L/a\leq 4$	长边小于 4 倍短边	爆破效率高,省炸药,减少钻孔工作量,但破碎岩石块度不够均匀。多用于抛掷爆破
延长药包	$L/a>4$	长边超过 4 倍短边。延长药包又有连续药包和间隔药包两种形式	可均匀分布炸药,破碎岩石块度较均匀。一般用于松动爆破

2. 装药量计算

爆破工程中的炸药用量计算，是一个十分复杂的问题，影响因素较多。实践证明，炸药的用量是与被破碎的介质体积成正比的。而被破碎的单位体积介质的炸药用量，其最基本的影响因素又是与介质的硬度有关。目前，由于还不能较精确的计算出各种复杂情况下的相应用药量，所以一般都是根据现场试验的方法，大致得出爆破单位体积介质所需的用药量，然后再按照爆破漏斗体积计算出每个药包的装药量。

药包药量的基本计算见式 5-1。

$$Q=KV \qquad \text{(式 5-1)}$$

式中 K——爆破单位体积岩石的耗药量，简称单位耗药量（kg/m^3）。需要注意的是，单位耗药量 K 值的确定，应考虑多方面的因素，经综合分析后定出。常见岩土的标准单位耗药量见表 5-2。

V——标准抛掷漏斗内的岩石体积（m^3），$V=\frac{\pi}{3}W^3\approx W^3$。

因此，标准抛掷爆破药包药量计算见式 5-2。

$$Q=KW^3 \qquad \text{(式 5-2)}$$

对于加强抛掷爆破，见式 5-3。

$$Q=(0.4+0.6n^3)KW^3 \qquad \text{(式 5-3)}$$

对于减弱抛掷爆破，见式 5-4。

$$Q=\left(\frac{4+3n}{7}\right)^3KW^3 \qquad \text{(式 5-4)}$$

对于松动爆破，见式 5-5。

$$Q=0.33KW^3 \qquad \text{(式 5-5)}$$

式中 Q——药包重量（kg）；

W——最小抵抗线（m）；

n——爆破作用指数。

表 5-2　常见岩土的单位耗药量 K 值

岩石种类	K(kg/m^3)	岩石种类	K(kg/m^3)
黏土	1.0～1.1	砾岩	1.4～1.8
坚实黏土、黄土	1.1～1.25	片麻岩	1.4～1.8
泥灰岩	1.2～1.4	花岗岩	1.4～2.0
页岩、板岩、凝灰岩	1.2～1.5	石英砂岩	1.5～1.8
石灰岩	1.2～1.7	闪长岩	1.5～2.1
石英斑岩	1.3～1.4	辉长岩	1.6～1.9
砂岩	1.3～1.6	安山岩、玄武岩	1.6～2.1
流纹岩	1.4～1.6	辉绿岩	1.7～1.9
白云岩	1.4～1.7	石英岩	1.7～2.0

注：1. 表中数据是以 2# 岩石铵梯炸药作为标准计算，若采用其他炸药时，应乘以炸药换算系数 e（见表 5-3）。

2. 表中数据，是在炮眼堵塞良好的情况下确定出来的，如果堵塞不良，则应乘以 1～2 的堵塞系数。对于黄色炸药等烈性炸药，其堵塞系数不宜大于 1.7。

3. 表中 K 值是指一个自由面的情况。如果自由面超过 1 个，应按表 5-4 适当减少用药量。

表 5-3 炸药换算系数 e 值表

炸药名称	型号	换算系数 e	炸药名称	型号	换算系数 e
岩石铵梯	1#	0.91	煤矿铵梯	1#	1.1
岩石铵梯	2#	1.00	煤矿铵梯	2#	1.28
岩石铵梯	2#抗水	1.00	煤矿铵梯	3#	1.33
露天铵梯	1#	1.04	煤矿铵梯	1#抗水	1.10
露天铵梯	2#	1.28	梯恩梯	三硝基甲苯	0.86
露天铵梯	3#	1.39	62%硝化甘油	—	0.75
露天铵梯	1#抗水	1.04	黑火药	—	1.70

表 5-4 自由面与用药量的关系

自由面数	减少药量百分数(%)
2	20
3	30
4	40
5	50

注:表中自由面的数目是按方向(上、下、东、南、西、北)确定的,不是按被爆破体的几何形体确定的。

三、爆破方法

常用的爆破方法有:浅孔爆破法、深孔爆破法、硐室爆破法、药壶爆破法、裸露爆破法,为控制爆破破坏作用而使用的光面爆破法、预裂爆破法、缓冲爆破法,为改善爆破破碎效果而使用的挤压爆破法等。

(1)浅孔爆破的孔深为 4～5 m,孔径为 25～75 mm。浅孔爆破主要用于井巷掘进和浅孔崩落矿,在大中型露天矿山作为辅助爆破手段。

(2)深孔爆破主要用于露天矿或井下深孔崩落矿以及深孔爆破成井。孔深为 10～15 m 以上,孔径一般为 75～310 mm。

(3)硐室爆破主要用于露天矿基建期间和一些特殊需要、少数穿孔能力小的采石场,也用作生产爆破的主要手段。

(4)药壶爆破用于穿孔工作困难的条件下,以减少钻孔工作量,克服较大的抵抗线。一般与浅孔爆破配合使用,以降低大块率。

(5)裸露爆破即俗称的糊炮,这种爆破是在岩石大块的表面放一定药量进行爆破的方法。主要用于二次破碎大块或处理根底。

四、炸药爆炸性能

与爆破有关的炸药爆炸性能有威力(也叫爆力)、猛度、爆速、殉爆及其有关的聚能效应等。

(1)威力(爆力):是指炸药在介质内爆炸做功的总能力,即炸药具有的总能量。它表示炸药在介质内部爆炸时对其周围介质产生的整体压缩、破坏和抛移能力。它的大小与炸药爆炸时释放出的能量大小成正比。爆力越大破坏能力越强,破坏的范围及体积也就越大。爆力的大小取决于爆热的大小、产生气体量的多少以及爆温的高低。爆热大,产生气体量多,爆温高则威力大。

(2)猛度:指炸药爆炸的猛烈程度,炸药的破碎作用,它是衡量炸药对直接接触的局部介质破坏能力的指标。在实际工作中,使用猛度过大的炸药,会导致煤粉碎严重,使煤的质量降低。

因此，选用炸药时应合理选择炸药的猛度。

(3)爆速：指炸药爆炸时爆轰波沿炸药内部的传播速度。爆速主要取决于炸药的性质与纯度，此外还与其他因素有关，如起爆药的威力、装药直径、包装材料的强度、炸药的装填密度、炸药的颗粒大小、含水量及附加物等因素。一些猛炸药的爆速见表 5-5。

表 5-5　几种炸药的爆速

炸药名称	爆速(m/s)	炸药名称	爆速(m/s)
梯恩梯(TNT)	6 850	煤矿 1 号、2 号炸药	3 509～3 600
太安	8 400	铵油炸药	3 200
黑索金	8 380	EL—102 型乳化炸药	4 000～5 300
2 号岩石炸药	3 826		

(4)殉爆：炸药爆炸时引起不相接触的邻近炸药爆炸的现象叫做殉爆。

(5)聚能效应：某特定装药形状(如锥形孔、凹穴)可使炸药能量在空间上重新分配，大大地加强了某一方向的局部破坏作用，这种现象称为聚能效应。能产生聚能效应的装药称为聚能装药，而其特定的装药形状如锥形孔、凹穴等，称为聚能穴，如雷管的底部凹槽等。

聚能装药爆炸时爆炸气体产物向聚能汇集，在凹穴轴线方向上形成一股高速运动的强大射流，即聚能流。聚能流具有极高的速度、密度、压力和能量密度，并在离聚能穴底部一定距离时达到最大值，因此其破坏作用增强(见图 5-3)。

(6)传爆：炸药起爆后，爆轰波能以最大的速度稳定传播的过程，称为理想爆轰。在一定条件下，炸药达不到理想爆轰，但可能以某一速度稳定传播爆轰波的过程，称为稳定传爆。炸药在理想爆轰时，才能充分释放出最大能量。为了充分利用炸药的爆炸能，提高爆破效果，保障施工安全，必须保证炸药稳定传爆，争取达到理想爆轰。

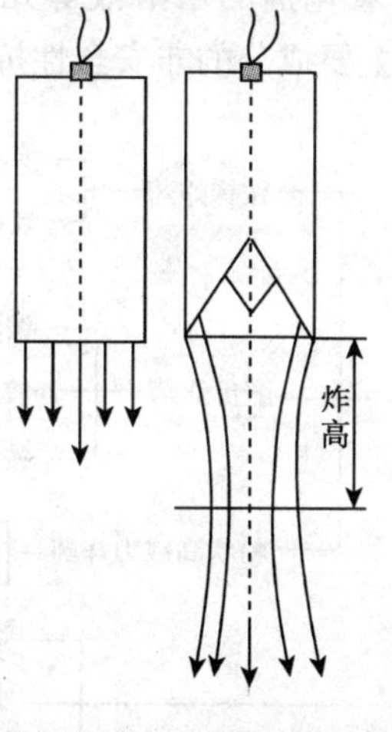

图 5-3　普通装药(左)与聚能装药(右)爆轰产物流比较

五、炸药爆炸性能参数

(一)爆热

炸药爆炸反应生成的热量称为爆热。在工程中爆破是以 1 kg 炸药爆炸所产生的热量为计算单位的，一般用 kJ/kg 表示。常用工业炸药的爆热为 600～1 000 kJ/kg。

(二)爆温

炸药爆炸瞬间爆炸物被加热达到的最高温度称为爆温。单位用摄氏度(℃)表示。矿用炸药的爆温一般为2 000～2 500 ℃,单质炸药的爆温可达3 000～5 000 ℃。

(三)爆容

单位质量炸药爆炸所产生的气体产物在标准状态下所占的体积称为爆容。通常以L/kg表示。

(四)爆速

爆轰波沿炸药稳定传播的速度称为爆速,单位是m/s。

(五)爆压

爆破产物在爆炸完成瞬间所具有的压强称为爆压,单位为Pa。

(六)爆炸功

炸药爆炸时,其潜在化学能瞬间转化为热能,靠高温、高压气体产生的膨胀作用对周围介质所做的功,称为爆炸功。

第二节　矿山常用炸药

一、矿山炸药的分类

矿用炸药是指适用于矿井采掘工程的炸药。我国的矿用炸药种类很多,一般根据主要组成成分、应用范围及炸药化学成分构成进行分类。

(一)按主要组成成分分类

硝酸铵类炸药是以硝酸铵为主体成分并加入其他成分的混合炸药。

含水炸药是由硝酸铵、硝酸钠为氧化剂的水溶液等几种成分组成的混合炸药。

硝化甘油类炸药是以硝化甘油为主要成分的非安全性抗水混合炸药。具体分类如图5-4所示。

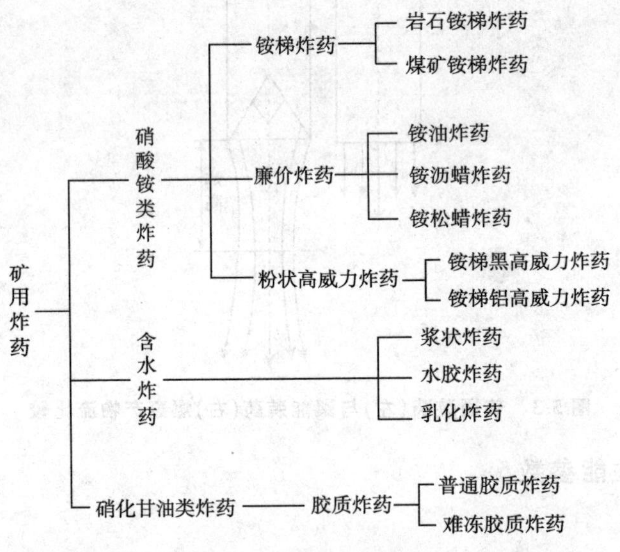

图5-4　矿用炸药分类

(二)按应用范围和使用条件分类

矿用炸药按其是否在井下有瓦斯或煤尘爆炸危险的采掘工作面使用情况,可分为煤矿许用炸药和非煤矿许用炸药(岩石炸药和露天炸药)两类。

煤矿许用炸药又称煤矿安全炸药(简称煤矿炸药)。属于煤矿许用炸药的常用种类有煤矿铵梯炸药(包括抗水煤矿铵梯炸药)、煤矿水胶炸药、煤矿乳化炸药和离子交换型高安全炸药等。

属于非煤矿许用炸药的有岩石铵梯炸药、岩石水胶炸药、岩石乳化炸药等。

(三)按化学成分构成分类

矿用炸药按成分构成可分为单体炸药(又名单质炸药)和混合炸药。我国目前使用的矿用炸药都属于混合炸药。单体炸药只用于起爆药和混合炸药中的组成部分。

上述炸药中,煤矿常用的炸药有岩石铵梯炸药(包括抗水岩石铵梯炸药)、煤矿许用铵梯炸药(包括抗水煤矿许用铵梯炸药)、含水炸药中的岩石水胶炸药和煤矿许用水胶炸药、岩石乳化炸药和煤矿许用乳化炸药。此外,还有在高瓦斯矿井和煤与瓦斯突出矿井使用的被筒炸药和离子交换炸药。在井下爆破作业,必须使用煤矿许用炸药。

二、常用炸药及组分特性

矿山常用的炸药有:硝铵炸药、铵油炸药、铵梯炸药、浆状炸药、乳化油炸药、黑火药、硝化甘油炸药、铵沥蜡炸药等。

(一)硝铵炸药

硝铵炸药含 TNT 量少,威力小,适用于露天矿山。硝铵炸药的组成特点是含有 7%~20%的单质炸药梯恩梯作为敏化剂。所以起爆感度较高、爆炸性能较好、爆破威力较高,特别适合于无水场合的各种小直径爆破。由于具有高雷管起爆感度,它经常作为铵油炸药和含水炸药等低感度炸药的起爆药包。硝铵炸药中有时加入金属粉(如铝粉、镁粉等)或高能炸药(如黑索金、太安等),制成高威力、高爆速和高猛度炸药,用于特硬岩石、特殊爆破和爆炸加工等领域。硝铵炸药中有时加入惰性稀释剂(如沙子、硅藻土等)制得低威力、低爆速和低猛度炸药,用于软性介质爆破、不耦合装药控制爆破及爆炸焊接等特殊爆破工程中。小直径装药是硝铵炸药用于不耦合装药控制爆破的另一重要途径,这是由于它具有较高爆轰感度和较小临界直径而决定的。硝铵炸药一直是国内外广泛使用的工业炸药品种之一。硝铵炸药最主要的性能缺点是严重的吸湿性和结块性、敏化剂 TNT 对人体的毒性和污染及 TNT 造成的成本较高等。

(二)铵油炸药

铵油炸药是以硝酸铵和燃料油(轻柴油、重油、机油等)为主要原料混合配制而成的不含敏感剂的炸药。硝酸铵中加入一定成分的 35 号柴油,可制成性能良好的铵油炸药 。当掺入 2%的柴油(重量比)时,炸药的敏感度最高;当掺入 5%~6%的柴油时,爆力最大,且爆炸时呈零氧平衡,故能用于地下工程爆破,爆破牢固系数为 6~12 的岩石。铵油炸药比普通岩石炸药要多用 15%,才能保持相同的爆破效果,但其成本却比普通炸药约低一半,故总的说来,采用铵油炸药经济上是合理的。对于粗粒铵油炸药,爆炸初始峰压较小,使压力衰减缓慢,减少了爆炸的粉碎作用却增加了破裂抛掷作用,从而增加了爆落动量,提高了炸药的有效能量利用率。其主要成分是硝酸铵和柴油。为减少结块,可加入木粉。理论与实践表明,硝酸铵、柴油、木粉的配比以 92∶4∶4 最佳;当无木粉时,含油率为 6%较好。铵油炸药成本低、使用安全、易于生产,但威力和敏感度较低。热加工拌和均匀的细粉状铵油炸药,可用 8 号雷管起爆;冷加工颗粒较粗、拌和较差的粗粉状铵油炸药需用中继药包始能起爆。铵油炸药的有效储存期仅为7～15天，一般在工地现场拌制。

（三）铵梯炸药

铵梯炸药，外观为淡黄色粉末，药卷密度一般为0.85～1.10 g/cm³，做功能力为240～350 MJ，猛度为8～13 mm，爆速为2 400～5 100 m/s。其主要成分是硝酸铵加少量的三硝基甲苯（敏感剂）和木粉（可燃剂）混合而成。调整三种成分的百分比可制成不同性能的铵锑炸药。这种炸药敏感度低，使用安全。其色黄，呈粉末状，爆气中含毒气较少，可用在地下爆破工程。但吸湿性强，易潮解结块，使爆力和敏感度降低。因此，在储存、运输和装药中都应注意防潮，使其含水量不超过0.3%～0.5%。国产铵梯炸药有露天铵梯炸药、岩石铵梯炸药和煤矿铵梯炸药等主要品种。工程爆破中，2号岩石铵梯炸药得到广泛运用，并作为我国药量计算的标准炸药。其爆力为320 mL，猛度为12 mm，殉爆距离为5 cm，临界直径为18～22 mm，直径为32～35 mm，处于最佳密度时的药卷爆速约3 600 m/s，储存有效期为6个月。硝酸铵加入一定配比的松香、沥青、石蜡和木粉，可制成铵松蜡和铵沥蜡炸药，改善了炸药的吸湿性和结块性，用于潮湿和有少量水的地方，爆破中等坚硬的岩石。

（四）浆状炸药

浆状炸药外观呈糊状，因此取名叫浆状炸药，它是以氧化剂的饱和水溶液、敏感剂及胶凝剂为基本成分的抗水硝铵类炸药。后来由于使用了交联剂，并且含有水分，原来的黏糊状成为具有强黏性的凝胶炸药，也称为水胶炸药，水胶炸药与浆状炸药的性能没有严格的区别。

浆状炸药具有抗水性强、可塑性好、装药密度大、爆炸威力大、安全性好、成本低等优点，因此，在露天矿水深爆破中应用广泛。

（五）乳化油炸药

乳化油炸药外观呈乳脂状，它是以氧化剂（主要是硝酸铵）水溶液与油类经乳化而成的油包水型的乳胶体作爆炸基质，再添加少量敏化剂、稳定剂等添加剂而成的一种乳脂状炸药，其性能优于铵油炸药，抗水性好、成本低，适用于露天矿有水工作面的爆破。乳化炸药的爆速较高，且随药柱直径增大、炸药密度增大而提高。乳化炸药有抗水性能强、爆炸性能好、原材料来源广、制造工艺简单、生产使用安全和环境污染小等优点。有效储存期为4～6个月。

（六）黑火药

它是由硝酸钾、木炭和硫黄组成。硝酸钾是氧化剂，木炭是可燃剂，硫黄既是可燃剂，又能起到木炭和硝酸钾的黏合剂作用，有利于火药的造粒。

黑火药摩擦敏感度高，对火药敏感性强，爆发点为290～310 ℃，爆温为238 ℃，爆速为380～420 m/s，密度为1.60～1.93 g/cm³。

（七）硝化甘油炸药

硝化甘油炸药外观为淡黄色，半透明，有弹性，加压力后不变形，敏感度高，受到冲击或摩擦后，就会迅速地发挥出它的潜能。硝化甘油炸药具有毒性，人的皮肤与其接触或沾染到其蒸气时，会引起剧烈的头痛和心跳。因此，使用硝化甘油炸药时，操作者应高度注意，以免危害身体健康。

硝化甘油炸药是以液体硝酸酯（硝化甘油或硝化乙二醇）与硝化棉融合的爆胶为敏化剂，以木粉、硝酸钠、硝酸铵等为吸附材料配制成的炸药。此类炸药含硝酸铵的量不同，威力大小也不同。

（八）铵沥蜡炸药

铵沥蜡炸药是由硝酸铵、沥青、石蜡和木粉等配制成的炸药。

第三节　起爆器材

起爆器材的品种很多，据其作用可分为起爆材料和传爆材料两大类。各种雷管属于起爆材料；导火线、导爆管属于传爆材料；继爆管、导爆线既可起起爆作用，又可起传爆作用，是两者的综合。矿山爆破施工中，使用的起爆器材有雷管、导爆索、非电起爆和起爆药等。

一、雷管

雷管，是指管壳内装入起爆药，能使药包爆炸的装置。

（一）雷管的分类

1. 按用途分为5类

(1)火雷管；

(2)瞬发电雷管；

(3)延期电雷管；

(4)毫秒电雷管；

(5)继爆雷管。

2. 按起爆能力大小划分为10种

工业雷管的规格国际标准有10种，按照管壳大小和雷汞含量进行编号。1号雷管含雷汞0.3 g，10号雷管含3.0 g。目前使用较多的是6号和8号雷管，含雷汞分别为1.5 g和2 g。

3. 按管壳材料不同分为5类

即铜、铝、铁、纸和塑料管壳。

（二）雷管的构造

1. 火雷管

火雷管是指用导火线点火引爆的雷管。火雷管管壳一般都是用纸或金属制成，其结构见图5-5。雷管开口的一端为上端，内部的空心长度为管壳的1/3，约15～18 mm，以便插入导火线并使它与管壳保持稳固。上端的底部盖有金属帽，帽的中心开一小孔叫帽孔，直径为2.0～2.5 mm，金属帽的作用是：

(1)在装入导火线时，可以使导火线和起爆药不直接接触，以保证安全；

(2)保护起爆药不受潮湿；

(3)起爆药爆炸时，有比较坚固的小室，可以增加爆炸威力。

在金属帽的里面，分层装入正起爆药和副起爆药，正起爆药是雷汞、叠氮铅或爆粉（雷汞80%，氯酸钾20%）；副起爆药是三硝基苯甲硝胺、三硝基三酚铅、特屈儿和黑索金。

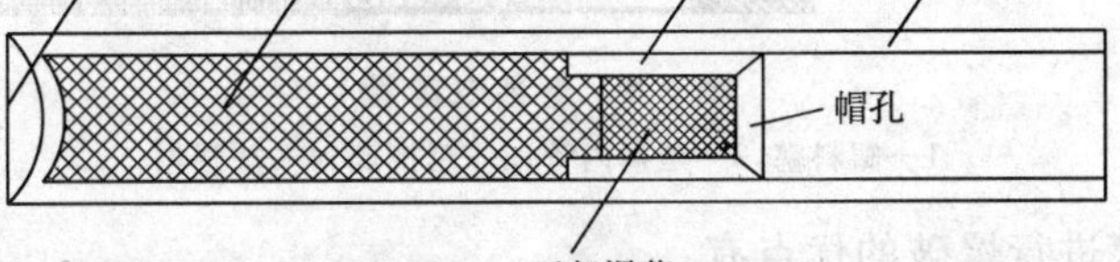

图5-5　火雷管构造图

2. 瞬发电雷管

这种电雷管和普通雷管差异不大，不同的是电雷管内有一种装置，依靠电流的诱导作用使起爆药爆炸。

当电流从脚线通入直径很小、电阻很高的桥线时就发热，当温度超过起爆药的爆发点时就相继导致正、副起爆药的爆轰。瞬发电雷管从通电到爆发的时间只有几毫秒，最多不超过 13 ms，无延期过程。如图 5-6 所示。

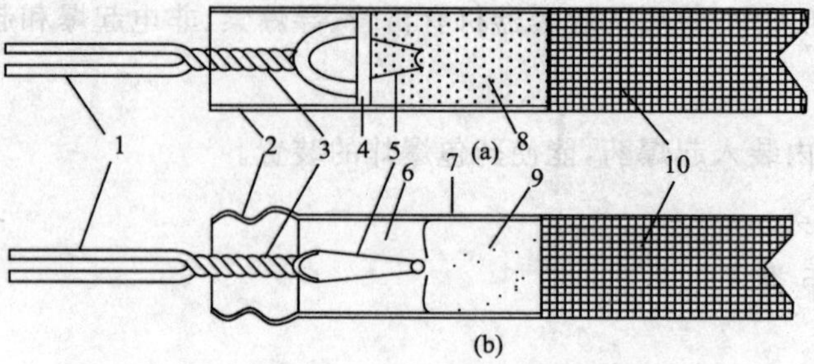

图 5-6 瞬发电雷管

(a)直插式；(b)引火头式

1—脚线；2—管壳；3—密封塞；4—纸垫；5—桥丝；

6—引火头；7—加强帽；8、9—起爆药；10—猛炸药

3. 延期电雷管

它与瞬发电雷管的不同点是，在点火剂和起爆药之间有一个柱形的缓燃剂，由点火剂发火引起缓燃剂燃烧。当缓燃剂燃烧完后，火焰又点燃起爆药而发生爆炸。一般延期电雷管的延期时间不大于 0.1 s。当爆破工程需要使几个或几组药包先后爆炸时，必须使用延期电雷管。如图 5-7 所示。

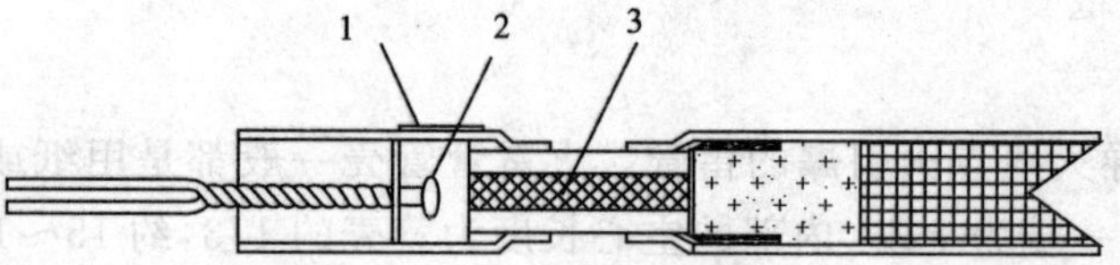

图 5-7 延期电雷管

1—排气孔；2—引火头；3—精致导火索尾

4. 毫秒电雷管

毫秒电雷管也是一种延时雷管，只是每段的间隔时间极短，只有十几毫秒至几十毫秒。因为每段之间的爆发时间以毫秒计算，所以叫做毫秒电雷管。如图 5-8 所示。

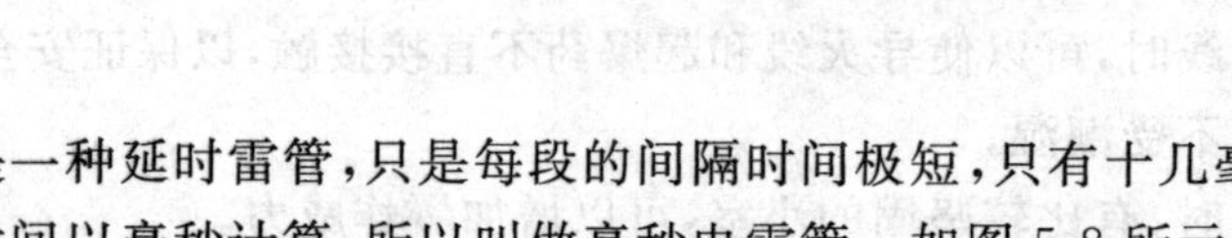

图 5-8 毫秒电雷管

1—塑料塞；2—延期内管；3—延期药；4—加强帽

采用毫秒电雷管进行爆破的优点有：

(1)炮孔利用率高，一般达 90%以上，爆破效果可提高 20%～30%。

(2)爆破噪声和振动小,爆后断面规格好,围岩稳定。

(3)岩石块度小,抛渣远,有利于机械装岩和掘进平行作业。

(4)炸药消耗与其他爆破相比,可降低 20%～30%。

5. 继爆雷管

继爆雷管是专门与导爆索配合使用的延期起爆器材。借助于继爆雷管的微差延期继爆作用与导爆索一起实现微差爆破。继爆雷管分为单向继爆雷管和双向继爆雷管。

继爆雷管的起爆威力与 8 号电雷管相当,在(40±2)℃高温和(−40±2)℃低温条件下,其性能没有明显差异。

继爆雷管可用于水下爆破。它具有抗杂散电流、抗静电和抗雷电危害的能力,装药时不需停电,和导爆索配合使用常有利于矿山爆破。

6. 煤矿瞬发电雷管

在有瓦斯爆炸危险的矿井中,采用普通非安全电雷管,有可能引起瓦斯爆炸。因此,必须使用煤矿瞬发电雷管。

我国生产的煤矿瞬发电雷管,是由一个火雷管和一个发火元件组合而成。副起爆药为黑索金,并添加适量的消焰剂,采用专门的工艺加压成型。起爆药为二硝基重氮酚,电引火元件由聚氯乙烯绝缘脚线、桥丝、药头、塑料塞等装配而成。采用复铜管壳和纸壳两种。

煤矿瞬发电雷管的镍铬桥丝电阻为 2.6～3.3 Ω,雷管全电阻为 4.6～5.8 Ω。适用于各级沼气等级的矿井,并能引爆各级煤矿炸药。

二、导爆索

导爆索是用单质猛炸药黑索金为药芯,用棉、麻、纤维及防潮材料包缠成索状的起爆材料。导爆索经过雷管起爆,可以引爆炸药,也可单独作爆破能源。

我国目前生产矿山使用的导爆索有普通导爆索、安全导爆索。

(一)普通导爆索

普通导爆索是一种以黑索金为药芯,外面缠有棉、麻、纤维和防潮层的绳线状爆破材料。具有一定的抗水性,能直接起爆炸药,但只能用于露天矿和没有瓦斯或煤尘爆炸危险的井下爆破作业。

普通导爆索的药芯密度为 1.2 g/cm³,每米药量为 12～14 g,爆速不低于 6 500 m/s,外径为 5.7～6.2 mm。具有一定的防水和耐热性:在 0.5 m 深水中浸泡 24 h 后,感度和爆炸性能仍能符合要求;在(50±3)℃条件下保温 6 h,外观传爆性能不变;在(−40±3)℃条件下冷冻 2 h,取出后仍能结成水平结,按规定的联结法用 8 号雷管起爆,爆轰完全,承受 50 kg 拉力后,仍能保持爆轰性能。导爆索的有效期为两年。

(二)安全导爆索

安全导爆索的结构与普通导爆索相似。它与普通导爆索不同之处是黑索金药柱中加添适量的消焰剂(通常是氯化钠),从而使煤矿导爆索爆轰过程中产生的火焰小、温度低,不会导致瓦斯(或煤尘)以及矿尘爆炸。安全导爆索的爆速为 6 000 m/s 以上,能正常起爆 2 号和 3 号抗水煤矿硝铵炸药。安全导爆索的外径为 7.3 mm,药量为 12 g/m,消焰剂为 2 g/m,采用聚氯乙烯塑料被覆。

三、非电起爆

非电起爆器材的优点是能避免因漏电、静电、杂散电流、射频电流所引起的早爆事故,并能克服因连线处的电阻变化而造成的瞎炮和丢炮事故。还可进行孔内、外延期，做到多段毫秒微差爆破以及爆破减震。因此，矿山爆破工程广泛采用。

(一)塑料导爆管

塑料导爆管是一种内壁涂有一层混合炸药粉末的塑料软管。管壁材料是高压聚乙烯，外径为(2.95±0.15)mm，内径为(1.35±0.1)mm；混合炸药成分为：奥克托金91%，铝粉9%，外加添加剂0.25%～0.5%，装药量为14～16 mg/m。

国产塑料导爆管的爆速为2 000 m/s。一根长数千米的导爆管中间不需中断雷管接力，或者管内断药长度不超过15 cm时，均可正常起爆。

(二)导爆连通器

凡采用塑料导爆管组成非电起爆系统时，必须有一定数量的导爆连通器具配合使用。这种导爆连通器就是非电导爆四通和连接块。

(1)非电导爆四通，是一种带有起爆药，并能进行毫秒延期的导爆器材。

(2)连接块，是一种用于固定击发雷管和被爆导爆管的连通元件。

四、起爆药

起爆药是炸药中的一大类别，它对机械冲击、摩擦、加热、火焰和电火花等作用都非常敏感。借助于起爆药，才能安全、可靠和准确地激发猛炸药，使它达到稳定的爆轰而做功。

由于起爆药的感度高，在较小的外界初始冲能(如火焰、针刺、撞击、摩擦等)作用下即可被激发而发展为爆轰，因此，对待起爆药要特别注意安全。

矿山常用的起爆药有雷汞、氮化铅、三硝基间苯二酚铅和二硝基重氮酚等。现简介如下。

(一)雷汞

雷汞又名雷酸汞，由硝酸与乙醇制成。白色或灰白色菱形结晶。对摩擦和火焰作用特别敏感。和铝、镁等金属起化学反应，特别在有水时作用更剧烈。因此，切不可采用铝、镁或铝镁合金作雷管外壳，可用镀镍的铜壳以保证安全。

雷汞的爆发点为160～180 ℃，爆温为4 800 ℃，密度为1.0 kg/m^3 时的爆压为 8.684×10^7 Pa，密度为2.0 kg/m^3 时爆速为2 478 m/s。

(二)氮化铅

氮化铅又名叠氮铅，由氧化钠和硝酸铅制成。白色或黄白色粉状结晶。对摩擦、火焰特别敏感。在潮湿并有二氧化碳的条件下，氮化铅能与铜和钢合金生成感度更高的叠氮化铜，因此装填氮化铅的雷管壳一般用铝制作，而铝壳雷管不能用于瓦斯矿。

氮化铅的爆发点在(305～312) ℃之间，爆温为4 333 ℃，密度为1.0 kg/m^3 时的爆压和爆速分别为 7.960×10^7 Pa和1 250 m/s。

(三)二硝基重氮酚

二硝基重氮酚，是以氨基苦味酸悬浮于稀盐酸中，保持18～20 ℃的温度，注入亚硝酸钠溶液进行重氮化而制成。此种起爆药起爆能力高于前两种。

第四节 起爆方法

起爆方法可以分为电力起爆和非电起爆。电雷管起爆法是利用电能首先引起电雷管爆炸，然后再引起炸药爆轰的方法。非电雷管起爆法又分为导火索起爆、导爆索起爆和导爆管起爆法。

一、电力起爆

电力起爆前，必须使用仪器对整个电力起爆系统进行认真检测，确认起爆网路的质量是否符合起爆要求。同时应检查周围的外界环境采用的防护措施，如防静电、防杂散电流、防雷电、防水、防潮等是否得当。电力起爆具体实施要求如下。

（一）起爆作业前的检查

1. 导线的检查和选择

电力起爆导线的规格已在起爆网路的计算中选定。它是根据流过的不同电流强度决定的。为了确保安全起爆，必须认真检测电爆网路中导线的导电性、电阻值和绝缘情况。在潮湿有水地段，必须采用防水的绝缘导线。

2. 电源

凡是能向电力起爆网路提供发火冲量的直流和交流电源均可使用。通常的电源有发爆器、干电池、蓄电池、照明或动力线路。

照明和动力线路是电力起爆中最可靠的电源，因此，除了有瓦斯、煤尘和矿尘爆炸危险的矿井，其他地方均可采用。

使用照明和动力线路起爆时，禁止先接通电源或通电装置。起爆网路主线和电源之间应装设有锁的刀闸开关装置，在所有起爆点网路连接完毕，并检查确认完好后，方可将主线与刀闸的输出端相连，并在决定起爆之前将电源与刀闸的输入端连接。

3. 电雷管的检测和选择

为了保证电雷管的可靠起爆和操作安全，必须逐个检测电雷管的电阻。国产铜脚线康铜桥丝电雷管的电阻一般为 1.0～1.5 Ω；铁脚线不超过 4 Ω；铁脚线镍铬桥丝不超过 6.3 Ω，在同一串联电路上，必须使用同厂、同批、同牌号的电雷管。当电雷管的电阻值在 4 Ω 以下时，各雷管之间的电阻值差不得超过 0.3 Ω，当雷管的电阻值在 6.3 Ω 以下时，各雷管的电阻差不得超过 0.8 Ω。

4. 其他要求

(1)必须采用专用爆破电桥导通网路和校核电阻。专用爆破电桥的工作电流应不低于 30 mA。

(2)爆破网路主线应设中间开关，并与其他电源线路分开敷设，敷设的电源线路必须使用良好的导线。不准利用铁轨、铁管、钢丝绳、水和大地做爆破线路。

(3)爆破作业场地的杂散电流值大于 30 mA 时，禁止使用普通电雷管。

(4)各种起爆器和用于检测电雷管及爆破网路电阻的爆破专用欧姆表、爆破电桥等电气仪表，应每月校验一次，看是否良好。

（二）电力起爆网路的连接

电力起爆网路的连接方法有三种：即串联、并联和混联。

1. 串联电爆网路

它是将电雷管脚线逐个串联起来，余下两根脚线与电源导线相连。

这种电爆网路需要的准爆电流小，导线在爆破中损耗量少，作业简单，检查方便，可用于各种电源起爆，不足之处是，网路中某一点发生故障便导致全部拒爆。如果敏感度不同的电雷管串联时，敏感度大的雷管先行发火，使电路中断，会造成其他雷管拒爆，因此，在比较重要的爆破中，常增加一组串联雷管来提高起爆网路的可靠程度，这种串联叫复式串联法。

2. 并联电爆网路

并联电爆网路是把所有的雷管脚线并联在一起再与电源导线相接。这种连接下，各雷管的作用互不干扰，不会因一个雷管拒爆而引起其他雷管拒爆。但当炮孔数量较多时，需要较大的电流强度。

3. 混联电爆网路

在大爆破和深孔爆破中，一般采用混联电爆网路。混联电爆网路有复式串联、并串联、并串并联等方法。

二、导火索起爆方法

导火索起爆法又称为火雷管起爆法，就是利用导火索以一定的燃速传递火焰引爆火雷管，进而起爆工业炸药的一种起爆方法。其程序是：首先加工起爆雷管，即按照需要长度切取导火索，将其与火雷管装配连接在一起，然后加上起爆药包，最后装药点火起爆。

（一）导火索起爆体的制作

采用导火索起爆前，应先加工起爆体。一般先做成火线雷管，即将导火索与雷管密切地结合在一起，而后将火线雷管插入炸药中。这样制作的装有雷管的传爆药柱或药包，叫做起爆体（或称起爆药包）。

（二）导火索起爆体的要求

(1)制作起爆体前，必须仔细检查导火索和雷管的外观，如纸壳雷管外观是否有层裂、断裂。副装药不得有破碎，加强帽不得掉出。金属壳雷管不得有皱折、裂缝及明显的金属氧化痕迹，壳内表面不得有残留炸药。导火索不得有皮层破损折伤、松散、黏有油脂和涂料不均等缺陷。

(2)切导火索时，应使用锋利、洁净的刀具，长度应符合规定，其插入火雷管的一端应剪切平整，使它在装配时能紧贴加强帽。点火端应在离端部 2～3 cm 处割一斜口，使药芯外露面积增大，便于点燃。导火索的长度应根据起爆人员能躲避的安全距离而定，但不得短于 1.2 m。

(3)把导火索插入雷管，直到接触加强帽，但不得猛插、挤压和转动，以免引起雷管爆炸。如雷管与导火索内径间隙过大，可用纸或纱线缠绕导火索，使其配合得当，但不准偏斜，导火索必须对准雷管的传火孔。

使用夹钳夹紧雷管口（距离管口 5 mm 以内）。如果没有专用钳可用胶布扎紧，不准用嘴咬或用竹签插紧的办法固定导火索。

（三）起爆要求

(1)导火索起爆时，应采用一次点火法。特殊情况需单个点火时，一串连续点火的根数或组数，地下矿爆破不得超过 5 根（组），露天爆破不得超过 10 根（组）。

(2)在同一工作面几个人同时点火时，应指定其中一人负责，协调点火工作，掌握有关情况，及时下达撤离到安全地点的指令。

(3)连续点燃多根导火索时，露天爆破必须先点燃信号管，井下必须先点燃计时导火索。信号管响后或计时导火索燃烧完毕，无论导火索点完与否，人员必须立即撤离。信号管和计时导火索的长度不得超过该次被点导火索中最短导火索长度的 1/3。

(4)必须用专用点火器材点火，禁止用火柴、烟头和灯火点火。

三、导爆索起爆法

导爆索起爆的实质是利用电雷管或非电雷管引爆导爆索，然后由导爆索的爆轰引爆炸药爆炸。导爆索起爆法，在深孔爆破中广泛应用，它可使组成的炮孔同时发生爆炸。其起爆网路的连接方法有：搭接法、扭接法、打结法、水手结法等方法。

（一）搭接法

用两根导爆索重叠搭接并加以缠绕，导爆索的长度不得小于 15 cm，中间不得夹有异物和炸药，捆绑应牢固。

（二）扭接法

主干线与支线重叠在两端扭接，用胶带或绳索捆绑牢固，导爆索的长度一般为 30～40 cm。

（三）打结法

通常采用平结和水手结。

（四）水手结法

此法连接牢固，不易打断或松脱。

布设导爆索网路时，不准将导爆索绕成圈或扣。当导爆索有交错情况时，要用隔离物将交错点隔开。隔离物的厚度不得小于 10 cm。起爆导爆索的火雷管，应连接在导爆索端 10～25 cm处。

四、导爆管起爆法

导爆管起爆是一种非电起爆法。起爆时首先起爆导爆管，经传爆元件，再引爆各分支导爆管，最后经起爆雷管引爆炸药。引爆导爆管可以用起爆枪、撞针撞击火帽、雷管等。传爆元件可以是联结块、毫秒分路器、8 号雷管导爆索。这种起爆系统的最大优点是不用电，可避免散电流的影响，不用担心雷电危险，操作简单。但是这种网路质量不易检查；不能用于有瓦斯、矿尘爆炸危险的矿井。我们在使用这种方法起爆时应注意以下几点：

(1)用雷管起爆导爆管网路时，应有防止雷管的集中点炸断导爆管和毫秒延期雷管里的气体烧坏导爆管的措施。导爆管应均匀地敷设在雷管的周围，并用绝缘胶布捆牢。

(2)引爆导爆管，也可以用起爆枪、撞针撞击火帽、雷管等。

(3)在有矿尘、煤尘或气体爆炸危险的矿井中，禁止使用导爆管。

五、非电起爆法

在工程爆破中，已广泛使用导爆索和导爆管等起爆方法，导爆索起爆法适用于露天矿开采和隧道爆破等无瓦斯危险的工作面，禁止用在有瓦斯和矿尘爆炸危险的矿井。非电起爆法包括非电导爆索起爆法和非电导爆管起爆法。

（一）非电导爆索起爆法

1. 非电导爆索起爆的优点

(1)不受杂散电流的影响。

(2)能提高深孔爆破的装药传爆性能。

(3)因炮孔内无雷管，装药和处理瞎炮比较安全。

(4)增强传爆能力，用在深孔光面爆破周边孔的间隔装药结构。

2. 连接方法

(1)导爆索爆破网路中主线与支线或线段的连接方法有搭接、套结、水手结和三角形结等几种，搭接长度不得小于 200 mm，常用于主线和支线连接。套结和搭接的适用条件相同。水手结大多用于炮孔内导爆索之间的连接。三角形结则适用于环形爆破网路中。不论哪种连接，必须使支线的爆炸波传播方向和主线的爆炸波方向一致。

(2)非电导爆索的爆破网路连接方法有：串联、分段并联和串并联等方法。

(二)非电导爆管起爆法

1. 联结块和导爆管相结合的起爆方式

这种网路连接有串联、并联和串并联。联结块有多种形式，联结根数有 4、8、10、24 根多种。这种方法操作方便，起爆可靠，一次起爆雷管数不受限制。

2. 雷管与导爆管相结合的起爆方式

此种起爆网路的连接方法有单组串联和多组串联两种形式。连接时将导爆管均匀分布在雷管的周围，用细绳和胶布扎紧。导爆管的末端留出 300 mm，以避免因末端导爆管内壁脱落而拒爆。雷管的聚能穴朝向导爆管的尾端。采用多组串联时，各组传爆雷管之间距离要大于 0.5 m。

3. 导爆索和导爆管相结合的起爆方式

这种起爆网路的连接有串联、串并联两种。连接时，导爆管搭接于导爆索的长度为 150～200 mm，层次不超过两层(不大于 10 根)，并要在导爆索周围均匀分布，用细绳和胶布扎紧，搭接角度为 100°～120°。

第五节　爆破安全距离

各类爆破，必然会产生爆破地震、空气冲击波、碎石飞散及有毒气体，这些因素危及爆区及周围人员、设备、建筑物及井巷等的安全。因此，进行爆破时，必须考虑爆破危害范围，确定安全距离，设置警戒，采取安全措施。

爆破危害主要有地震效应危害、空气冲击波危害和个别飞石的危害，爆破安全距离按各种爆破效应分别计算，最后取最大值。

一、爆破地震安全距离

爆破地震，是指炸药爆炸的部分能量转化为弹性波，在岩土中传播引起的震动。即炸药在岩土体中爆炸后，在距爆源的一定范围内，岩土体中产生弹性振动波。目前，判定爆破地震对地面建筑物的影响，可用质点振动的位移、加速度和速度等指标。

爆破地震波，对爆区附近的地层、建筑物、构筑物，以及井巷和露天边坡产生破坏作用。爆破地震波强度的大小主要取决于使用炸药的性能、炸药量、爆源距离、岩石的性质、爆破方法以及地层地形条件。为了最大限度地减小地震波的危害，应采取如下有效措施。

(1)爆破前应调查了解爆破区域范围内建筑物、构筑物的结构，露天边坡稳定状况，井巷围岩稳定及支护等情况。

(2)根据爆区的周边环境，采用减震爆破方法，控制炸药量，如微差爆破、缓冲爆破、预裂爆破等爆破方法。

(3)爆破地震安全距离计算见式 5-6。

$$R=\frac{kv}{aQm} \qquad (式\ 5\text{-}6)$$

式中　R——爆破安全距离(m)；

Q——炸药量(kg)；

v——地震安全速度(cm/s)；

m——药量指数，取 1/3；

k、a——与爆破地点地形、地质等条件有关的系数和衰减指数，可按表 5-6 选取。

表 5-6　爆区不同岩性的 k、a 值

岩性	k	a
坚硬岩石	50～150	1.3～1.5
中硬岩石	150～250	1.5～1.8
软岩石	250～350	1.8～2.0

二、空气冲击波安全距离

(一)爆破空气冲击波特性

空气冲击波波阵面上的压力取决于离爆破地点的距离与药包半径的比值、炸药爆炸的比能和周围空气的压力。

为了保护爆区及周围居民区人员的安全，一般以超压作为依据，以允许超压来确定安全距离。不同超压对人体的危害情况如表 5-7 所示。

表 5-7　冲击波对人体的危害

等级	危害程度	超压 ΔP($\times10^5$ N/m^2)	危害情况
1	轻微	0.2～0.3	轻微的挫伤
2	中等	0.3～0.5	听觉器官损伤，中等骨折挫伤
3	严重	0.5～1.0	内脏严重挫伤，可能造成死亡
4	极严重	>1.0	大多数死亡

注：当 ΔP 为(0.3～0.4)$\times10^5$ N/m^2 时，气流速度达 60～80 m/s，夹杂的碎石加重了对人体的危害。各国常用动物试验结合爆炸事故中伤亡情况的分析来确定对人的允许超压。一般人员不致受伤的超压 $\Delta P<0.1\times10^5$ N/m^2。安全规程采用的允许超压，对作业者为 0.05×10^5 N/m^2，对居民为 0.02×10^5 N/m^2。

对建筑物，其易损部分为玻璃窗和顶棚抹灰。一般建筑物窗玻璃发生轻微破坏的超压为(0.01～0.005)$\times10^5$ N/m^2；砖木结构完全破坏的超压大于 2.0×10^5 N/m^2。安全规程规定建筑物的超压取 0.01×10^5 N/m^2。

空气冲击波沿地下井巷传播时，比沿地面半无穷空间的传播衰减要慢，故要求的安全距离也更大。

(二)空气冲击波安全距离

当抛掷爆破作用指数 $n\geqslant2$ 时，空气冲击波对邻近建筑物具有较大的破坏力，其安全距离按式 5-7 确定。

$$R_B=k_BQ_y \qquad (式 5\text{-}7)$$

式中　R_B——安全距离(m)；

Q_y——同期爆破的总药量(kg)；

k_B——安全系数，取决于抛掷爆破指数和保护建筑物的安全等级，如表 5-8 所示。

表 5-8 系数 k_B 的数值

破坏程度	安全级别	k_B 值	
		全埋入药包	裸露药包
完全无损	1	10～50	50～150
偶然破坏玻璃	2	5～10	10～50
玻璃全坏，门窗局部破坏	3	2～5	5～10
隔墙、门窗、顶棚破坏	4	1～2	2～5
砖、石、木结构破坏	5	0.5～1.0	1.5～2
全部破坏	6		1.5

注：防止空气冲击波危害人身时，k_B 有用 15，一般最小用 5～10。

露天裸露矿爆破时，一次爆破的炸药量不得大于 20 kg，并按式 5-8 确定空气冲击波对掩体内避炮人员的安全距离

$$R_k = 25Q \qquad \text{(式 5-8)}$$

式中 R_k——空气冲击波对掩体内人员的最小安全距离(m)；

Q——一次爆破的炸药量(kg)。

对于药包爆破作用指数 $n<3$ 的爆破作业，对人员和其他被保护对象的防护，应首先核定个别飞石和地震安全距离，当需要考虑空气冲击波的防护时，由设计来确定。

(三)爆破冲击波的防护

在露天和地下矿山开采爆破时，可采取限制一次起爆的炸药量、分散装药、使炮泥堵塞良好、采用毫秒微差爆破以及加强覆盖层等措施。对于爆源附近区域、重点保护对象，采取如下防护措施：

(1)井下爆破时，修筑人工阻波墙。已广泛应用的有岩石(矿石)、缓冲型(垛式)、木垛和混凝土阻波墙，防波排柱，活动(柔性)阻波墙和专用防爆阻波墙等办法防护。

(2)露天爆破时，可采用构筑防爆堤、阻波墙和防冲屏等措施。

三、爆破飞石及防护

爆破飞石产生的原因是：炸药爆炸能量消耗于介质的破碎后，还有多余的能量作用在碎石块上，使碎石块获得足够的动能，以一定速度抛出。其他原因：堵塞质量不好，从炮孔冲出；岩体不均质，从软弱处冲出；设计或施工不准确，药量过大等。

露天矿爆破，尤其是二次破碎大块的爆破，难免有石块飞散得很远，对爆区附近人员、牲畜造成伤害，并损坏设备、设施和建筑物等。飞石的安全距离与爆破参数、岩石性质、炸药性能与数量、填塞质量、地形条件和地质构造等有关。

根据上述因素，在爆破作业中必须充分考虑安全的前提下，确定飞石的安全距离见式 5-9。

$$R = 20Kn^2W \qquad \text{(式 5-9)}$$

式中 K——与岩石性质、地形有关的系数，取 1.0～1.5；

n——最大一个药包的爆破作用指数；

W——最大一个药包的最小抵抗线(m)。

第六节 爆破有毒气体的防治

一、爆破产生的有毒有害气体及其对人体的危害

爆破毒气是影响爆破安全的三大因素之一。炸药爆炸后产生的主要有毒有害气体有：CO_2、H_2S、CO、NO、NO_2 等，其中有毒气体主要有 CO、NO 和 NO_2 等，爆破毒气也叫炮烟。

CO(一氧化碳)为无色、无味、无臭气体。在标准状态下每公升重量为 1.75 g，为空气的 0.567 倍。人体需要从空气中把氧气吸入肺中并通过红血球的作用来维持生命。由于一氧化碳和红血球的结合能力比氧气强，所以当一氧化碳和红血球的结合达到饱和状态时就不可能再吸收氧气，这时人体组织细胞将严重缺氧而窒息和中毒。

炮烟中的氮氧化物主要为 NO、NO_2，对人体生理具有比 CO 更大的毒害，如表 5-9 所示。

表 5-9 炸药爆炸气体的危险浓度(mg/L)

有毒气体	吸入数小时后将引起轻微中毒	吸入 1 h 后将引起严重中毒	吸入 0.5～1 h 就会有致命危险	吸入数分钟就会死亡
一氧化碳	0.1～0.2	0.5～0.6	1.6～2.3	5
氮氧化物	0.07～0.2	0.2～0.4	0.2～1.0	0.5
硫化氢	0.01～0.2	0.25～1.4	0.5～1.0	1.2

二、爆破毒气产生的原因

(一)炸药为非零氧平衡

当炸药为负氧平衡时，由于氧量不足，CO_2 易被还原成 CO；为正氧平衡时，则多余的氧原子在高温高压环境中同氮原子结合易生成氮氧化物，尤其是硝铵类炸药表现得较为明显。炸药燃烧与炸药在炮孔中爆炸所产生的有毒气体也不一样。前者由于空气充分接触，多为正氧平衡，产生的有毒气体为氮氧化物；后者则一般为负氧平衡，多产生 CO 气体。一般来说，只有接近于零氧平衡，炸药产生的有毒气体量才较少。

(二)炸药的组成影响

有时即使炸药的配比接近零氧平衡，也产生较多的 CO。这是因为药包的可燃性外壳如纸、防潮物、可燃性塑料等，在爆炸时有一部分与爆炸产物作用而生成 CO。实际上起到改变炸药氧平衡的作用，故对此应予以研究。若参与量较大，则在确定混合炸药组分时，应将其计算进去。实验表明，外壳材料参与化学反应与炸药的氧平衡、爆炸产物的温度和爆炸条件等因素有关。

为避免由包装材料所导致的 CO 含量的增多，国外曾规定每 100 g 炸药限定包装纸重为 2 g以下，防潮层的重量小于 2.5 g。

此外，由于氢和金属的氧化反应比氢与碳的氧化反应快，在氧平衡相近的负氧平衡的炸药中，碳氢比和碳金属比的值越大，则生成的 CO 越多。

(三)爆炸反应的不完全性

由于炸药各组成成分的配比是按反应完全的情况确定的，而实际爆轰往往有部分反应不完全，爆炸产物偏离所预期结果，这样必将产生较多的有毒气体。这种情况在混合炸药中尤显突出。

一般来说，在其他条件相同时，炸药组分的颗粒愈小，在加工工艺上就愈易混合均匀，其爆

炸反应就愈趋于完全，从而有毒气体产出量也就愈少。在工业炸药中，加入一些具有高活性的组分即敏化剂，如硝化甘油、黑索金和梯恩梯等猛炸药，在爆炸时可使爆炸反应完全。另外在炸药中加入某些活化性物质，如碱金属硝酸盐（硝酸钾等），可显著降低硝铵类炸药爆炸产物中氮氧化物的含量。

（四）爆炸产物与周围介质的相互作用

某些矿石可与爆炸产物起化学作用，也可表现为二次反应的催化作用。例如，煤可以还原爆炸产物中的 CO_2 为 CO，氧化铁矿可作为 CO 氧化为 CO_2 的催化剂，含硫的矿石可生成硫的氧化物如硫化氢等。

此外，爆破作业的方式、装药密度、装药直径、炮眼堵塞等，对有毒气体的形成都具有一定程度的影响。所以，在爆破工程中，为了防止爆破有毒气体的大量产生，应该从炸药的配比、氧平衡的选择、加工过程和爆破方式等方面加以计算和考虑。

三、爆破有毒气体对人员的安全距离

(1)露天爆破时，有毒气体对人员的安全距离可按式 5-10 计算。

$$R_k = K_E \sqrt[3]{Q} \qquad (式 5\text{-}10)$$

式中 R_k——爆破毒气的安全距离(m)；

K_E——系数，取平均值为 160；

Q——爆破装药总量(t)。

在爆区下风向，爆破毒气对人员的安全距离的计算值增加一倍。

(2)地下爆破时，爆破毒气对人员的安全距离按式 5-11 计算。

$$R_a = 0.833 k_t QbC - \sum VS \qquad (式 5\text{-}11)$$

式中 k_t——通风系数，主扇工作时取 0.84，不工作时取 1.0；

Q——炸药量(kg)；

C——与崩落区接触面数有关的系数，如表 5-10 所示；

b——每千克炸药产生的毒气总量（折合为 CO），一般为 0.9 m^3/kg；

$\sum V$——炮烟通过爆区附近巷道的总容积(m^3)；

S——主巷道断面积(m^2)。

表 5-10 爆区与崩落区接触面数有关的系数 C

接触面数	0	1	2	3	4	5
C	1.2	1.0	0.95	0.90	0.85	0.80

四、爆破有毒气体的预防控制

（一）正确选择炸药的配料

为了减少或避免炸药的有毒气体，生产炸药时应进行多方试验，合理选择炸药的配料。当本矿无能力生产炸药，在外方购买炸药时，应按炸药生产厂方技术说明书上的各类数据进行认真检验，看是否符合要求。

(二)正确选用炸药

爆破作业时,应根据本矿山的地质条件、矿岩的性能、结构等合理选用炸药。

(三)加强通风和洒水

加强通风能驱散比重较小的CO;洒水,既可把溶解度高的氮氧化物转化为亚硝酸,又有助于把难溶的氧化氮从碎石或岩石缝里驱逐出来随风流出工作面。

(四)提高炸药的能量利用率

如最佳的爆破方案和一次爆破的最大允许药量,采用最佳的起爆能,保证炸药能稳定爆轰、反应完全以及广泛采用挤压爆破或压渣爆破技术。

第七节 爆破器材的运输、贮存与销毁

为了确保安全,矿山企业必须修建专用爆破器材库,妥善保管爆破材料,防止炸药和起爆器材变质、自爆或被盗窃造成重大事故。

爆破器材库是由专门存放爆破器材的主要建筑物和爆破器材的发放、管理、防护和办公等辅助设施组成。爆破器材库按其作用及性质分总库、分库和发放站;按其服务年限分为永久性库和临时性库;按其所处位置分为地面库、永久性硐式库和井下爆破器材库等。

一、爆破器材的贮存

(一)爆破器材库

爆破器材库应选设在山坡和低洼隐蔽地带,但不受洪水的侵袭和飞石的威胁,它与居民区、车站、铁路、码头的安全距离,库区的质量、环境等具体要求如下。

1. 库区建设要求

(1)爆破器材库的地点、结构和设置必须经所在地县(市)公安部门批准后,方可施工建筑。

(2)爆破器材库房及环境要求。建筑永久性专用爆破器材库,必须使用不燃材料,并有良好的通风和防潮设施。库房内墙壁要粉刷,地面必须铺设木板或沥青,雷管库房地面必须铺垫胶皮。窗户应设有铁栏杆和窗板,窗门为三层,窗户的采光面积与地板面积之比为1∶25或1∶30。爆破器材库为平房。

(3)爆破器材库房外必须修筑土堤,土堤应高出库房1 m以上,土堤的顶部宽度为1 m,底部宽度应根据土堤所用材料的稳定坡面确定。库房的土堤与建筑物墙的距离为2～3 m,并设有水沟。

(4)库房内外必须具备可靠的消防设备、设施(如灭火器、蓄水池、沙袋等)。库房周围40 m内的干树枝、树叶、杂草等可燃物,应清除干净。

2. 库区布局必须遵守的规定

(1)在库区周围应设密实(或双层铁刺网)围墙,围墙到最近库房墙脚的距离不得小于25 m,围墙高度不得低于2 m。

(2)库区值班室应布置在围墙外侧距围墙不小于50 m的地点,岗楼布置在围墙周围。

(3)空箱棚(室)应布置在围墙外侧距围墙25 m以外。

(4)库区办公室、生活设施等服务性建筑物应布置在安全的地方。

3. 井下爆破器材库的布置必须遵守的规定

(1)井下爆破器材库不得设在含水层和岩体破碎带内。

(2)库房距井筒、井底车场和主要巷道的距离:硐室式库房不小于 100 m,壁槽式库房不小于 60 m。

(3)库房距经常行人巷道的距离:硐室式库房不小于 25 m,壁槽式库房不小于 20 m。

(4)库房距地面或上下巷道的距离:硐室式库房不小于 30 m,壁槽式库房不小于 15 m。

(5)库房的连通巷道必须拐三个直角弯,连通巷道在拐弯处延长 2 m,断面不小于 4 m^2。

(6)井下爆破器材库应有两个安全出口。

(7)井下爆破器材库必须有单独的通风风流,回风风流应直接进入矿井的回风巷道内,并保证每小时有 4 倍于爆破器材库总容积的风量。

(8)井下爆破器材库和距库房 15 m 以内的连通巷道都必须用不燃材料支护。库内必须备有足够数量的消防器材和高压水管,出入口处必须设置向外开放的防火铁门。

(9)有矿尘爆炸危险的矿井爆破器材库的附近,必须设置岩粉棚,并定期交换岩粉。

(二)爆破器材库贮量规定

(1)爆破器材库分为矿区总库和地面分库。总库对分库或井下库(站)发放供应。禁止总库直接将爆破器材发放给爆破员个人。

(2)总库的总贮量:炸药不得超过本矿半年生产用量,起爆器材不得超过一年生产用量。

(3)地面分库的总贮量:炸药不得超过 3 个月用量,起爆器材不得超过半年生产用量。

(4)硐室库的最大贮存量不得超过 100 t。

(5)井下爆破器材库(站)贮量:炸药不得超过 3 昼夜生产用量,起爆器材不得超过 10 昼夜生产用量。

(三)爆破器材库贮存爆破器材的规定

1. 爆破器材是否允许共存的规定

(1)雷管与导火索可以共存。

(2)黑火药与导火索可以共存。

(3)导火索、导爆索和硝酸铵类炸药可以共存。

(4)硝化甘油类炸药、硝酸铵类炸药、黑火药和雷管,任何两种都不准贮放在一个库内。

(5)雷管、黑火药、导爆索和硝化甘油类炸药,任何两种都不准存放在一个库内。

(6)硝化甘油类炸药和导火索不准存放在同一个库内。

在表 5-11 中允许一个库内同存的爆破器材库房内不准存放任何氧化剂、可燃物、酸、碱、盐、溶剂以及能产生火星的金属物。

2. 库房内堆放爆破器材的规定

(1)雷管应放在木架上,每格只准放一层,最上层距地面高度不得超过 1.5 m;若放在地面上时,地面应敷设软垫或木板,堆放高度不准超过 1 m,以防坠落引起爆炸。

(2)炸药箱堆放高度不得超过 1.8 m,宽度以 4 箱为限。袋装高度不得超过两袋,箱下应垫方木或木板,箱堆间距应大于 0.3 m,与墙距离应大于 0.5 m(井下炸药库为 0.2 m,人行通道不得小于 1.3 m)。

(3)不同牌号、不同规格、不同出厂日期的爆破器材,应分别存放。

(4)库房内应保持清洁、干燥和通风良好,并保持适当温度。

3. 库区的相关规定

(1)爆破器材库必须昼夜设警卫,加强巡逻,禁止无关人员入内。

(2)爆破器材库内的工作人员必须认真履行本岗位的职责，严格执行各项规章制度，上班不准穿铁钉鞋和化纤服进入库内。发放爆破器材时，必须严格执行爆破器材的发放规定，领退账目记录清楚，不得有误。

表 5-11 爆破器材的允许共存范围

爆破材料名称	黑索金	梯恩梯	硝铵类炸药	胶质炸药	水胶炸药	浆状炸药	乳化炸药	苦味酸	黑火药	二硝基重氮酚	导爆索	电雷管	火雷管	导火索	非电导爆系统
黑索金	○	○	○	—	○	○	—	—	—	—	○	—	—	○	—
梯恩梯	○	○	○	—	○	○	—	—	—	—	○	—	—	○	—
硝铵类炸药	○	○	○	—	○	○	—	—	—	—	○	—	—	○	—
胶质炸药	—	—	—	○	—	—	—	—	—	—	—	—	—	—	—
水胶炸药	○	○	○	—	○	○	—	—	—	—	○	—	—	○	—
浆状炸药	○	○	○	—	○	○	—	—	—	—	○	—	—	○	—
乳化炸药	—	—	—	—	—	—	○	—	—	—	—	—	—	—	—
苦味酸	○	○	—	—	—	—	—	○	—	—	○	—	—	○	—
黑火药	—	—	—	—	—	—	—	—	○	—	—	—	—	○	—
二硝基重氮酚	—	—	—	—	—	—	—	—	—	○	—	—	—	—	—
导爆索	○	○	—	○	○	—	—	—	—	—	○	—	—	○	—
电雷管	—	—	—	—	—	—	—	—	—	—	—	○	○	—	—
火雷管	—	—	—	—	—	—	—	—	—	—	—	○	○	—	○
导火索	—	—	—	—	—	—	—	—	—	—	○	—	—	○	—
非电导爆系统	—	—	—	—	—	—	—	—	—	—	—	—	○	—	○

注：1."○"表示二者可同库存放；"—"表示二者不准同库存放。

2. 库内有两种以上爆破器材时，其中任何两种危险品应能满足同库存放要求。

3. 硝铵类炸药包括硝铵炸药、铵油炸药、铵松蜡炸药、铵沥蜡炸药、多孔粒状铵油炸药、铵梯黑炸药。

4. 非库区人员进入库区的规定

(1)矿山企业必须对非库区人员进入库区办理通行证。

(2)库区警卫人员必须认真负责，在值班时，对非库区人员因工作需要进入库区，必须凭通行证，方准入内。与此同时应将入内人员身上带的火种(如火柴、打火机等)留下，待出库区后再返还。

(3)汽车进入库区运送爆破器材时，当车进入库区后，应及时停机，爆破器材装好后，迅速启动车辆驶离库区，以免汽车排气管排出火星引发事故。

(四)爆破材料的保管

《爆破安全规程》规定：

(1)爆破器材储存库应设专职人员看管。

(2)库内必须保持清洁，不得堆放易燃易爆杂物。必须保持干燥和通风良好，杜绝鼠害。

(3)库区内严禁烟火、吸烟和明火照明。严禁用灯泡烘烤爆破器材。

(4)库区内必须昼夜设警卫，加强巡逻，严禁无关人员进入库区。

(5)库区内的消防设施、通讯设备、报警装置和防雷装置应每季度检查一次。

(6)爆破器材的存放必须遵守下列规定：

①每个库房的储存量不得超过其设计容量；

②装硝化甘油类炸药、各种雷管和继爆管的箱(袋)必须放在货架上，并禁止叠放；盛装其

他爆破器材的箱(袋)应堆放在垫木上;架、堆相互之间的通道宽度不小于 1.3 m;

③货架(堆)与墙壁的距离不小于 20 cm;

④堆放导火索、导爆索和硝铵类炸药等的货架(堆)高度不超过 1.6 cm;

⑤爆破器材箱(袋)距上层架板的间距不小于 4 cm,架宽不超过两箱(袋)的宽度。

(7)爆破器材的收发必须遵守下列规定:

①保管爆破器材的人员必须认真负责,严格执行安全规程与制度;

②爆破器材的收发、领用要有严格的制度和领退手续,做到账物相符;

③对新购进的爆破器材应逐箱(袋)检查包装情况,并按规定作性能检查;

④变质和性能不详的爆破器材不得发放使用;

⑤爆破器材应按其出厂时间和有效期的先后顺序发放使用。

(8)严禁穿铁钉鞋和易产生静电的化纤服进入库房和发放间。

(9)开箱应用不产生火花的工具,并在专设的发放间内进行。

(10)井下爆破材料临时库房、临时存放点,应设专人管理,只准存放当班作业所需的爆破器材,且存放的炸药不超过 500 kg,雷管不超过一箱,雷管等起爆体不得和炸药存放在一起。

(11)发现爆破器材丢失、被盗,必须及时向主管部门和当地公安机关报告。

二、爆破器材的运输

(一)运输爆破器材的一般规定

(1)运输爆破器材必须有押运员。在矿外运输爆破器材必须有武装警卫人员护送,除本车工作人员外,其他人员不准搭乘此车。

(2)运输爆破器材的车辆,出车前必须认真检查各部件是否完好,并清除车内一切杂物,如车内有酸、碱、油脂、石灰等应清除干净。车辆在行驶中,必须设醒目的“危险”标志。禁止用翻斗车、自卸车、拖车、拖拉机、人力三轮车、自行车和摩托车等运输爆破器材。

(3)在矿外运输爆破器材的行驶路线,必须经公安部门审批,除特殊情况外,不得随意改变路线。如必须在夜间运输,应有足够的照明。装爆破器材的车辆在行驶途中,不准在人多处、交叉路口、桥梁、居民区等地点停留。

(4)装卸爆破器材必须有专人指挥,并有警卫人员在场监督,装卸时严禁摩擦、撞击、抛掷、拖拽和翻转炸药箱。严禁雷管与炸药在同一地点同时装卸。装载爆破器材的重量不准超过该车额定载重量的 2/3,装卸爆破器材时严禁吸烟和携带火种。

(5)装载爆破器材的装载高度不准超过车厢边缘,雷管和硝化甘油类炸药的高度不准超过两层,分层装爆破器材时,不准站在下层箱(袋)上去装上层。

(6)用吊车装卸爆破器材时,一次起吊的重量不准超过该车额定起吊重量的 50%。

(7)如遇雷雨或暴风时,禁止装卸爆破器材。

(8)胶质炸药与其他炸药,雷管与炸药、导火索不准同车运输。爆破器材与其他易燃易爆物品不准同车运输。

(9)运输硝化甘油类炸药或雷管等敏感度高的爆破器材时,车厢底部必须铺设软垫。

(10)在气温低于 10 ℃时运输易冻的硝化甘油类炸药或气温低于零下 15 ℃时运输难冻硝化甘油类炸药,必须采取保温或防冻措施。

(11)装卸爆破器材的地点应设明显的信号标志,白天悬挂红旗和警标,夜晚应有足够的照明,并悬挂红灯。

(二)矿区铁路运输爆破器材的规定

(1)矿区运输爆破器材的列车前后应设有明显的“危险”标志。装有爆破器材的车厢禁止溜放。

(2)装有爆破器材的车厢停车线路应与其他线路隔开;通往其他线路的转车器应锁住,车辆必须牢固,并在前后 50 m 处设“危险”标志。

(3)装有爆破器材的车厢与机车之间,炸药车厢与雷管车厢应与未装爆破器材的车厢之间隔开,以防止因机车的火星、电弧引发意外事故。

(4)机车运输爆破器材,应采取可靠的绝缘措施。

(5)运输爆破器材的机车,在矿区行驶速度不得超过 30 km/h,坑内不得超过 15 km/h。

(三)道路运输爆破器材的规定

(1)运输爆破器材汽车的车厢必须是木料制造的平板厢。出车前驾驶员应认真检查各部分机件状况,并经车队主管领导确认后注明“此车合格,准运爆破器材”。

(2)必须选派熟悉爆破器材性能、驾驶技术良好、富有经验的驾驶员运输爆破器材。汽车在公路上的行驶速度,在能见度良好、道路宽阔时,不准超过 40 km/h;遇有扬尘、起雾、暴风雪等能见度低的情况时,速度减半;在平坦的道路上行驶时,两车之间的安全距离不得小于 50 m;上下坡时不得小于 300 m;遇雷雨时,车辆应停靠在远离建筑物或居民区的地点。

(3)在冰雪道路上行驶时,必须采取防滑措施。

(四)水上运输爆破器材的规定

(1)遇大雾或大风浪时必须停航。停泊地点距岸上建筑物不小于 250 m。

(2)船头和船尾必须设有明显标志,夜间和雾天设红色安全灯。船上必须备有足够的消防器材。

(3)禁止用筏类船运输爆破器材。

(4)运输爆破器材的机动船必须符合下列条件:

①装爆破器材的船舱不准有电源;底板和舱壁应无缝隙,舱口必须关严。

②与机舱相邻的船舱隔墙,应采取隔热措施。

③对蒸汽管进行可靠的隔热。

(五)竖井、斜井运输爆破器材的规定

(1)在竖井、斜井用罐笼运输爆破器材至爆破地点时,应事先通知卷扬司机和信号工,使他们提前做好准备工作。

(2)罐笼运输爆破器材时,其升降速度不得超过 2 m/s;用吊罐或斜坡道卷扬运输爆破器材时,其速度不得超过 1 m/s;运输雷管时,应采取绝缘措施;运输爆破器材的设备,除操作人员、爆破人员之外,其他任何人不得同罐乘坐。

(3)用罐笼运输硝铵类炸药,装载高度不准超过罐笼的边缘;运输硝化甘油类炸药或雷管不超过两层,其层间须铺软垫;爆破器材运到井口后,应及时运到爆破地点,禁止在井口房或井底车场停留。

(4)禁止在上、下班或人员集中的时间运输爆破器材。

(六)人工搬运爆破器材的规定

(1)人工搬运爆破器材,必须将雷管和炸药分装在两个背包(或一个木箱分两格)内,严禁把雷管装进衣袋里。领到爆破器材后，应及时送到爆破地点，禁止乱丢乱放。

(2)禁止提前班次领爆破器材或携带爆破器材在人群聚集的地点停留。

(3)在夜间或井下搬运爆破器材时，必须随身携带完好的矿用蓄电池防爆灯。

(4)一人一次运送爆破器材数量，不得超过下列规定：

①同时搬运炸药和起爆器材：10 kg/人次；

②拆箱(袋)搬运炸药：20 kg；

③背运原包炸药：一箱(袋)；

④挑运原包炸药：两箱(袋)。

(七)地面运输爆破材料的安全规定

《煤矿安全规程》规定：在地面运输爆破材料时，除必须遵守《中华人民共和国民用爆炸物品管理条例》的有关各项规定外，还应遵守下列规定。

(1)运输爆破材料的车辆，出车前必须经过检查，车厢不得用栏杆加高，并必须插有标着“危险”字样的黄旗。夜间运输时，车辆前后应有标志危险的信号灯；长途运输爆破材料时，必须用封闭式后开门专用棚车。

(2)爆破材料应用帆布覆盖、捆紧，装有爆破材料的车辆，严禁在车库内逗留。

(3)严禁用煤气车、拖拉机、自翻车、三轮车、自行车和拖车运输爆破材料。

(4)用车辆运输雷管、硝化甘油类炸药时，装车高度必须低于车厢 100 mm。用车辆运输雷管时，雷管箱不得侧放或立放，层间必须垫软垫。运输硝酸铵类炸药、含水炸药、导火索、导爆索时，装车高度不得超过车厢高度。

(5)运输爆破材料的马车必须有手闸。装载雷管、硝化甘油类炸药时，爆破材料箱不得超过两层，底部必须垫软垫。运输雷管时，层间也必须垫软垫。爆破材料不得突出车外。

(6)蒸汽机车进入爆破材料库区时，机车与最近库房的距离不得小于 50 m，并必须关闭燃烧室和炉灰箱，停止鼓风。机车烟筒必须有挡火星装置。

三、爆破器材的检验与销毁

(一)爆破器材的检验

(1)对新入库的爆破器材必须进行抽样检验，对超过贮存期、出厂日期不明和质量可疑的爆破器材，必须进行严格的检验以确定其能否使用。

(2)爆破器材的检验应由爆破技术人员、库房保管员和试验员联合组织进行。

(3)爆破器材的爆炸性能检验，应选择在安全的地点进行。

(二)爆破器材的销毁

爆破器材经检验确认为不合格、不能使用时，必须销毁。销毁具体规定如下。

(1)销毁爆破器材前必须填写详细的书面报告。报告中应说明被销毁爆破器材的名称、数量、销毁原因、销毁方法、销毁地点和时间，报告上级有关主管部门，待批准下达后，方可进行销毁。销毁爆破器材时应遵照上级规定执行。

(2)对销毁爆破器材场地和安全设施的要求如下。

①必须在专用的空场内进行销毁爆破器材工作：

a.场地应选在有天然屏障的隐蔽地方；

b.若在不具备天然屏障的隐蔽地方，需考虑销毁时的爆炸冲击波对周围民用建筑、企业、单位、铁路、高压线等实施的最小安全距离。

②销毁场地应建立销毁人员掩蔽所、爆破材料临时存放废品库和起爆材料准备室。具体规定如下：

a. 互相之间的距离，必须符合最小允许内部安全距离的规定；

b. 它们分别到销毁场地的距离需符合安全规定；

c. 由最小允许距离公式计算具体数值，其最低值不得小于 50 m。

③应在销毁场地周围设铁丝网或围墙。

(3)销毁爆破器材的方法。

①爆炸法

a. 在大风、下雨、下雪和夜间不良气候条件下，不准采用爆炸法销毁。爆炸法销毁爆破器材时，必须使用雷管起爆。

b. 销毁雷管必须采用爆炸法，销毁时应将雷管包装完好，放在土坑里，用 2～4 个药卷引爆，一次销毁雷管数量不得超过 1 000 发。采用爆炸法销毁爆破器材的重量不得超过 20 kg。

c. 爆破后如发现未销毁完的炸药，应收集起来，进行二次销毁。

d. 安全距离与销毁数量有关，按照规程的规定选择销毁场地和确定安全距离。

②焚烧法

燃烧不会引起爆炸的爆破器材，可采用焚烧法销毁，采用焚烧法应注意如下事项：

a. 销毁前必须认真检查被销毁爆破器材中是否有雷管，而后将焚烧的爆破器材放在燃料堆上，每个燃料堆焚烧的爆破器材不得超过 10 kg，药卷在燃料堆上应排列成行、互不接触。

b. 待焚烧的有烟或无烟火药，应散放成长条状。其厚度不得大于 10 cm，条间距离不得小于 5 m，各条宽度不得大于 30 cm，同时点燃的条数不得多于 3 条。焚烧火药，应严防静电、电击引起火药燃烧。

c. 禁止将爆破器材装在容器内焚烧。

d. 点火前，应从下风向敷设导火索和引燃物，必须在一切准备工作完毕和全部人员进入安全地点后，方准点火。

e. 燃烧堆应具有足够的燃料，在焚烧过程中禁止添加燃料。

f. 焚烧完毕，经检查确认完全冷却后，方准进行下一批爆破器材的焚烧。

g. 焚烧法的安全距离，应按烧毁的炸药量计算确定。

h. 烧毁胶质炸药时，一次最多不得超过 5 kg。

i. 爆破器材全部烧毁完毕后，应认真清理场地，打扫干净，待场地完全冷却后，方准离开现场。

③溶解法

不抗水的硝铵类炸药和黑火药可采用溶解法销毁。允许在容器中溶解销毁爆破器材。不溶解的残渣应收集在一起，分别用焚烧法或爆炸法销毁。

(三)销毁爆破材料必须遵守的规定和采取的安全措施

销毁爆破材料时，除了必须遵守《中华人民共和国民用爆破物品管理条例》的各项有关规定外，还必须遵守以下的规定。

(1)经过检验，确认失效的不符合技术条件要求或不符合国家标准的爆破器材，都应该进行销毁。

(2)严禁将应销毁的爆破器材用于采掘生产、开山取石、炸鱼或狩猎等活动，并严禁出售或

转让。、

(3)矿务局必须建立爆破器材销毁场,场地应布置在有自然屏障的安全地段,并报当地公安机关批准,也可将爆破器材的销毁工作交爆破器材制造厂执行。

(4)销毁场地不得设置待销毁的爆破器材贮存库。销毁场应设置人身掩护体,或设置销毁时使用的点火件或起爆件的掩体。入口应背向销毁作业场地,掩体距作业场地边缘距离不得小于 50 m,掩体之间距离不得小于 30 m。

(5)销毁场应设置围墙,其材料可根据当地情况选定。围墙距作业场地边缘不应小于 50 m。

(6)要销毁的爆破器材,必须由爆破器材仓库登记造册,并编制书面报告,报矿长批准。经过批准的报告,必须抄送矿安全监察部门所在地公安机关或经公安机关审查此项工作的部门同意,销毁工作的安全技术措施应报矿总工程师批准。

(7)销毁爆破材料必须在常用的销毁场地进行,销毁场地及其附近地面,不得有石块和含有块状物的土壤。销毁前,应先清理场地的易燃物,如杂草等。

(8)采用炸毁法、烧毁法、化学分解法、溶解法之中的何种方法销毁,应根据销毁炸药性质而定。

(9)采用炸毁法时,一次最大销毁量不得超过 2 kg。采用烧毁法销毁时,一次最大销毁量不得超过 200 kg。

(10)采用炸毁法或销毁法时,销毁场边缘距周围建筑物的距离,不得小于 200 m,距公路、铁路等不得小于 150 m。

(11)销毁电雷管时,必须将脚线剪下,雷管放入包装盒内埋入土中,不得销毁无任何包装的电雷管。

(12)销毁爆破材料时,必须会同公安、安全监察部门的工作人员共同进行。销毁时应按规定距离做好警戒,除销毁人员外其他无关人员一律不得进入工作区。销毁人员和警戒人员取得联系后方准点火引爆。

(四)对失效的爆破器材的处理规定

(1)凡被列入报废范围的爆炸物品,必须由主管部门和保管人员按照报废登记表册进行登记造册,阐明理由和原因,经有关部门联合鉴定,确认后方准予销毁。

(2)报废的炸药和雷管在销毁前,主管部门必须按照申请报废销毁单填写申请报告,申明报废销毁的品种、数量、原因、时间、地点、方法、操作人、负责人和安全措施。

(3)报经有关部门审查核实,主管负责人签字同意,并与当地政府的公安机关联系后方可进行(如该单位不能处理,可报告上级公安部门,经与火工厂联系后办理移交手续由火工厂销毁),每次销毁炸药数量不得超过 50 kg,雷管不得超过 500 发,销毁爆炸物品的操作者,必须是经过培训的持有合格证的人员,有关部门指派现场监护人、警戒人、负责人在场,并且所有参加人员逐一登记备查。

第八节 爆破作业安全管理

矿山爆破作业有露天爆破和地下爆破。露天爆破包括硐室大爆破、台阶(中孔)爆破、浅孔爆破、二次爆破及复土爆破。地下爆破有井巷掘进爆破和采矿中的浅孔和深孔爆破。按爆破作业的程序可分为施工准备、炮位验收、起爆体加工、装药、填塞、起爆、检查等环节。爆破性质不同,规模不同,各个环节的内容均有差异。但无论哪种形式的爆破,爆破作业人员都会接触易燃易爆物品，因此，必须认真做好每个环节的工作，才能保证爆破作业的安全。

一、爆破作业前的准备

(1)准备好装药的工具及器具。

(2)了解天气情况。

(3)做好爆破前相关方面的联系工作。

(4)做好警戒工作。

(5)炮孔的验收：

①炮孔是否达到设计要求，有无偏斜。

②有无堵孔、卡孔现象，硐室有无坍塌、冒顶、片帮的危险。

③炮孔内是否有水。

经检查后，如发现炮孔内存在问题，必须处理完毕后，方可装药起爆。

二、爆破作业安全要求

爆破作业是矿山生产的一道重要工序，涉及面广，危险因素极多，因此，要确保爆破作业安全，必须做好如下工作。

(一)爆破作业安全管理的一般规定

(1)露天、地下爆破，必须按审批的爆破设计书或爆破说明书进行。

(2)爆破作业地点有下列情形之一时，禁止进行爆破作业：

①有冒顶或边坡滑落危险；

②支护与说明书的规定有较大出入或工作面支护损坏；

③通道不安全或通道阻塞；

④爆破参数或施工质量不符合设计要求；

⑤距工作面 20 m 内风流中瓦斯含量达到或超过 1%，或有瓦斯突出征兆；

⑥工作面有涌水危险或炮眼温度异常；

⑦危及设备或建筑物安全，无有效防护措施；

⑧危险区边界上未设警戒；

⑨光线不足或无照明；

⑩未严格按《爆破安全规程》要求做好准备工作。

(3)禁止进行爆破器材加工和爆破作业的人员穿化纤衣服。

(4)装药工作必须遵守下列规定：

①装药前对硐室、药壶和炮孔进行清理和验收；

②大爆破装药量应根据实测资料校核修正，经爆破工作领导人批准；

③使用木质炮棍装药；

④装起爆药包、起爆药柱和硝化甘油炸药时，严禁投掷或冲击；

⑤深孔装药出现堵塞时，在未装入雷管、起爆药柱等敏感爆破器材前，应采取铜或木质长杆处理；

⑥禁止烟火；

⑦禁止用明火照明；

⑧禁止使用冻结的或解冻不完全的硝化甘油炸药。

(5)填塞工作必须遵守下列规定：

①装药后必须保证填塞质量，硐室、深孔或浅眼爆破禁止使用无填塞爆破（扩壶爆破除外）；

②禁止使用石块和易燃材料填塞炮孔；

③填塞要十分小心，不得破坏起爆线路；

④禁止捣固直接接触药包的填塞材料或用填塞材料冲击起爆药包；

⑤禁止在深孔装入起爆药包后直接用木楔填塞。

(6)禁止拔出或硬拉起爆药包或药柱中的导火线、导爆索、导爆管或电雷管脚线。

(7)炮响完后，露天爆破不少于 5 min（不包括硐室爆破），地下爆破不少于 15 min（经过通风吹散炮烟后），才准爆破工作人员进入爆破作业地点。

(8)地下爆破作业点的有毒气体的浓度不得超过表 5-12 的标准。

表 5-12　地下爆破作业有毒气体允许浓度

名称	符号	最大允许浓度	
		按体积(%)	按质量(mg/m^3)
一氧化碳	CO	0.002 40	30
氮氧化物(换算成 NO_2)	NO_2	0.000 25	5
二氧化硫	SO_2	0.000 50	15
硫化氢	H_2S	0.000 50	15
氨	NH_3	0.004 00	30

(9)爆破工作面的有毒气体含量应每月测定一次，爆破药量增加或更换炸药品种，应在爆破前后进行有毒气体测定。

(10)地下各爆破作业点的通风要求与安全措施，应由单位的总工程师批准。

(11)起爆药包加工及起爆技术要求如下：

①加工起爆药包必须在安全地点进行。

②起爆体装入药室后，遇到雷雨时应停止作业，将雷管引出线绝缘，所有人员必须撤离到安全地点，以防引起早爆事故造成严重伤亡。

③敷设起爆网路必须在堵塞完毕、所有人员撤离爆区后，由总指挥下令，网路小组进入爆区进行。工作必须认真细致，按起爆体编号、导线编号，由爆破地点向电源方向逐次连接，不允许紊乱不清。连线时线头要擦光，拧紧，以免接触电阻过大。不要用力拉线，尤其是铝线，以防阻值变化，线路不平衡。跨越水洼地、铁轨、风水管路时，导线必须架空，接头不准直接触地，要用小木块垫起来，以防接地点形成回路，造成拒爆或部分未爆。

④导爆线敷设时要防止转锐角弯，不准折导爆线，不准在导爆线路上增加雷管，短于50 m的导爆线，中间最好无接头。导爆线连接之前应经过试验，确认无误后，方可连接。

⑤线路敷设完毕，应用仪表对网路进行电阻复测，校对施工或计算有无误差。各支路电阻或总电阻与设计值误差不得大于 10%。

(12)爆破后的检查要求如下：

①井下必须在最后一炮响后 15 min 才允许进入工作面检查，露天矿爆破在最后一炮响后 5 min 进入爆区检查。检查的重点内容是有无拒爆或未全爆的现象。

②露天大爆破之后，首先应将母线电源切断，最少 30 min 后，才允许由指定人员携带仪器

到爆区检查。如果在山谷通风不良的地点进行大爆破，须待有毒气体消散后才能进入爆区检查。经检查发现有危石，应先设警戒，经处理完毕，才能撤除警戒。

（二）爆破作业的安全管理要求

(1)矿山企业各级领导要把爆破作业列入安全生产的重要议事日程，加强监管，并有专人负责。

(2)建立健全爆破作业的各项安全管理制度，并严格执行。

(3)认真组织爆破员的培训，提高他们的综合素质。

(4)加强爆破材料的管理，严格执行发放制度。

(5)必须设立音响信号。音响信号一般为三响。一响为预告信号，二响为正式起爆信号，三响为爆破完毕信号。各次信号之间的时间间隔：一响至二响为 15～20 min，二响至三响为5～10 min。

(6)做好警戒工作，警戒的距离与范围应根据爆破的规模和采用的方法确定，但必须留有充分的安全系数。

（三）露天矿爆破作业安全技术要求

(1)爆破作业使用的起爆器材，必须符合国家标准或部颁标准。

(2)禁止在雾天、雨天、黄昏或夜间进行爆破作业。

(3)在同一区域有两个以上的单位进行露天爆破作业时，必须协调统一指挥。同一区段的二次爆破应采用一次点火或远距离起爆。

(4)露天裸露爆破，必须保证先爆的药包不破坏其他药包，如不能达到此要求，应齐发起爆，禁止用石块覆盖药包。

裸露爆破，一般情况下不宜将炸药插入石缝中或将炸药放在石块的表面用泥土糊住进行爆破，特殊情况例外，但必须采取可靠的安全措施。

(5)露天浅孔爆破安全要求如下：

①浅孔爆破，采用导火索起爆或分段电雷管起爆时，炮孔间距应保证其中一个孔爆破时不致破坏相邻的炮孔，装填的炮孔应一次爆破。

②用导火索点火起爆，必须 2 人以上进行爆破作业。

③在无盲炮的情况下，从最后一响算起，5 min 后方准进入爆破地点检查；若不能确认有无盲炮，应在 15 min 后才能进入爆区检查。

(6)深孔爆破安全要求：

①深孔爆破作业时，必须由专业爆破技术人员现场进行技术指导和监督，并由车间或工段领导组织实施爆破作业。

②装药前应将孔口周围(半径 0.5 m 内)的碎石、杂物清除干净。

③采用电力、导爆索或导爆管起爆法爆破。

④填塞时，不应将雷管脚线、导爆索或导爆管拉得过紧。

⑤在特殊条件下(如冷、冻土层或流沙等)，经单位总工程师批准后，方准边打孔边装药，且只准采用导爆索起爆。

⑥禁止用炮棍撞击堵塞在深孔中的起爆药包。

(7)硐室爆破安全要求如下：

①硐室大爆破，必须有经主管矿长或总工程师审批的爆破设计图纸、施工组织计划和爆破

安全措施要求。

②爆破器材，必须用仪器进行复查检验，并进行爆破网路的预爆模拟试验。

③平硐、小井和药室掘进完毕，应进行测量验收。平硐的断面高不得小于1.5 m，宽不得小于0.8 m，小井的横断面积不得小于1 m^2。施工中，必须经常检查巷道、硐室的顶帮围岩情况及支护的稳固状况。

④硐室装药作业应由爆破员带领经专业培训合格有操作证的人员进行，装起爆药的作业，只准爆破员进行操作。

⑤硐室装药，必须使用36 V以下的低电压电源照明，照明线路必须绝缘良好，照明灯应设保护网，灯泡与炸药堆之间的水平距离不得小于2 m，装药人员离开硐室时，应将照明电源切断。

⑥硐室内有水时，应进行排水或对炸药采取防水措施。

⑦硐室装药时间超过一昼夜，并且使用硝铵类炸药做起爆药包时，应事先对雷管的金属壳或纸壳采取防潮措施。

⑧爆破工作负责人必须核实硐室装药量，并检查硐室内炸药和起爆药包安放的位置是否正确。

⑨在保证填塞质量的同时，必须保证爆破网路不受损坏。

⑩硐室爆破小井掘进1～5 m范围内，人员撤离的安全距离，由设计而定。

平硐、小井掘进，必须经常检查通风情况，严防炮烟中毒；小井深度超过7 m，平硐长度超过20 m时，应采取机械通风。

小井装药，禁止向井下投掷炸药包。硐室大爆破，必须采用复式起爆网路。装药连线时，禁止未经爆破负责人批准的一切人员进入爆破现场。爆破后24 h内，应多次认真检查爆区相邻的矿井、巷、硐以及碎石堆里的炮烟，以防炮烟中毒。小井掘进爆破深度超过3 m时，应采用电力起爆法或导爆管起爆法。爆破后，至少15 min后方准进入爆区检查。

(8)扩壶和蛇穴爆破安全要求如下：

①深孔扩壶时，禁止向孔内投掷起爆药包，孔深超过5 m时，禁止使用导火索起爆。

②扩壶爆破，使用硝铵类炸药时，每次爆破后，应经过15 min后才允许重新装药；使用硝化甘油类炸药时，应经过30 min后才允许重新装药。

③两个以上的蛇穴爆破，禁止使用导火索起爆。

（四）地下矿爆破作业安全技术要求

(1)使用各类起爆器材，必须符合国家或部颁标准。

(2)必须认真检查爆破工作面是否有冒顶、片帮危险，安全通道是否畅通，爆破的各种参数是否符合设计要求，工作面是否有涌水危险，炮孔温度有无异常等情况，如其中一项不达标准禁止爆破。

(3)上岗作业人员禁止穿化纤衣服。

(4)电力起爆时，爆破主线、区域线、连接线必须悬挂，不得同金属导电体接触，并不准靠近电缆、电线、电气设备、信号线等。

(5)采用爆破贯通法贯通巷道时，必须有准确的测量图纸，两个工作面相距15 m时，地质测量人员应事先下达通知，此后，只准从一个工作面向前掘进，并应在双方通向工作面的安全地点派出警戒。双方工作面的人员撤到地面后，方准起爆。

(6)间距小于20 m的两平行巷道中的一个巷道工作面需进行爆破时，相邻工作面的人员必须撤至安全地点。

距炸药库 30 m 以内的区域禁止爆破。在离炸药库 30～100 m 区域内进行爆破时,禁止任何人员留在库内。

(7)独头巷道掘进工作面爆破时,必须保持工作面与新风流巷道之间的畅通。爆破后工作人员进入工作面之前,必须用水喷洒爆堆,并进行充分通风。

(8)天井掘进采用深孔分段装药爆破时,装药前必须在通往天井底部出入通道的安全地点派出警戒,确认底部无人后,方准起爆。

(9)竖井、盲竖井、盲斜井或天井的掘进爆破,起爆时井筒内不得有人。

(10)在井筒内运送起爆药包,必须把起爆药包放在专用木箱或提包内。不得使用底卸式吊桶。禁止同时运送起爆药包与炸药。

(11)在井筒掘进工作面运送爆破器材时,除爆破员、司泵工和信号工外,其他任何人不得留在井筒内。

工作盘和稳绳盘上除护送吊桶的爆破员外,不得有其他人员。装药时,禁止在两个吊盘上进行其他工作。

(12)井筒掘进时,必须使用绝缘的柔性电线做爆破导线,电雷管脚线的长度应比炮孔深度长 1 m 以上;电爆网路的全部接头必须用绝缘胶布严密包覆并高出水面。

(13)起爆前必须打开所有的井盖门,与爆破作业无关的人员必须撤离井口。

(14)用钻井法凿竖井井筒时,破锅底和开马头门的爆破作业必须采用特殊安全措施,并由单位总工程师批准。

(15)用反井凿井时,爆破作业必须遵守下列规定:

①反井采用木垛盘支护。支护必须及时,爆破前最末一道垛盘到工作面的距离不得超过 1.6 m。

②爆破前必须将人行格和材料格盖严;爆破后,应首先通风。吹散炮烟后,方准进行检查,检查人员不得少于 2 人。经检查确认安全后,方准进行作业。

③用吊罐法施工时,爆破前必须摘下吊罐,并放置在水平巷道的安全地点。放炮后,必须指定专人检查提升钢丝绳和吊具有无损坏,反井下方严禁进行其他作业。

④刷井时必须有防止坠人的安全措施;爆破前必须回清炮孔底以下 0.3 m 范围内的木垛盘,否则不得进行爆破。

(16)井筒掘进使用硝化甘油类炸药时,所有炮孔的位置必须错开。

(17)在有沼气爆炸危险的巷道内爆破时,应遵守煤矿井下爆破的规定。

(18)在不良地质条件,如河流、湖泊或水库下面掘进巷道时,应按专项设计进行爆破。

(19)用压气盾构法掘进巷道时,严禁将爆破器材放在有压缩空气的区域内。

(20)地下采场爆破,应遵守下列规定:

①地下深孔或硐室大爆破时,起爆之前所有人员必须撤出危险区。危险区范围应根据设计的要求而定。

②通向二次爆破地点的每一个入口,都必须设置警戒标志。只有在确认爆破危险区无人的情况下,方准起爆。

(21)煤矿井下爆破,必须遵守下列规定:

①煤矿井下爆破工作必须由经过培训、考试合格取得操作证书的专职爆破员担任;在有煤(岩)及沼气突出危险的煤层中,必须固定专人爆破。

②有沼气或煤尘爆炸危险的矿井,必须具备下列条件,方准进行爆破作业:

a. 工作面有新鲜风流,风量和风速符合煤矿的特殊要求。

b. 使用的爆破器材的各项指标,经煤炭工业部指定的检验部门检验合格,并取得合格证。

c. 装药前和起爆前,必须检查爆破地点 20 m 以内风流中的沼气浓度,其值应小于 1%。

d. 在有煤尘爆炸危险的煤层中,掘进工作面爆破前,必须对作业面 20 m 以内的巷道进行洒水降尘。

③应按危险程度选用相应安全等级的煤矿炸药。

④煤矿井下爆破使用电雷管起爆时,应遵守下列规定:

a. 低沼气矿井允许使用普通的瞬发电雷管或毫秒电雷管。

b. 高沼气和有煤尘与沼气突出危险的采掘工作面,必须使用煤矿许用的瞬发电雷管或毫秒电雷管,其总延期时间不得超过 130 ms。禁止使用秒和半秒延期电雷管。

⑤在岩层中开掘巷道或延深井筒时,无瓦斯的工作面,可以使用非煤矿安全炸药和延期电雷管。这些井巷必须距离有沼气的煤层(岩层)10 m 以外,工作面接近地质破碎带时,矿总工程师应根据具体情况,再加长这个距离。

⑥井下爆破必须使用防爆式起爆器。开凿或延深直通地面的井筒时,无瓦斯的井底工作面可使用其他电源起爆。此时,电压不得超过 380 V,且必须有防爆式电力起爆接线盒,接线盒所用的电源、线路连接方法、开关的构造和装设的地点等都应经过编制设计,报矿主管部门批准。

⑦炸药与电雷管必须分别存放在加锁的爆破器材箱内,严禁乱扔、乱放。爆破器材箱必须放在顶板稳定、支架完整、避开机械和电器设备的地点。每次起爆时,都必须把爆破器材箱放到警戒线外的安全地点。

⑧可用水炮泥或不燃性、可塑性的松散材料(如黏土或黏土和沙子的混合物等)填塞炮孔。使用水炮泥时,其后部必须用不小于 0.15 m 的炮泥将炮孔填满堵严。无填塞或填塞长度不足的炮孔严禁爆破。

⑨为防止炸药爆燃,必须遵守下列规定:

a. 装药前,应彻底清除炮孔的煤(岩)粉。

b. 用木质或竹质炮棍将药卷轻轻推入,各药卷间彼此密接,用力要适当,不得冲撞。

c. 不得使用水分超过 0.5%的硝铵粉状炸药。

d. 煤层内相邻爆孔之间的距离不得小于 0.4 m。

⑩炮孔的装药量和填塞长度必须符合下列规定:

a. 煤层或岩层爆破,炮孔深度不得小于 0.65 m。

b. 在煤层内爆破,填塞长度至少应为炮孔深度的 1/2;使用截煤机掏槽时,填塞长度不得小于 0.5 m。

c. 在岩层内爆破,炮孔深度在 0.9 m 以下时,装药长度不得超过炮孔深度的 1/2;炮孔深度在 0.9 m 以上时,装药长度不得超过炮孔深度的 2/3;炮孔剩余部分应用填塞材料填满。

d. 在有几个自由面的工作面爆破时,最小抵抗线的长度不得小于 0.5 m;爆破大块时,最小抵抗线不得小于 0.3 m。

(22)井下爆破作业,严禁在一个炮孔中使用两种不同的炸药。

(23)连接爆破主线和脚线、检查线路、导通和起爆作业,必须由指定的爆破员单人操作。

(24)爆破员必须最后离开爆破地点,在有掩护的安全地点起爆,掩护地点到爆破工作面的距离,应根据本单位爆破的规模、装药量、采用的爆破方法而定。

(25)爆破后,爆破技术人员和班组长必须巡回检查爆破地点的通风、沼气、煤尘、顶板、支架、盲炮、残爆等情况,遇有险情,应立即处理。只有在工作面的炮烟被吹散、爆破警戒人员由布置警戒的班组长亲自撤回后,方可进入工作面。

(五)爆破作业安全检查要点

(1)建立并执行爆破管理制度。

(2)应具有爆破设计说明书,并按照设计说明书进行爆破施工。

(3)爆破作业管理应包括以下内容:

①爆破作业人员应取得有效爆破作业上岗证,并持证上岗;

②爆破作业要有专人指挥;

③每次爆破后,爆破员必须及时将剩余爆破器材退库;

④爆破后,必须对现场进行检查并填写爆破记录。

(4)爆破器材的存储应满足下列要求:

①建立爆破器材储存制度。

②库房内储存的爆破器材数量不得超过库房设计容量;性质相抵触的爆破器材必须分库储存;库房内严禁存放其他物品。

③爆破用品必须存放在专用的爆破物品存放点(库),由专人保管。

(5)爆破器材运输应满足下列要求:

①车辆、矿车运输必须符合国家有关运输规则的安全要求;

②爆破器材包装应牢固、严密,性质相抵触的爆破器材不得混装;

③装载爆破器材的车厢、矿车、罐笼等,不准同时载运职工和其他易燃、易爆物品。

第九节　爆破作业中的常见事故及其预防

一、加工起爆材料事故

指在加工起爆材料如雷管、起爆药包等时,加工人员不注意或未按技术规程规定进行加工而发生的爆炸事故。

预防措施:在加工起爆材料时,必须由熟练掌握雷管、导火索、起爆药包的技术性能和操作方法的人员进行加工,并要求加工人员在加工起爆材料时必须轻拿轻放、不准撞击和猛烈振动,即可避免加工爆炸事故。

二、装药爆炸事故

指在向炮孔内装入敏感度高的炸药时,由于装药人员对其技术性能不清楚或没有充分掌握而造成的爆炸事故。

预防措施:装药前,爆破技术人员应向爆破员或其他协助装药的人员讲清炸药的技术性能及装药的具体要求,在装药时不使炸药与孔壁摩擦,如遇雷雨时,应将炸药妥善保管。

三、堵孔事故

指在深孔爆破中,因装药时造成了堵孔,为了处理堵孔而采用金属管或棒猛烈撞击炸药而造成的爆破事故。

预防措施:

(1)装药前应将孔口 0.5 m 之内的浮石及杂物清理完毕;

(2)使用深孔装药漏斗或装药器装药;

(3)一旦发生堵孔,应使用木棒轻轻撞击炸药,使其落于孔底。

四、早爆事故

指当采用电力起爆时,突然遇有雷雨、杂散电流或静电造成电雷管的早爆事故。

预防措施:

(1)在爆破工作进行前应事先了解天气情况,一旦遇有雷雨时应及时停止爆破工作,爆破工作人员及时撤出现场。

(2)对有杂散电流或静电的爆破区域,应事先测定杂散电流的强度,当杂散电流强度超过30 mA时,采用电力起爆,必须采取如下安全措施:

①降低牵引电网路电阻,防止漏电。

②提高电爆网路的质量,爆破导线不准有裸露接头。

③撤除爆区的金属物体,如钢轨、风管、水管等。

④在爆区局部或全部停电,减少杂散电流。

⑤采用低电阻电雷管。

当杂散电流强度超过50 mA时,禁止采用电力起爆。

五、盲炮处理不当事故

在爆破工作中因多方原因发生拒爆(盲炮),爆破作业人员未调查清楚发生拒爆的原因,就忙于处理,由于处理方法不当,导致爆炸事故发生。

拒爆有三种情况:

(1)雷管未爆,因此炸药也未爆,称为全拒爆。引起全拒爆的原因有:导火索受潮、导爆管被折断或漏气、电雷管失效或脚线被拉断。

(2)雷管爆炸了,而炸药却未被引爆,称为半拒爆。引起半拒爆的原因有:炸药过期、受潮、敏感度降低,雷管起爆能不足、导爆索未贴紧药包等。

(3)雷管爆炸后只引爆了部分炸药,剩有部分炸药未被引爆,称为残爆。引起残爆的原因:起爆能不足,炸药未能达到稳定爆轰;或因不耦合装药产生管道效应,造成炮眼中的装药在爆轰过程中熄灭,致使炮眼内留下部分未爆的残药。

(一)盲炮的预防措施

(1)禁止使用不合格的爆破材料;在爆破中,不同类型、不同厂家、不同批次的雷管不准混用。

(2)连线后应认真检查整个线路有无错连或漏连,并进行爆破网路准爆电流的计算,起爆前用专用爆破电桥测量爆破网路的电阻,实测的总电阻值与计算值差应小于10%。

(3)检查爆破电源并对电源的起爆能力进行计算。

(4)对硝铵类炸药在装药时要尽量避免压得过紧,密度过大。

(5)装药前要认真清除炮孔内的岩粉。

(二)盲炮的处理

我国矿山常用处理盲炮的方法有如下几种。

1. 重新连线起爆法

经检查确认盲炮中雷管未爆、线路完好时,应重新连线起爆。起爆时,必须认真检查药包最小抵抗线是否改变，并采取相应的安全措施。重新连线起爆法适用于漏连、错连、断线等产生的盲炮。

2. 诱爆法

使用防水炸药装填的炮孔，用竹制或有色金属制的掏勺，谨慎地将炮泥掏出，装起爆药包爆破。如果是硐室爆破，需要从硐室内清除堵塞物，然后小心地取出起爆体，再处理炸药。还可采用聚能穴药包诱爆盲炮，当聚能穴药包爆炸后，引爆盲炮里的雷管和炸药。

3. 钻平行孔装药爆破法

这种方法是在距浅孔盲炮的 0.3～0.5 m 处，钻一平行孔装药爆破。露天深孔盲炮，在距炮孔不小于 2 m 处，钻平行孔装药起爆。

4. 水冲洗法

如炮孔中装的是粉状硝铵类炸药，而堵塞物又松散时，可采用低压水冲洗，使炮泥和炸药得以稀释，再谨慎取出雷管。也可采用高压水或高压风水管冲洗，此法应远距离操作并设置警戒。

（三）各种炮孔产生的盲炮的处理方法

(1)浅眼爆破的盲炮处理：①经检查确认炮孔的起爆线路完好时，可重新起爆；②打平行眼装药爆破，平行眼距盲炮孔口不得小于 0.3 m，对于浅眼药壶法，平行眼距盲炮药壶边缘不得小于 0.5 m；③用木制、竹制或其他不发生火星的材料制成的工具，轻轻地将炮眼内大部分填塞物掏出，用聚能药包诱爆；④在安全距离外，用远距离操纵的风水喷管吹出盲炮填塞物及炸药，但必须采取措施，回收雷管。

(2)深孔爆破的盲炮处理：①爆破网路未受破坏，且最小抵抗线无变化者，可重新连线起爆；最小抵抗线有变化者，应验算安全距离，并加大警戒范围，再连线起爆。②在距盲炮孔口不小于 10 倍炮孔直径处，另打平行孔装药起爆。③所用炸药为非抗水硝铵类炸药，且孔壁完好者，可取出部分填塞物，向孔内灌水，使之失效，然后作进一步处理。

六、飞石打人事故

露天爆破工作中，尤其是二次破碎大块的爆破，由于没有足够的安全警戒距离而造成飞石打人事故。

预防措施：

(1)必须留有充分的安全距离。

(2)安全警戒必须到位。

(3)不准随意改变爆破作业时间，以免人员误入爆区。

七、过早进入工作面或意外的炸药燃烧爆炸造成的炮烟中毒事故

炸药爆炸后产生的有毒气体主要有：氮氧化物(NO、NO_2、N_2O_5)、CO、H_2S、SO_2 等。炮烟中有毒气体的含量与炸药的种类、装填方法、包装材料以及是否爆轰完全有关。若过早进入工作面，加上通风条件不好，就会造成炮烟中毒。

炮烟中毒事故的预防措施：

(1)加强炸药的质量管理，定期检验炸药的质量。

(2)不要使用过期变质的炸药。

(3)加强炸药的防水和防潮措施，保证堵塞质量，避免炸药产生不完全的爆炸反应。

(4)爆破后要加强通风，一切人员必须等到有毒气体稀释至爆破安全规程允许的浓度以下

时，才准返回工作面。

(5)露天爆破时，人员应在上风方向。

另外炸药在火焰或热的作用下，可以引起燃烧。燃烧速度一般比较慢，产生大量有毒气体，造成炮烟中毒。当燃烧生成的气体或热量不能及时排出时，可能导致爆炸而造成事故。

八、掘进相邻巷道联系不好引起的事故

爆破安全规程规定，用爆破法贯通巷道，两工作面相距 15 m 时，只准一个工作面向前推进。但在实际生产中，由于测量不及时或判断失误，两个相向工作面实际距离很近，但未察觉，任两个工作面同时相向爆破掘进，极有可能发生一个工作面爆破，使巷道贯通而伤及另一个工作面的人员，造成伤亡事故。

当间距小于 20 m 的两平行巷道中的一个工作面进行爆破作业时，也可能引起相邻巷道发生冒顶片帮而导致人员伤亡。上下分层的也一样。

九、爆破违章作业引起的事故

我国爆破员整体素质偏低，爆破技术和安全技术知识缺乏，非国有矿山爆破员的文化和技术素质就更低，操作过程中，经常违反有关安全规程，一旦发生事故，也不能恰当地处理和自救。

十、不了解炸药性能引起的事故

目前，炸药技术发展速度较快，不断有新的产品问世。而我国爆破员文化水平偏低，综合素质偏差，因不了解炸药性能而引起的爆破事故经常发生。

十一、炸药储存保管不当引起的炸药爆炸事故

炸药储存库的看管人员未严格执行安全规程与制度导致炸药爆炸而引起事故。

预防措施：

(1)库内必须整洁，防潮和通风良好，要杜绝鼠害。

(2)库区内严禁烟火和明火照明，严禁用灯泡烘烤爆破器材。

(3)库区内必须昼夜设警卫，加强巡逻，严禁无关人员进入库区。

(4)严禁穿铁钉鞋和易产生静电的化纤衣服进入库房和发放间。

(5)开箱应使用不产生火花的工具并在专设的发放间内进行。

(6)必须经常测定库房的温度和湿度。

第六章　排土场和尾矿库安全

第一节　排土场安全

排土场(dump,waste dump,waste pile)又称废石场,是指矿山采矿排弃物集中排放的场所。采矿是指露天采矿和地下采矿,包含矿山基建期间的露天剥离和井巷掘进开拓。排弃物一般包括腐殖表土、风化岩土、坚硬岩石以及混合岩土,有时也包括可能回收的表外矿、贫矿等。

一、排土场分类

矿床用露天方法开采时所剥离下来的土和岩石需要排弃于专用的场地上,这个场地叫做排土场。剥离物排弃的过程叫做排土工作。

排土场工作的经济效益主要取决于排土场的位置、排土方法和排土工艺的合理选择。排土场按位置、排土方法、工作水平数量、同一水平铺设排土线数量进行分类。

(一)按位置分类

排土场按位于采场境界内或境界外,分为内排土场及外排土场。

外排土场的使用范围是任何形状矿床的露天矿的初建时期,或因矿床地质条件或运输条件在露天矿采场内部不能设置内排土场时,可设置外排土场。内排土场一般适用于埋藏深度不大的水平矿层或缓倾斜矿层。内排土场最大的优点是利用采空区,不仅运距短,而且不占用土地,有利于边坡稳定。

(二)按排土方法分类

由于采用排土设备的结构不同,相应的排土方法也不同。如采用巨型电铲、吊斗铲、皮带排土机、运输排土桥等设备,则可由剥离工作面直接把剥离物排到采空区。采用有轨或无轨运输设备(机车、汽车、铲运机)需将剥离物运到外排土场,卸载后再由推土机、推土犁、单斗电铲或多斗电铲、前装机等进行倒推。

1. 推土机排土场

推土机排土场工序简单、堆置高度大、设备灵活、受气候影响小、基建工程量少、投产快、安全性好。适用于自卸汽车运输,任何地区及岩石硬度的中、小露天矿的内、外排土场。

2. 铲运机排土场

铲运机设备灵活,能铲带运,运距可长可短。适用于中、小型露天矿内排土场。

3. 吊斗铲排土场

工艺简单,岩石块度可较大,受气候影响小,没有基建工程量,投产快,就近倒推,不需运输设备。适用于内排土场。

4. 多斗或轮斗铲排土场

设备较庞大,往往受岩石硬度及块度限制,适用于松软岩石。大部分使用于内排土场,很少用于外排土场。受气候影响很大,气温低时工作困难甚至停工。因生产能力很大故适用于大型露天矿。

5. 前装机排土场

前装机设备灵活,一机兼有装、运、推、卸四种功能,受外界因素影响较小。前装机的缺点是设备结构复杂，检修要求高，使用寿命短。适用于大、中型露天矿的高台阶排土及电力不足的地区。

6. 钢绳皮带输运机排土场

钢绳皮带输运机排土连续生产力大，可爬陡坡，运距大。适用于高度较大的大、中型深凹地和山坡露天矿内、外排土场。

7. 皮带输送机或排土桥排土场

皮带输送机或排土桥排土场，连续生产能力很大，但受冬季结冻影响。适用于水平或缓倾斜煤层的软岩石、煤层厚度小于35 m的大型露天矿的内排土场。

8. 推土犁排土场

推土犁排土适用于准轨运输的各种地质、岩石硬度的大、中型露天矿的内、外排土场。

9. 电铲排土场

电铲排土适用于准轨铁道运输的大、中型露天矿在各种地质条件、岩石硬度的内、外排土场。

（三）按排土工作水平分类

按工作水平分为单层式、双层式及多层式。当排土工作量很大时，为了增加排土场的容量，减少占用土地面积，常采用多层式排土场。

（四）按同一排土台阶铺设排土线数量分类

按同一排土台阶铺设排土线的数量而划分为单线及多线两类。

二、排土安全技术

（一）排土场的稳定

1. 排土场滑坡的类型

排土场的滑坡可分为两种类型。

(1)岩石形成的滑坡

在干燥状态下，大部分岩石、砂土都可以保持相对稳定。但在雨后含水的情况下，含黏土多的排弃物的稳定性就大大降低，因此有的地方发生滑坡。

(2)基底土壤软弱形成的滑坡

基底是含饱和水的第四纪层，往往有地下水或地表水流过，使基层土壤沼泽化。排土时，基层土承载不了排弃物的压力而被挤出，排土段坡脚可出现一两米高的隆起带。随着排土带的前进，隆起带也向前扩展直到超过沼泽化地段之后才停止。

2. 滑坡形成的条件

(1)一般滑坡都发生在最底一层的排土段。滑坡处的基底是饱和水的第四纪层。

(2)滑坡发生的时期大部分在解冻后、雨季和雨季后一两个月。地表水渗入而增加排弃物的重量及降低排弃物的内摩擦系数。

(3)滑坡如沿人为的弱面滑动时，这层弱面是由于推土犁排土线排上一层煤末滑移到前堆道床时，在坡面上撒上一层较碎的土末而形成的。

(4)排土线台阶高度与排弃土、岩的性质不适应，常常是采用过高的台阶而发生滑落。

(5)排土场建在斜坡和丘陵地带，而且地形高差很大。

3. 排土场稳定的措施

(1)在修筑排土线前，应把排土场基底和水、黏土、淤泥等清除掉。

(2)平地或缓坡排土场对于厚度大于1 m的耕植土、软弱层采用棋盘式或梅花式的麻面爆破，使之形成凹凸不平的麻面抗滑层。

(3)在山坡或丘陵地带排土时，应在排土场外围设截水沟。一般距排土场稳定的坡脚或坡顶 5～10 m 处拦截或导出山坡雨水。

(4)山坡排土场要将原山坡修成 2～3 m 宽的台阶状，以增加稳定性。

(5)在平坦地区的排土场最底下的一层要排弃坚硬岩石块，以利渗透下去的雨水及时排除。

(6)当排土场截断河流、沟、谷、水塘、沼泽时，要预先筑块石堆成的渗堤，使水能渗过排出。

(7)具有小量长流水的排土场，可作暗沟、盲沟等人工构筑物导出水流。

(8)电铲或前装机转排可不发生人工弱面，并且电铲向外倒土可超前压住排土线的坡脚。

(9)排土台阶高度要与所排弃土、岩的性质相适应。如排硬岩石可采用高台阶，排土或软岩石则采用低台阶。

(10)排土场范围内可设横向排水沟，平盘半干线设侧沟等排水设备将水引出场外。

(11)排土场的顶面应做成由边坡向内的坡度，防止雨水向外冲刷新排卸的排土边坡。

(二)排土场泥石流

排土场泥石流是在露天矿范围内，由于堆排不当而引起的。例如美国阿巴契亚矿区的露天采场，沿等高线剥离表土，形成了矸石墙，把整个山都围了起来，以致水无路可通，1972 年 2 月 16 日，在西弗吉尼亚州布法罗山谷发生了一起严重排土场滑坡事故，一场大暴雨冲决了矸石墙，17 万 m^3 排弃物和 50 万 m^3 的水，以 5.8 m/s 的速度奔泻 27 km，造成 116 人死亡，546 间房屋和千辆汽车被毁，4000 多人无家可归。

1. 泥石流形成条件

排土场泥石流的形成条件主要有三条：

(1)具有陡峻的山坡地形和沟谷地带；

(2)在上述地带排弃大量剥离物；

(3)排土设备不良，使雨水渗入排土场并汇集沟谷。

2. 排土场泥石流的预防措施

(1)选择排土场场址时，要综合考虑场地的地形、地质条件：

①宜在上游汇水面积较少或便于拦截且纵坡不陡的山坡沟谷。

②排土场最好不跨越大的沟谷，特别是陡峭的或有常年流水的。

③排土场下方的一定范围内，力求避开大村庄或大量的工农业设施和交通干线。

④排土场场址内的原生土、岩要稳定，无不良地质现象。

(2)截断水源。

采用截水、排水、防水等措施，使水、土分离不混，消除产生泥石流的外界条件。

(3)有计划的安排土、岩堆排。

①先用块石封闭排土场下部沟口。有条件时力求沟内排岩石，坡面排土，或陡坡排石，缓坡排土，湿地不良地段排石，稳定地层排土。

②条件允许时，要尽量分台阶多层排弃，避免高台阶排土。

③选用有压实作业的排土机械，如排土机、电铲、前装机等，在排弃过程中对排弃物进行压实。

(4)保护和恢复植物层。

排土场上游应保护植物层，禁止对森林树木乱砍滥伐。在土、岩排卸中分区、分段实施人工植树及种草等措施。

3. 泥石流的治理措施

设立拦、挡、导流等人工构筑物来治理泥石流。

(1)拦、挡坝

排土场出现的泥石流一般规模较小,可用坝的库容来蓄污,污满后即行加高。坝址宜选择在排土场坡脚下侧的缓坡地段或沟谷收缩处。作拦、挡坝的材料常用浆砌或干砌块石、黏土等,可以就地取材,分期修建,以后逐步扩大和加高,形成连续的坝体群。当排土场只有本范围内雨水而无场外水源侵入时,采用此方法效果良好。

(2)石笼坝

石笼坝也属于挡坝的一种,施工运输简便、取材容易、造价低廉、效果良好。笼的材料有毛竹或铁丝(8 号铁丝),将其编织成 2～4 m 长,直径 0.5～2 m 的笼子。将笼子运到设坝地址,就地将石块填充于笼中,使之成一整体结构,既能透水又能拦蓄泥石流。

石笼坝一般不设基础,随淤随加高。因石笼系柔性结构,基底被冲刷或下沉时能自行下沉而堵塞,不致引起结构破坏。

石笼坝属永久性构筑物,一般竹笼使用 2～3 年,铁丝笼使用 7～8 年,笼外框失效但整个坝体并不失效。

(3)丁坝

丁坝是多次挡导相结合的措施,当泥石流规模较大时,采取多处设坝,每次拦挡一部分,以达到扩大停污的目的,使另一部分按导引的方向排泄。这样分次拦挡加速其停污,最后完全阻拦住泥石流。有外部水源补充,泥石流活动的规模和频率较大时,最好采用此方法。

(4)铁路和公路通过泥石流地区的措施

运输线路尽量避开泥石流地区,当不可避免而需通过时可采取下列措施:

①加大涵洞孔径

设计涵洞时不仅要考虑水的流量,而且要考虑泥石流的流量。

②以桥代涵洞

以桥代替涵洞可增加跨度,少设桥墩,抬高净空让泥石流能顺利通过。

③隧道或渡槽代路堑

采用深挖隧道通过稳固坚实地层,让泥石流从隧道上面通过。或作渡槽通过,尽可能修建路堑。

④将停积地段的沟底纵坡变陡,做较陡的人工铺底泄流槽,加速泥石流通过。

三、路线安全技术

(1)铁道线路必须铺在水平面上。

(2)铁道线路局部准许最大坡度小于干线限制坡度 3‰～5‰,此坡段长度不得大于 200 m。

(3)排土线往路段方向须有一段长度 6‰的上坡。

(4)推土犁排土线向内侧翻车曲线半径不得小于 200 m。

(5)排土线外轨至排土平盘坡顶线的距离不小于下列数值:50 t 自翻车为 900 mm,60 t 车为 1 m;当混排土、岩时上述数值应当增加 25%。

(6)排土线试运时,要实行专责制,防止脱轨或颠覆事故发生。

(7)新移设的排土线,大块不准露出掌子一侧道木头。

四、翻车及推土安全技术

(一)翻车安全技术

(1)列车进入推土线作业时,必须由推土人员领车。发车前要查点排土人员齐全后,方准领车及发车。

(2)翻车时不准少于两人,翻车时两人分别在车厢两头操作,并注意观察车帮是否张嘴,避免扣车。

(3)人力扫车必须使用脚蹬子,在跑风时必须呼唤应答。

(4)翻车人员在列车走行时不准上下,停车时任何人不准在车底钻轨,并注意车上滑下大块,以防伤人。

(5)处理埋道及故障时,应显示红色信号,当司机鸣笛应答后,方可处理埋道及故障。

(6)电铲排土线,如车上装有大块时要采取措施,防止大块砸电铲。

(7)电铲排土线翻车时,要防止电缆被砸坏。

(8)翻黏土或水洗矸子车,在电铲排土线要用扫车器配合翻车,没有扫车器时要采取适当措施,以防止扣车事故的发生。

(9)冬季排土不得把排弃物排在结冰的水坑或冰面上。

(二)推土安全技术

(1)推土犁的照明及安全装置必须齐全,并且灵活好用。

(2)推土前必须了解线路情况,并与线路工人取得联系。

(3)推土时机车司机必须听从推土犁司机的指挥,推土前扫车人员应向机车司机和推土犁司机分别介绍该线路的情况后,方可推土。

(4)推土犁在电铲排土线推土和翻土坑时不准推土,通过此坑时推土犁大翅子必须定位,并注意不要刮坏电缆。

(5)推土犁在排土线上推土走行速度不应超过 8 km/h,空车走行的速度不应超过12 km/h。

五、汽车排土场安全技术

(1)排土场的排土顺序应预先进行周密安排,尽可能消灭不合理的交叉车流。

(2)排土时形成的排土平盘,一般应有 0.5%~1%的向上坡度。

(3)多台阶的排土场的上层与下层之间,必须留有安全台阶。安全台阶的宽度一般应等于上一层台阶的高度。

(4)后卸式汽车车体应与排土平盘的坡顶线成直角才能起车厢卸载。当坡顶线处尚未形成凸起的小坎时,汽车后轮距坡顶线保持不小于 1.5 m 的安全距离。

(5)汽车卸载完毕,车厢已全部回落定位后,才准许车辆行走。

(6)所有汽车通道均应经常保持畅通,应有经常性的维修,并清除车道上的尖锐石块。

(7)汽车排土场有效作业线的长度,最小应为最小曲线半径的四倍以上。

(8)当利用山坡地形筑排土场时,必须先修筑 10 m 宽的公路通到上坡预定的标高上,公路最大纵向坡度为 6%~8%,公路端须有 12~15 m 宽的调车场地。

(9)在平地或已堆完的排土场平盘上加高一个台阶时,在平地与预定增加排土台阶之间,必须利用排弃的土、岩形成一个宽不小于 30 m,纵向坡度为 6%~8%的上坡公路,才能展开排土。

六、排土场安全检查

(一)排土场稳定性安全检查

排土场稳定性安全检查的内容包括:排土参数、变形、裂缝、底鼓、滑坡等。

1. 检查排土参数

(1)测量各类型排土场段高、排土线长度,测量精度符合生产测量精度要求。实测的排土参数应不超过设计的参数，特殊地段应检查是否有相应的措施。

(2)测量各类型排土场的反坡坡度，每 100 m 不少于 2 条剖面，测量精度按生产测量精度要求。实测的反坡坡度应在各类型排土场范围内。

(3)汽车排土场测量安全挡墙的底宽、顶宽和高度，实测的安全挡墙的参数应符合不同型号汽车的安全挡墙要求。

(4)铁路排土场测量线路坡度和曲率半径，按生产测量精度要求测量；挖掘机排土测量挖掘机至站立台阶坡顶线的距离，测量误差不大于 10 mm；各参数应满足《金属非金属矿山排土场安全生产规则》中 5.2 的要求。

(5)排土机排土测量外侧履带与台阶坡顶线之间的距离，测量误差不大于 10 mm；安全距离应大于设计要求。

(6)检查排土场变形、裂缝情况。排土场出现不均匀沉降、裂缝时，应查明沉降量，裂缝的长度、宽度、走向等，判断危害程度。

(7)检查排土场地基是否隆起。排土场地面出现隆起、裂缝时，应查明范围和隆起高度等，判断危害程度。

2. 检查排土场滑坡

排土场滑坡时应检查滑坡位置、范围、形态和滑坡的动态趋势以及成因。

3. 检查排土场坡脚外围

检查排土场坡脚外围滚石安全距离范围内是否有建(构)筑物，是否有耕种地，不得在该范围内从事任何活动。

(二)排土场排水构筑物与防洪安全检查

(1)排水构筑物安全检查主要内容：构筑物有无变形、移位、损毁、淤堵，排水能力是否满足要求等。

(2)截洪沟断面检查内容：截洪沟断面尺寸，沿线山坡滑坡、塌方，护砌变形、破损、断裂和磨蚀，沟内物淤堵等。

(3)排土场下游设有泥石流拦挡设施的，检查拦挡坝是否完好，拦挡坝的断面尺寸及淤积库容。

七、排土场安全评价

排土场安全度分类，主要根据排土场的高度、排土场地形、排土场地基软弱层厚度和排土场稳定性确定。安全度分为危险、病级和正常。

(1)排土场有下列现象之一的为危险：

①在坡度大于 25°的地基上顺坡排土、在软弱层厚度大于 10 cm 的地基上排土时，未采取安全措施，不能确保排土安全的；

②排土场出现大面积非均匀沉降、开裂，坡面鼓出或地基鼓起等滑动迹象的；

③排土场排土平台为顺坡的；

④汽车排土场未建安全车挡，铁路排土场铁路线顺坡和曲率半径大于规程最小值，排土机排土安全平台宽度、排土挖掘机至站立台阶坡顶线的距离达不到设计规范的要求的；

⑤山坡汇水面积大而未修排水沟或排水沟被严重堵塞的；

⑥经验算，余推力法安全系数小于 1.00 的。

(2)排土场有下列现象之一的为病级：

①排土场地基条件不好，但平时对排土场的安全影响不大的；

②由于排土场段高高而在台阶上出现较大沉降的；

③排土场排土平台未反坡的；

④经验算，余推力法安全系数大于1.00，但小于设计规范规定值的；

⑤汽车排土场安全路堤达不到设计规范的要求的。

(3)同时满足下列条件的为正常：

①排土场基础较好或不良地基经过有效处理的；

②排土场各项参数符合设计要求，余推力法安全系数大于1.15，生产正常的；

③排水沟及泥石流拦挡设施符合设计要求。

(4)企业必须把排土场安全评价工作纳入矿山安全评价工作中。在企业申领和换发非煤矿矿山安全生产许可证时，应由具有相应资质的中介技术服务机构对排土场进行安全评价。

(5)对于危险级排土场，企业必须停产整治，并采取以下措施：

①处理不良地基；

②处理滑坡，将各排土参数修复到设计范围内；

③疏通、加固或修复排水沟。

(6)对于病级排土场，企业应采取以下措施限期消除隐患：

①采取措施控制排土沉降；

②将各排土参数修复到设计范围内。

(7)企业对非正常级排土场的检查周期：

①对“危险”级排土场每周不少于1次；

②对“病级”排土场每月不少于1次。

在暴雨和汛期，应根据实际情况对排土场增加检查次数。检查中如发现重大隐患，必须立即采取措施进行整改，并向安全生产监督部门报告。

第二节　尾矿库安全管理

一、尾矿设施

矿山企业尾矿设施是指矿山企业选矿厂(车间)及其他生产过程中所产生尾矿的贮存设施、浆体输送系统、澄清水回收系统、渗透水回收系统及排洪系统等设施。由于矿山尾矿设施下游大都有稠密的居民区，且多与交通要道和大江湖泊相邻，部分还位于地震区，如果管理不善，一旦溃坝，造成的后果不堪设想。因此，对于有尾矿设施的矿山必须高度重视，加强管理，确保尾矿设施的安全运行。

二、尾矿库的选址

正确选择尾矿库址是关系到一个矿山的经济效益、环境保护、安全生产等方面的重大问题，因此，选择尾矿库区地址必须考虑如下综合因素：

(1)应选择汇水面积小而蓄水面积大的库址，尽量减少洪水对尾矿库安全的威胁。

(2)应避开岩溶、滑坡、流沙、膨胀土及松软地基等不良地质条件，在无法避开时，必须进行特殊地基处理。

(3)占用耕田耕地面积小，居民搬迁人数少。

(4)与选矿厂距离较近的地点。

(5)尾矿库的服务年限长。

三、尾矿库的分类

根据库区所建的地点,尾矿库可分为如下四种类型:

(一)平地型尾矿库

平地型尾矿库是指在平地四周筑坝而围成的尾矿库。这种类型的尾矿库一般为国内平原矿山的沙漠平原地区和新矿山所采用。

(二)山谷型尾矿库

山谷型尾矿库是在山谷口处筑坝建成的尾矿库。我国矿山绝大多数的尾矿库属这种类型。

(三)傍山型尾矿库

傍山型尾矿库是指在山坡脚下依山筑坝而围成的尾矿库。国内丘陵地区的矿山多采用此种类型的尾矿库。

(四)截河型尾矿库

截河型尾矿库,是指截断河床的一段,在其截断区域的上、下两端筑坝形成的库区,这种类型的尾矿库,在我国矿山较少采用。

尾矿库等级决定于防洪标准及库内构筑物的级别,而构筑物的级别决定于结构的安全度。尾矿库的等级根据总库容或坝高及重要性等因素综合确定。其等级见表 6-1。

表 6-1 尾矿库等级

总容库 V(万 m^3)或总坝高 H(m)	尾矿库等级	构筑物级别		
		主要的	次要的	临时的
$V \geqslant 10\ 000$ 或 $H \geqslant 100$	Ⅱ	2	3	4
$1\ 000 \leqslant V < 10\ 000$ 或 $60 \leqslant H < 100$	Ⅲ	3	4	5
$100 \leqslant V < 1\ 000$ 或 $30 \leqslant H < 60$	Ⅳ	4	4	5
$V < 100$ 或 $H < 30$	Ⅴ	5	5	5

四、尾矿库常见病害及处理措施

(1)坝体边坡过陡,达不到设计要求的稳定边坡,出现滑坡、裂缝等,坝体稳定性不够。矿山必须按设计要求进行施工和堆积,并采取削坡减载等措施,确保坝体稳定。

(2)排渗降水设施失效,造成坝体浸润线过高,坝坡沼泽化,渗水严重,出现坍塌,坝体稳定性不够。矿山企业必须加强排渗设施的维护和管理,及时处理上述病害,加强渗流观测和控制,降低坝体浸润线,避免沼泽化。

(3)库内水位过高,坝顶没有足够的安全超高度,坝面没有足够的安全干滩长度,甚至违反安全规程,实行子坝挡水,造成洪水漫顶溃坝的可能。面临这种情况时,矿山应及时设置排渗管沟,严格遵守设计规范规定的安全超高和安全滩长,严禁子坝挡水。

(4)未按设计要求控制水位,使调洪库容不足或排水通道阻塞。矿山应严格控制库内水位,使调洪库容满足设计要求,库区应有一定蓄洪能力,各类排水通道应定期疏通。

(5)对超期服役的尾矿库不作坝体稳定分析和防洪能力验算,未采取任何工程措施,盲目超期运行,是造成险库的原因。因此,凡是超期服役的尾矿库矿山必须请设计单位进行超期服役加高加固论证和设计，并严格遵守设计要求的安全技术措施。对大、中型及位于高烈度区的尾矿坝，当堆积达到设计总高度的 1/2 或 2/3 时，应按规范进行一至两次以抗洪、稳定为重点的安全鉴定。

(6)在尾矿坝或库区周围乱采滥挖、违章建筑、违章作业，严重影响尾矿库安全。矿山应及时与当地政府协调，及时制止任何单位和个人在库内挖沙取土、挡坝养鱼、开山采石、挖护坡片石及在坝坡种菜等破坏尾矿设施的行为，对破坏的尾矿设施应及时进行修复。

(7)雨水直接冲刷坝坡。矿山应在坝坡进行黏土植草护坡工作，防止坡土流失，并在坝坡设立截水沟，疏导冲刷坝坡水流。

五、尾矿库(坝)安全运行监测

尾矿库(坝)监测的目的是及时掌握其工作状态和变化规律，及时发现不正常的迹象，采取有效处理措施，并对原设计的计算假定、结论和参数进行验证。其主要监测内容和方法如下。

(一)垂直、水平位移监测

用仪器设备测出测点在水平方向的位移量或垂直方向的高度变化。

(二)土坝固结观测

在坝体上选择有代表性的部位埋设固定连结管，用测量土层的厚度变化来监测。

(三)裂缝、伸缩缝监测

包括用仪器监测土石坝裂缝、伸缩缝的位置、走向、长度、宽度等项目，对较重要的裂缝进行坑探或钻探来观测裂缝深度变化。

(四)渗流监测

(1)浸润线监测：土坝浸润线监测最常用的方法是在坝体选择有代表性的横断面，埋设适当数量的测水管，通过测量测水管中的水位来获得浸润线位置。

(2)渗流量监测：主要方法是观测渗流稳定程度和渗流总量。通常是在坝下游能汇集流水的地方设置截水沟观测。

(3)渗流水质监测：主要是监测渗流水内固体和化学成分的变化。项目和内容，按环保部门的有关规定执行。

(4)坝基场压力监测：全面了解坝基透水层和不透水层中渗流沿程的压力分布情况。通常是在坝基埋设测压管来进行监测。

(5)绕坝渗流监测：全面了解坝头与岸坡以及混凝土或砌石建筑物接触处的渗流变化情况，判明这些部位的防渗与排水效果。一般是设测水管进行观测。

(五)土坝、堆积坝孔隙水力监测

一般是在最大断面、合拢段等选择两个以上断面埋设孔隙水压力计进行监测。

(六)水文气象监测

(1)降水量监测：用雨量器和自记雨量计观测降落地面雨水深度。

(2)水位监测：选择监测基面，用水尺或自记水位计观测库区水位。

(3)蒸发量监测：监测库区水面蒸发量，一般用 80 cm 蒸发器监测。

六、尾矿库安全度汛要求

(1)汛期前，应对防洪沟、溢洪道、泄洪闸门及其他防洪设施进行认真检查修理，保证畅通。

(2)汛期前应将排洪口的挡板全部打开,确保尾矿库安全度汛。

(3)对尾矿坝体的安全要求如下:

①加高坝体时,必须根据坝的设计要求和管理规程编制作业计划,保证坝体安全。

②每年的堆坝高度和堆积作业计划,应根据选矿排出的尾矿量及尾矿库面积确定。不得随意改变尾矿库的正常运行状态。

(4)汛期前矿山必须制定尾矿库安全度汛预案,并对防洪系统及坝体进行详细的检查和可靠的维护,发现沉陷、滑坡、开裂等异常情况,必须立即采取措施进行处理,并及时报告。

(5)汛期前及时检查维修坝肩截洪沟和坝面排水沟,防止洪水冲刷坝肩和坝面造成局部或整体溃坝,每次洪水过后应及时清理截洪沟淤积的尾矿泥沙和杂物。

(6)汛期应采用无线电通信,加强照明,并充分准备防汛器材、物资、车辆,组织抢险队伍,加强昼夜巡视检查(每班不得少于2人)。

(7)筑坝期间应采用多管分散放矿,事故期间可采用集中放矿,冰冻季节可采用冰下集中放矿。

(8)尾矿坝上的观测孔,在汛期,应增加测次,发现水位、渗水量、浑浊度变化异常,应采取应急措施并向有关领导报告。

(9)库内应在适当地点设置可靠、醒目的水位观测标尺,标明正常水位和度汛警戒水位。

七、尾矿库的安全管理

(1)矿山企业必须认真贯彻落实国家颁发的尾矿库安全管理法规、规定,并结合本矿山实际情况,建立健全尾矿库各项管理制度。

(2)必须选派有经验、善管理的负责人、工程技术人员管理尾矿库。

(3)尾矿库的日常生产管理必须遵照《冶金矿山尾矿设施管理规程》的规定和设计规范要求组织生产。

(4)选矿车间(厂)、工段应经常对尾矿设施安全状况进行检查。矿厂应根据尾矿设施类别在7～30天内进行一至二次检查。

(5)矿山企业主管部门,各级尾矿库工程技术人员,应定期对尾矿库的尾矿设施安全运行状况进行检查。发现隐患,应按照"四定三不交"的原则进行整改。

(6)当发生特大洪水、暴雨、强烈地震及重大事故隐患时,矿山及有关部门应进行特别检查,采取特殊可行的措施,防范溃坝,确保尾矿库安全运行。

(7)矿山企业必须制定尾矿库防洪应急预案,以便防范尾矿库溃坝事故的发生。

(8)矿山企业尾矿库的安全管理应与当地政府行政主管部门取得联系,一旦尾矿坝发生溃坝事故,应得到政府的大力援助,减少事故的损失。

(9)对涉及尾矿库库址、等级、尾矿坝坝型、排洪方式等重大设计方案变更时,应当报经尾矿库建设项目安全设施设计的原审批部门批准。

(10)尾矿库应当每三年至少进行一次安全评价。安全评价包括现场调查、收集资料、危险因素识别、相关安全性验算和编写安全评价报告。

八、尾矿库溃坝事故案例

案例一:陕西省镇安县黄金矿业有限公司某尾矿坝溃坝

2006年3月15日,陕西省镇安县黄金矿业有限公司违反规定,尾矿库未经设计单位进行技术论证,擅自扩容,导致尾矿坝溃坝,造成13人死亡的重大伤亡事故。

事故原因：

(1)尾矿库严重超容量。

(2)尾矿坝未采取加固措施。

(3)违反国家关于尾矿库管理的规定。

案例二：广西某地级市选矿厂尾矿库垮坝

1. 事故经过

广西某地级市选矿厂是由张甲和张乙共同投资 1 000 万元建设的一家私营企业，位于某地级市县一集团铜坑矿区边缘，于 2000 年 1 月开工建设。选矿厂选矿工艺部分由某集团退休工程师刘某和某选矿厂工程师王某 2 人共同设计。设计选矿能力为 120 吨/天。选矿厂尾矿库没有进行设计，而是依照另一矿区的尾矿库模式建成，尾矿库没有经过有关部门和专家评审。尾矿库修筑方式是利用一条山谷构筑的，其基础坝是用石头砌筑的一道不透水坝，坝顶宽 4 m，地上部分高 2.2 m，埋入地下约 4 m。后期坝采用人工集中放矿筑子坝的冲积法筑坝。县环保局对筑坝提出了要求，选矿厂也试图按照县环保局的要求筑坝。但在工程施工结束后，县环保局仅到现场进行了简单的检查，就匆匆同意选矿厂投入使用。2000 年 8 月选矿厂正式投产。

2000 年 10 月 18 日上午 9 时 55 分，尾矿库后期坝中部底层突然垮塌，随后整个后期堆积坝也跟着垮塌，一共冲出水和尾砂 15 820 m^3，其中水 2 630 m^3，尾砂 13 190 m^3，库内留存尾砂 13 100 m^3。尾砂和库内积水直冲坝首正前方的山坡，在山坡的阻挡下反弹回来，又沿坝侧 23 m宽的山谷直冲而下，一直冲到离坝首约 700 m 的一低处。大部分尾矿砂则留在坝首下方的 30 m 范围内。尾矿库坝的垮塌导致 43 间外来民工简易工棚和 57 间铜坑矿基建队的房屋全部被冲垮和毁坏，并致使 28 人死亡，56 人受重伤，其中外来人员死亡 23 人、重伤 15 人。

2. 事故原因分析

经专家调查论证认定：事故的直接原因是基础坝不透水，在基础坝与后期堆积坝之间形成一个抗剪能力极低的滑动面。又由于尾矿库长期蓄水过多，干滩长度不够，致使坝内尾砂含水饱和、坝面沼泽化，坝体始终处于浸泡状态而得不到固结并最终因承受不住巨大压力而沿基础坝与后期堆积坝之间的滑动面垮塌。

(1)严重违反尾矿库建设程序。《矿山安全法》第八条规定：“矿山建设工程的设计文件，必须符合矿山安全规程和行业技术规范，并按照国家规定经管理矿山企业的主管部门批准；不符合矿山安全规程和行业技术规范的，不得批准。矿山建设工程安全设施的设计必须有劳动行政主管部门参加审查”，但选矿厂对尾矿库没有进行正规设计，在选定尾矿库的地址时没有进行安全认证，没有获得有关部门的批准。在基础坝建成后未经安全验收即投入使用，明显违背了《矿山安全法》第十二条的规定，即“矿山建设工程必须按照管理矿山企业的主管部门批准的设计文件施工。矿山建设工程安全设施竣工后，由管理矿山企业的主管部门验收，并须有劳动行政主管部门参加。不符合矿山安全规程和行业技术规范的，不得验收，不得投入生产”。

(2)选矿厂在经营中为了追求经济利益，严重忽视安全。一方面，该选矿厂尽量减少安全投入，违背了《尾矿库安全监督管理规定》第八条的规定，即“保证必需的资金投入”。另一方面，又过度使用库坝，超量排放尾砂，致使库坝水位过高，库坝仅留干滩长度 4 m。

第七章　机电安全

第一节　用电安全

一、矿井安全用电

电是矿山生产建设中的重要能源，随着我国矿山开采的飞跃发展，电气化程度越来越高，矿山与电的关系更加密切，接触电气系统的人员也越来越多，电为改善矿井作业职工的劳动条件，提高采矿生产率，发挥了巨大的作用。

但如果对电的管理不善，检查使用不当，就会带来许多不安全因素。电具有传递速度快、看不到、摸不着、听不见等特点，尤其是井下的电气设备的工作条件更为特殊，空间狭窄、环境较暗、空气潮湿以及电气设备和电缆易受砸、碰压而绝缘损坏，所以井下极易发生人身触电事故。因此，为确保矿井安全用电，必须遵守相关规定。

(一)供电

1. 供电系统

(1)井下矿山对各种电气设备或电力系统的设计、安装、验收、运行、检修和安全检查等，应执行现行的有关安全规程的规定。

(2)井下各级配电电压，应遵守下列规定：

①高压网路的配电电压，不得超过 7 kV，有条件的，也不得超过 10 kV。

②低压网路的配电电压，不得超过 1 200 V。

③照明电压，运输巷道，不大于 220 V；采掘工作面、出矿巷道、天井和天井至回采工作面之间，不大于 36 V；行灯，不大于 36 V。

④携带式电动工具的电压，应不大于 127 V。

⑤电机车供电电压，交流电源不超过 400 V，直流电源不超过 600 V。

(3)由地面到井下中央变电所或主水泵房的电源电缆，至少应敷设两条线路，且任何一条电缆发生故障，均应保证原有送电能力。无淹没危险的小型矿山，可不受此限。

(4)矿井电气设备禁止接零。矿井应采用矿用变压器，若用普通变压器，禁止中性点直接接地。地面中性点直接接地的变压器或发电机，不准向井下供电。

(5)给井下供电的断路器和井下中央变配电所各回路断路器，禁止安设自动重合闸装置。

(6)每个矿井必须备有地面、井下配电系统图，井下电气设备布置图，电力、电话、信号、电机车等线路平面图。

2. 供电系统检查要点

(1)供电系统的技术档案及运行记录齐全

①供电设备使用说明书。

②设备安装开工报告。

③调试安装检验单。

④试验记录。

⑤设备事故记录。

⑥设备大修、更换主要部件及技术改造记录。

(2)供电线路要求

①采矿场的供电线路不宜少于两回路，两班生产的采场或小型采矿场可采用一回路；有淹没危险的采矿场主排水泵的供电线路不应少于两回路。

②移动式电气设备使用矿用橡套电缆。

③从变电所到采矿边界以及采场内爆破安全地带的供电应使用固定线路。

④露天矿用设备供电电缆的敷设必须符合安全要求，保持绝缘良好，不得与金属管(线)和导电材料接触，横过道路、铁路时，必须采取保护措施。

⑤导线至地面或水面的距离，在最大计算弧垂情况下，应不小于规程规定值。

⑥架空电力线路边导线至建筑物的最小距离，在最大计算风偏情况下满足下列要求：

a. 线路电压 35 kV，最小距离 3.0 m；

b. 线路电压 3～10 kV，最小距离 1.5 m；

c. 线路电压 3 kV 以下，最小距离 1.0 m。

(3)变电所安全要求

①变电所应有独立的避雷系统。

②有防火、防潮及防止小动物窜入带电部位的措施。

③过流和欠压保护装置符合实际要求，并动作灵敏可靠。

④设备与电缆标志牌齐全。

(4)电气设备应按以下要求接地保护

①矿山电气设备、线路必须有可靠的避雷、接地装置，并定期进行检修。

②接地线应采用并联方式。

③露天矿接地装置的电阻应符合要求，每年测定一次，记录测定结果。

(5)供电电压符合以下要求

①行灯或移动式电灯的电压不高于 36 V。

②露天采场照明使用电压为 380/220 V。

③在金属容器和潮湿地点作业，安全电压不得超过 12 V。

(6)停送电作业要求

①在停电线路上工作时，应采取验电和挂接地线等安全措施。工作完毕后应及时将地线拆除后再通电。

②在变电所进行停电作业时应验电、挂接地线、加锁和挂警示牌。

③供电设备和线路的停电和送电应严格执行工作票制度。

(二)电气线路

(1)水平巷道或倾角小于 45°的巷道，应使用钢带铠装电缆。竖井或倾角大于 45°的巷道，应使用钢丝铠装电缆。移动式电力线路，应采用井下专用橡套电缆。井下信号或控制用线路，应使用铠装电缆。井下固定敷设的照明电缆，如有机械损伤可能，应采用钢带铠装电缆。

(2)敷设在硐室或干燥木支护巷道中的铠装电缆，必须将黄麻外皮剥掉，并定期在铠装外壳加涂防锈防水油漆。

(3)敷设在竖井内的电缆，必须和竖井深度相适应，中间不准有接头。如竖井太深，应将接头部分设置在中段水平巷道内。

(4)在钻孔中敷设电缆,应将电缆牢固地固定在钢绳上,钻孔不稳固时,应敷设保护管。

(5)必须在水平巷道个别地段沿地面敷设电缆时,应用铁质或非燃性材料覆盖。不准用木料覆盖电缆沟,或在水沟中敷设电缆。

(6)敷设在矿井内的电缆,必须遵守如下规定:

①在水平巷道或45°以下的井筒内,电缆悬挂高度和位置应保证其不致被车辆碰撞压坏。电缆悬挂点间距应不大于3 m,上下净距不得小于50 mm,不准将电缆挂在风水管上。电缆上不准悬挂任何物件。电缆与风水管平行敷设时,应设在管子的上方,距管子不得小于0.3 m。

②在竖井或45°以上的井巷内,电缆悬挂点的距离,在倾斜井巷内不得超过3 m;在竖井内不得超过6 m,敷设电缆的夹子、卡箍或其他夹持装置,须能承受电缆重量,且不得损坏电缆的外皮。

③橡套电缆应有专供接地的芯线,接地芯线不得兼作其他用途。

④高、低电缆之间的距离不得小于0.3 m。

(7)电缆通过防火墙、防水墙或硐室部分,应分别用金属管或混凝土管保护,管孔应严加封闭。

(8)巷道内的电缆,应每隔一定距离和在分路点上悬挂标注有号码、用途和电压等的标志牌。

(三)电气安全保护

1. 中性点接地方式

供电系统的电源变压器中性点采用何种接地方式,对电气保护方案的选择和电网的安全运行关系极大。低压供电系统一般有两种供电方式,一种是将配电变压器的中性点通过金属接地体与大地相连,称中性点直接接地方式(如图7-1所示);另一种是中性点与大地绝缘,称中性点不接地方式(如图7-2所示)。这两种接地方式各有短长,适合于不同的使用场所,并要有相应的电气保护装置才能保证电网的安全运行。

(1)当人触及电网一相时,中性点接地系统危险性较大。

(2)当电网一相接地时,中性点接地系统即为单相短路,短路点将产生很大的电弧,在有瓦斯的矿井内,会引起瓦斯爆炸;短路电流在大地流通时,易引起电流爆炸事故。中性点不接地系统接地电流较小,相对较安全。

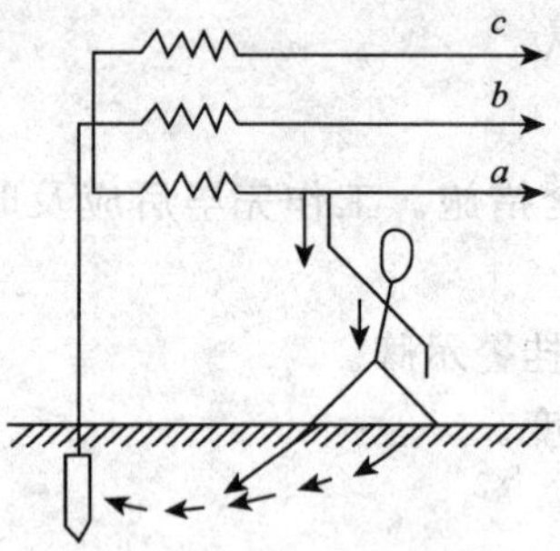

图7-1 中性点直接接地

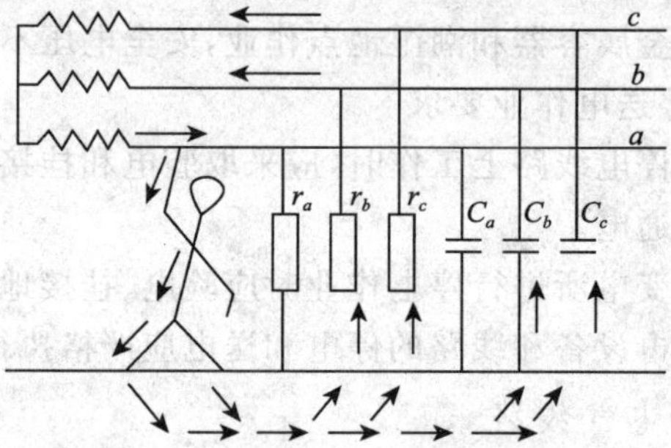

图7-2 中性点不接地方式

(3)中性点不接地系统不能限制低压电网由于某种原因而引起的对地高电压,例如低压线路直接受雷击,高、低压线路交叉跨越搭连等。当有这些情况出现时,将会造成严重的事故。而中性点接地系统能使窜入的高电压得到限制。

(4)以架空线路为主,比较分散的低压电网,要维护很高的绝缘电阻是很困难的,尤其是雨雪天。当线路绝缘能力降低到一定程度后即失去了中性点不接地的优点。由于矿山井下环境恶劣,对安全用电要求特别高,为此,安全规程规定井下配电变压器以及金属露天矿山的采场内不得采用中性点直接接地的供电系统；地面低压系统以及露天矿采场外地面的低压电气设备的供电系统，一般都是采用中性点直接接地的系统。

许多小矿山，井上、下共用一台变压器，为了能满足安全规程的要求，要采用中性点不接地的方式，并要保持网路的绝缘性能。为了避免和减轻高压窜入低压的危险，要将中性点通过击穿保险器同大地可靠地连接起来，或在三相线路上装设避雷器（见图 7-3）。

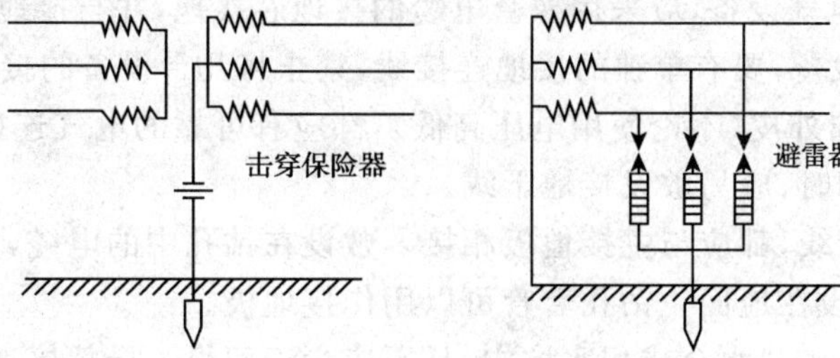

图 7-3 三相线路上装设避雷器

2. 接地和接零

运行中的电气设备可能由于绝缘损坏等原因，而使它的金属外壳以及与电气设备相接触的其他金属物上出现危险的对地电压。人体接触后，就有可能发生触电危险。为了避免触电事故的发生，最常用的保护措施是接地和接零。

(1)保护接地

保护接地就是把正常情况下不带电的电气设备的金属外壳（电动机、变压器、电器及测量仪表的外壳）、配电装置的金属构件、电缆终端盒外壳等与埋设在地下的接地装置用金属导线连接起来，使泄露的电流导入大地防止人员触电的措施。保护接地适用于中性点不接地系统，也可在安装电流动作型漏（触）电保护器的中性点接地的系统中使用。

保护接地的保护作用原理如图 7-4 所示，当电气设备绝缘损坏而使一相带电体碰壳时，若没有保护接地，人体触此外壳，则电流经人体入地，再经其他两相对地绝缘电阻（忽略电容）回到电源，当电网对地绝缘电阻较低时，通过人体的电流将达到危险值。若有保护接地，人触及外壳时，由于接地装置的分流作用，通过人体的电流就大大减少。

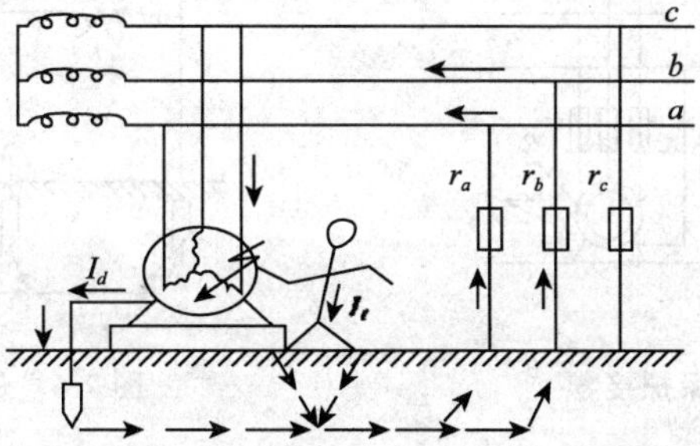

图 7-4 保护接地的保护作用原理

矿井内部保护接地措施：

①矿井内所有电气设备的金属外壳及电缆的配件、金属外皮等，都要接地。巷道中接地电缆线路的金属构筑物等也要接地。

②下列地点应设置局部接地极：

a. 装有固定电气设备的硐室和单独的高压配电装置；

b. 采区变电所和工作面配电点；

c. 铠装电缆每隔 100 m 左右应就地接地一次，遇到接线盒时也应接地。

③矿井电气设备保护接地系统的一般规定：

a. 所有需要接地的设备和局部接地极，都应与接地干线连接；接地干线应与主接地极连接，形成接地网；

b. 移动和携带式电气设备，应采用橡套电缆的接地芯接地，并与接地干线连接；

c. 所有应接地的设备，要有单独的接地连接线，禁止将几台设备的接地连接线串联连接；

d. 所有电缆的金属外皮(不论使用电压高低)，都应有可靠的电气连接，以构成接地干线；无电缆金属外皮可利用时，应另敷设接地干线。

④各中段的接地干线，都应与主接地极相接。敷设在钻孔中的电缆，如不能与矿井接地干线连接，应将主接地板设在地面。钻孔套管可以用作接地极。

⑤主接地极应设在矿井水仓或积水坑中，且不应少于两组。局部接地极可设于积水坑、排水沟或其他适当地点。

(2)保护接零

在 380/220 V 的三相四线制中性点接地的供电系统中，把设备正常不带电的外壳与中性点接地的零线连接，称为保护接零。保护接零的原理如图 7-5 所示。当某相带电部分碰上金属设备的外壳时，通过设备的外壳形成该相线对零线的单相短路，短路电流能使线路上的过流保护装置(如熔断器等)迅速动作，从而将故障部分切断电源，消除触电危险。

在中性点接地的系统中，如果仅仅采取保护接地装置，如图 7-6 所示，当某相发生碰壳短路时，短路电流往往不能使过流保护装置动作而长期存在，人体处在与保护接地装置并联的状态，这对人体也是很危险的。因此，中性点接地系统要采用保护接零。如果装设电流动作型漏电保护器，能将一定数值的漏电流可靠地切除，则在中性点接地系统中采用保护接地还是能够保障安全的。

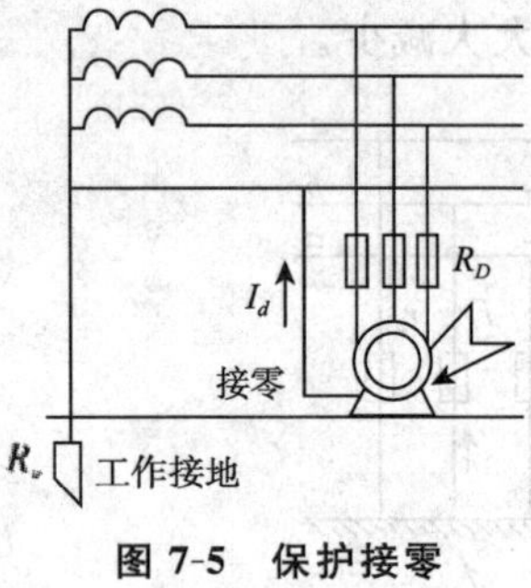

图 7-5 保护接零

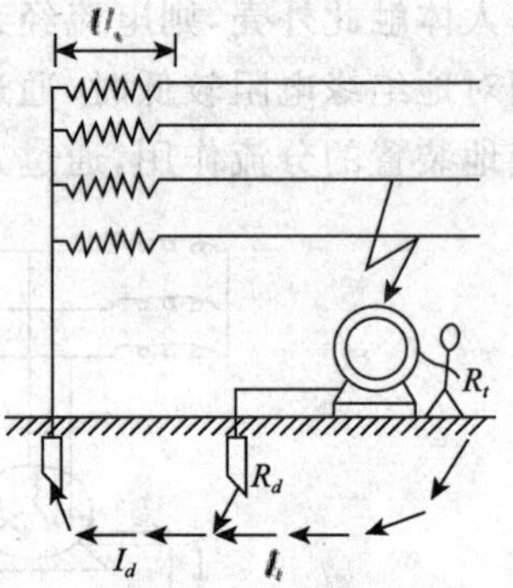

图 7-6 保护接地

3. 继电保护

电力系统发生故障或出现异常现象时，为了将故障部分切除，或者防止故障范围扩大，减少故障损失，保证系统安全运行，需要利用一些电气自动装置来保护，自动装置的主要器件是继电器，装有继电器的保护装置称为继电保护装置。继电保护的作用是：

(1)当电力系统发生足以损坏设备或危及安全运行的故障时，使被保护设备快速脱离系统。

(2)当电力系统或某些设备出现非正常情况时，及时发出警报信号，以使工作人员迅速进行处理，使之恢复正常工作状态。

(3)在电力系统的自动化，以及工业生产的自动控制(如自动重合闸，备有电源自动投入，遥控、遥测、遥讯等)中，作为重要的控制元素。

4. 漏电保护

当电路或电气装置绝缘不良，使带电部分与地接触，引起人身伤害、损坏设备以及发生火灾危险时，可将电源切断的保护称漏电保护。漏电保护装置主要有电压型与电流型两种。

漏电保护的使用范围及注意事项如下：

(1)防触电、防火要求较高的场所和新、改、扩建工程使用各类低压用电设备、插座。

(2)对新制造的低压配电柜(箱、屏)、动力柜(箱)、开关箱(柜)，操作台、实验台，以及机床、起重机械、各种传动机械等机电设备的动力配电箱，在考虑设备的过载、短路、失压、断相等保护的同时，必须考虑漏电保护。

(3)建筑施工场所、临时线路的用电设备。

(4)手持式电动工具(除Ⅲ类外)，其他移动式机电设备，以及触电危险性大的用电设备。

(5)潮湿、高温、金属占有系数大的场所及其他导电良好的场所。

(6)应采用安全电压的场所，不得用漏电保护器代替。如使用安全电压确有困难，须经企业安全管理部门批准，方可用漏电保护器作为补充保护。

(7)额定漏电动作电流不超过 30 mA 的漏电保护器，在其他保护措施失效时，可作为直接接触的补充保护，但不能作为唯一的直接接触保护。

(8)选用漏电保护器，应根据保护范围、人身设备安全和环境要求确定。一般应选用电流型漏电保护器。

(9)当漏电保护器做分级保护时，应满足上下级动作的选择性。一般上一级漏电保护器的额定漏电动作电流应不小于下一级漏电保护器的额定漏电动作电流或者所保护线路设备正常漏电电流的 2 倍。

(10)在不影响线路、设备正常运行(即不误动作)的条件下，应选用漏电动作电流和动作较小的漏电保护器。

(11)选用漏电保护器，应满足使用电源电压、频率、工作电流和短路分断能力的要求。

(12)选用漏电保护器，应满足保护范围内线路、用电设备相(线)数要求。保护单相线路和设备时，应选用单极二线或二极产品；保护三相线路和设备时，可选用三极产品；保护既有三相又有单相的线路和设备时，可选用三极四线或四极产品。

(13)在需要考虑过载保护或有防火要求时，应选用具有过电流保护功能的漏电保护器。

(14)在爆炸危险场所，应选用防爆型漏电保护器；在潮湿、水汽较大的场所，应选用密闭型漏电保护器；在粉尘浓度较高场所，应选用防尘型或密闭型漏电保护器。

(15)固定线路的用电设备和正常生产作业场所，应选用漏电保护器的动力配电箱；建筑工地与临时作业场所用电设备，应选用移动式；临时使用的小型电气设备，应选用漏电保护插头(座)或带漏电保护器的插座箱。

5. 过电流保护

过电流是指电气设备或线路的电流超过规定值，有短路和过载两种情况。

短路就是“电流走了捷径”，是一种故障状态，一般由于设备或线路的绝缘损坏而造成。过载是指用电设备或线路的负荷电流及相应的时间(过载时间)超过允许值。

短路和过载都将使电气设备或线路发热超过允许限度，从而引起绝缘损坏，设备或线路烧毁，甚至引起火灾事故。为了保障安全可靠供电，电网或用电设备应装设过电流保护装置，当电网发生短路或过载故障时，过电流保护装置动作，迅速可靠的切除故障，避免造成严重后果。常用的过电流保护装置有熔断器、热继电器、电磁式过电流继电器。

6. 防雷电保护

雷电是一种大气中的放电现象。这种放电，时间很短促，电流极大，高达(20～30)×10^4 A，放电时温度可达 20 000 ℃，放电的瞬间出现耀眼的闪光和震耳的轰鸣，具有强大的破坏力，可在瞬间击毙人畜，焚毁房屋和其他建筑物，毁坏电气设备的绝缘，造成大面积、长时间的停电事故，甚至造成火灾和爆炸事故，危害十分严重。防雷电包括电力系统的防雷和建筑系统的防雷，主要措施是采用避雷针和避雷器。

烟囱、水塔、井架和高大的建筑物以及存有易燃、易爆物质的房屋(如炸药库、油库等)上，应装设避雷针(线、网)。避雷针的接地要牢靠，接地电阻一般不应超过 10 Ω。

避雷器是用来限制电力系统电压幅值，以保护电气设备的过电压保护装置。避雷器通常顶端接电气线路，底端接地，平时有很大的电阻，像绝缘体，在正常状态下不致漏电。一旦线路上产生过电压，避雷器被击穿而成导体，在线路和大地间放电，使线路和设备免遭损坏。当电压消失时，避雷器停止放电，电阻恢复原来的数值。

7. 采用安全电压

安全电压是防止触电事故的安全技术措施之一。

在各种不同环境条件下，人体接触到带有一定电压的带电体而不会受到任何伤害，该电压称为安全电压。我国规定的安全电压为 42 V、36 V、24 V、12 V、6 V 五个等级。

矿山配电电压等级中的矿井采掘工作面和天井照明的电压、远距离控制线路的电压、在金属容器和潮湿地点作业电压都必须采用安全电压。应该注意，36 V 的照明线路也应有良好的绝缘，矿山曾经发生过 36 V 的照面线路触电致死的事故。

8. 安全标志

电气安全标志有示警用的，有区别各种性质和用途的。警告用的一般是警告牌或警告提示，如闪电符号，在高压电器上注明“高压危险”的警告语，检修设备的电气开关上挂“有人作业，禁止送电”的警告牌等。表示不同的性质和用途的一般是用颜色来标志，如红色按钮表示停机按钮，绿色按钮表示开机按钮等。还有各种用途的电气信号指示灯。

(四)电气工作安全措施

1. 电气安全基本措施

(1)直接触电防护措施。指防止人体各个部位触及带电体的技术措施。主要包括绝缘、屏护、安全间距、设置障碍、安全电压、限制触电电流、电气连锁、漏电保护器等防护措施。其中限制触电电流是指人体直接触电时通过电路或装置，使流经人体的电流限制在安全电流值的范围以内，这样既保证人体的安全，又使通过人体的短路电流大大减少。

(2)间接触电防护措施。指防止人体各个部位触及，正常情况下不带电，而在故障情况下才变为带电的电器金属部分的技术措施。主要包括保护接地或保护接零、绝缘检查、采用II类绝缘电器设备、电气隔离、等电位连接、不导电环境、加强绝缘等防护措施。其中前三项是最常用办法。

(3)电气作业安全措施。指人们在各类电气作业时保证安全的技术措施。主要有电气值班安全措施、电气设备及线路巡视安全措施、倒闭操作安全措施、停电作业安全措施、带电作业安全措施、电气检修安全措施、电气设备及线路安装安全措施等。

(4)电气安全装置。主要包括熔断器、继电器、断路器、漏电开关,防止误操作的连锁装置、报警装置、信号装置等。

(5)电气安全操作规程。主要有高压、低压、弱电系统电气设备及线路操作规程、特殊场所电气设备及线路操作规程、电器操作规程、电气装置安全工程施工及验收范围等。

(6)电气安全用具。主要起绝缘作用的绝缘安全用具,起验电或测量作用的验电器或电流表、电压表,防止坠落的登高作业安全用具,保证检修安全的接地线、遮栏、标志牌和防止烧伤的护目镜等。

(7)电气火灾消防技术。指电气设备着火后必须采用的正确灭火方法、器具、程序及要求等。

(8)组织电气安全专业性监督检查,及时发现并消除隐患和不安全因素。

(9)做好触电事故急救工作,及时处理电气事故,做好电气安全档案管理。

(10)做好电气作业人员(电工)的管理工作,如上岗培训、专业技术培训考核、安全技术考核、档案管理等。

(11)制作安全标志,做好安装、维护。

2. 电气工作安全措施

在电气设备及线路检修及停送电等工作中,为了确保作业人员的安全,应采取必要的安全组织措施和安全技术措施。

(1)安全组织措施。有三项具体措施:

①工作票制度。工作票是准许在电气设备或线路上工作以及进行停电、送电、倒闸操作的书面命令。工作票上要写明工作任务、工作时间、停电范围、安全措施、工作负责人等。同时,签发人和工作负责人要在上面签字。签发人必须根据工作票的内容安排好各方面的协调工作,避免误送电。除按规定填写工作票之外的其他工作或紧急情况,可用口头或电话命令。口头或电话命令要清楚,并要有记录。紧急事故处理可不填工作票,但必须做好安全保护工作,并设专人监护。

②工作监护制度。工作监护制度是保证人身安全及操作正确的重要措施,可防止工作人员麻痹大意,或对设备情况不了解造成差错;并随时提醒工作人员遵循有关的安全规定。万一发生事故,监护人员可采取紧急措施,及时处理,避免事故扩大。

③恢复送电制度。停电检修等工作完成后,应整理现场,不得有工具、器材遗留在工作地点。待全体工作人员撤离工作地点后,要把有关情况向值班人员交代清楚,并与值班人员再次检查,确认安全合格后,在工作票上填明工作终结时间。值班人员接到所有工作负责人的完工报告,并确认无误后,方可向设备或线路恢复送电。合闸送电后,工作负责人应检查电气设备和线路的运行情况,正常后方可离开。

(2)安全技术措施。在电气设备和线路上工作,尤其是在高压场所工作,必须完成停电、验电、放电、装设临时接地线、悬挂警告牌和装设遮拦等保证安全的技术措施。

①停电:对所有可能来电的线路,要全部切断,且应有明显的断开点。要特别注意防止从低压侧向被检修设备反送电,要采取避免误合闸的措施。

②验电:对已停电的线路要用与电压等级相适应的验电器进行验电。

③放电:其目的是消除被检修设备上残存的电荷。放电可用绝缘棒或开关来进行操作。

④装设临时接地线:为防止作业过程中意外送电和感应电,要在检修的设备和线路上装设临时接地线和短路线。

⑤悬挂警告牌和装设遮拦:在被检修的设备和线路的电源开关上,应加锁并悬挂“有人作

业，禁止送电”的警告牌。对于部分停电的作业，安全距离小于 0.7 m 的未停电设备，应装设临时遮拦，并悬挂“止步，高压危险”的标志牌等。

（五）机电硐室

(1)矿井永久性中央变配电所或井底车场内的其他机电硐室，必须砌碹。采区变电所硐室，应用不燃材料支护。硐室的顶板和墙壁应不渗水。

(2)中央变电所的地面，应比入口处巷道轨面高 0.5 m；与水泵房毗邻时，应高于水泵房地面 0.3 m。采空区变电所及其他机电硐室，地面应比入口处巷道轨面高 0.2 m。

(3)长度超过 6 m 的变配电硐室，应在两端各设一个出口，并装有向外开的铁栅栏门。有淹没、爆炸、火灾危险的矿井的机电硐室，都应设置防火门和防水门。

(4)硐室内各种电气设备的控制装置，必须注明号码和用途，并有停送电标志。硐室入口必须悬挂“非工作人员禁止入内”的安全标志，高压电气设备必须悬挂“高压危险”的安全标志牌，并应有照明。

（六）照明、通信和信号的安全要求

(1)井下所有作业地点、安全通道和通往作业地点的人行道，须有良好的照明。

(2)采掘工作面可采用移动式电气照明。有爆炸危险的井巷和采掘工作面，应采用携带式蓄电池矿灯。炸药库的照明应按 GB 6722—2011《爆破安全规程》中的规定执行。

(3)从采区变电所到照明用变压器的 380/220 V 供电线路，应为专用线，不得与动力线共用。照明电源应从采区变电所的变压器低压出线侧的自动开关之前引出。

(4)地表调度室至井下各中段采区、码头门、装卸矿点、井下车场、主要机电硐室、井下变电所、主要泵房和主扇风机房等，应设有线及无线通信系统。

(5)矿井井筒通信电缆线路一般分设两条通信电缆，从不同的井筒进入井下配线设备，其中任何一条通信电缆发生故障，另一条通信电缆的容量应能担负井下各通信终端的通信能力。

井下通信电缆系统应覆盖有人员流动的竖井、斜井、运输巷道、生产巷道和主要开采工作面。

井下通信终端设备应具有防水、防腐、防尘功能。

(6)井底车场，主要机电硐室、调度室和采区，均应安装通信装置。井下变电所、主要泵房和主扇风机房，必须有直通地面交换台或调度室的电话。主要运输巷道的各信号室之间，必须安装直通电话。

(7)井下装卸矿点、提升人员的井口及各中段马头门等处，宜设电视监控系统。

(8)大、中型矿山的井底车场和主要运输水平，应根据井下铁路的运输特点、运输繁忙程度和运输需要，设计铁路信号。

(9)井下铁路信号系统，根据井底车场内和主要运输水平，当同时作业机车多于 3 台时，可采用电气集中设备或微机监控系统。

(10)井下铁路信号电源为二级负荷，应有一路专用电源和一路备用电源。交流电源引入应采用变压器隔离，对地绝缘系统。

(11)井下铁路信号电缆，宜采用裸钢带铠装铜芯信号电缆。

(12)矿井电气信号，必须能同时发声或发光。提升装置应有独立的信号系统，信号电源电压不得超过 127 V，并设专用变压器供电。

（七）保护接地安全要求

(1)矿井内所有电气设备的金属外壳及电缆的配件、金属外皮等，必须接地。巷道中接近电缆线路的金属构筑物等均应接地。

(2)下列地点，应设置局部接地极：

①装有固定电气设备的硐室和单独的高压配电装置。

②采区变电所和工作面配电点。

③铠装电缆每隔 100 m 左右就应接地一次，遇有接线盒时金属外壳亦应接地。

(3)矿井电气设备保护接地系统应形成接地网。

①所有需要接地的设备和局部接地极，都应与接地干线连接；接地干线应与主接地极连接。

②移动式和携带式电器设备，应采用橡套电缆的接地芯线接地，并与接地干线连接。

③矿井所有接地的设备，必须有单独的接地连接线。禁止将几台电气设备的接地连接线串联连接。

④矿井所有电缆的金属外皮，都必须有可靠的电气连接和接地。无电缆金属外皮可利用时，应另敷设接地干线和接地极。

(4)各中段的接地干线，都应与主接地极相连。敷设在钻孔中的电缆，如不能与井下接地干线连接，应将主接地极设在地面。钻孔金属套管可以用作接地极。

(5)主接地极应设在井下水仓或积水坑中，且应不少于两组。局部接地极可设于积水坑、排水沟或其他适当地点。

(6)接地极要求如表 7-1 所示。

表 7-1 接地极安全要求

项目	安全要求
主接地极设置在水仓或积水坑内	应采取面积不小于 0.75 m^2、厚度不小于 5 mm 的钢板。
局部接地极设置在排水沟中	应采用面积不小于 0.6 m^2、厚度不小于 3.5 mm 的镀锌钢板，或具有同样面积而厚度不小于 3.5 mm 的镀锌钢管，并应平放于水沟深处。
局部接地极设置在其他地点	应采用直径不小于 35 mm、长度不小于 1.5 m、壁厚不小于 3.5 mm 的钢管，并竖直埋入地下，钢管上至少应有 20 个直径不小于 5 mm 的孔。

(7)接地干线应采用截面积不小于 100 mm^2、厚度不小于 4 mm 的扁钢，或直径不小于 12 mm的圆钢制成。

电气设备的外壳与接地干线的连接线(采用电缆芯线接地的除外)，电缆接线盒两头的电缆金属连接线，应采用面积不小于 48 mm^2、厚度不小于 4 mm 的扁钢或直径不小于 8 mm 的圆钢。

(8)接地装置的所有钢材，必须镀锌或镀锡。接地装置的连接线，应采取防腐措施。

(9)当任一主接地极断开时，在其余主接地极连成的接地网上任一点测得的总接地电阻值不应大于 2 Ω。每台移动式或手持式电气设备至接地网之间保护接地线电阻值不得大于 1 Ω。

(10)接地线及其连接处，须设在便于检查和试验的地方。

(11)高压系统的单相接地电流大于 20 A 时，接地装置的最大接触电压不应大于 40 V。

（八）检查与维修的安全要求

(1)电气设备的检查、维修和调整等，应建立表 7-2 中所列的主要检查制度，检查中发现问题应及时处理，并应及时将检查结果记入记录本。

表 7-2 电气设备主要检查制度

检查项目	检查时间
井下自动保护装置检查	每季一次
主要电气设备绝缘电阻测定	每季一次
井下全部接地网和总接地网电阻测定	每季一次
高压电缆耐压试验、橡套电缆检查	每季一次
新安装和长期未运行的电气设备，合闸前应测量绝缘和接地电阻	投入运行前

(2)变压器等电气设备使用的绝缘油，应每年进行一次理化性能及耐压试验；操作频繁的电气设备使用的绝缘油，应每半年进行一次耐压试验。理化性能试验或耐压实验不合格的，应更换。补充到电气设备中的绝缘油，应与原用的性质相同，并事先经过耐压实验。

(3)矿井电气操作人员必须遵守下列规定：

①对重要线路和重要工作场所的停电和送电，以及对 700 V 以上的电气设备的检修，须经主管电气工程师或技术人员签发工作票，方准进行作业。

②操作 700 V 以上的电气设备，必须使用防护用具(绝缘手套、绝缘鞋、绝缘垫和绝缘台)。

③禁止带电检修或搬动任何带电设备(包括电缆和电线)；检修或搬动时，必须先切断电源，并将导体完全放电和接地。

④停电检修时，所有已切断的开关把手均应加锁，应验电、放电和将线路接地，并且悬挂"有人工作，严禁送电"的安全警示牌，只有执行这项工作的人员，才有权取下警示牌并送电。

⑤必须做到一人操作，一人监护，禁止单人操作。

(4)供给移动机械(装岩机、电钻等)电源的橡套电缆，靠近机械的一段，应沿地面敷设，但其长度不得大于 45 m，中间不得有接头，电缆应安放在适当位置，以免被运转机械所损坏。

(5)移动式机械工作结束后，司机离开机械时，应切断机械的工作电源。

(6)橡套电缆的接头，其芯线须焊接或熔焊，接头的外层胶应用硫化热补法进行补接，或采用矿用的专用插接件连接。

(九)安全用电要求

(1)不得随便乱动或私自修复电气设备。

(2)经常接触和使用的配电箱、配电板、闸刀开关、按钮、插座、插销及导线等，应保持完好，不得有破损，或将带电部分裸露出来。

(3)熔断器、熔丝、熔片、热继电器等保险装置，使用前必须进行核对。严禁用铜丝等代替保险丝。

(4)在带电设备周围不得使用钢卷尺和带金属丝的线尺。

(5)在导线、电气设备、变压器、油开关附近，不得有损坏电气绝缘或引起电气火灾的热源。

(6)在使用手持式电动工具时，应安装漏电保护器，工具外壳要进行保护接地，移动工具时要防止导线被拉断。

(7)在雷雨天不要走进高压电线杆、铁塔、避雷针的接地导线周围 20 m 以内。当遇到高压线熔断时，在落点周围 10 m 以内不许人员进入；若已进入危险区域且感觉到有跨步电压作用时，应赶快将双脚并在一起或用单腿跳离危险区。

二、电气安全技术

矿山职工在长期的生产实践和日常的生活中，充分认识到电对人类虽然有较大的贡献，但也危害人员的生命安全，当人们一不小心误触或过分接近带电体，或对电气设备使用操作不当，就会造成触电事故，甚至引起火灾、爆炸，导致重大人身伤亡或重大设备事故。因此，我们在利用电能的同时，必须认真做好电气安全生产工作。

(一)矿山电气伤害

1. 电流对人体的伤害作用

当人体触及带电体，或者带电体与人体之间闪击放电，或者电弧波及人体时，电流通过人体进入大地或其他导体，形成导电回路，这种情况就叫触电。

电流对人体伤害有三种形式：电击、电伤和电磁场伤害。

(1)电击

电击是指电流流过人体内部造成的伤害。

电击分为直接接触电击和间接接触电击。前者是触及正常状态下带电体时发生的电击，也称为正常状态下的电击；后者是触及正常状态下不带电，而在故障状态下意外带电的物体时发生的电击，称为故障状态下的电击。

(2)电伤

电伤是指电流的热效应、化学效应和机械效应对人体外部所造成的局部伤害。电伤一般包括电灼伤、电烙印和皮肤金属化等伤害。

(3)电磁场伤害

电磁场伤害是指在高频磁场作用下，人会出现头晕、乏力、记忆力减退、失眠、多梦等神经系统的症状。

电流通过人体内部，能使肌肉产生突然收缩效应，产生针刺感、压迫感、打击感、痉挛、疼痛、血压升高、昏迷、心律不齐、心室颤动等症状。数十毫安的电流通过人体可使人呼吸停止。数十微安的电流直接流过心脏会导致致命的心室纤维性颤动。电流对人体的伤害程度与电流的大小、流经的时间、电流的种类、电流途经、人体的健康状况等因素有关。

2. 矿山电气事故种类及危害

(1)电气设备及线路事故。指由于短路、过负荷、接地、缺相、漏电、绝缘破坏、振荡、安装不当、调整试验漏项或精度不够、维护检修欠妥、设计先天不足、运行人员经验不足、自然条件破坏、人为因素及其他原因导致电气设备及线路发生的爆炸、起火、人员伤亡、设备与线路损坏，以及由于跳闸而停电造成的经济及政治损失。

(2)电流及电击伤害事故。指由于电气设备及线路事故造成的，或由于工作人员或其他人员违反操作规程、安全注意事项，以及教育不够、管理不力等因素造成的人身触电而引起的伤亡事故。

(3)电磁伤害事故。指由于高频电磁场对人体的作用，使人吸收辐射能量，引起中枢神经功能系统紊乱失调以及对心血管系统的伤害，同时对人情绪的影响以及害怕电磁辐射而引起的慌乱、心绪杂乱而造成的操作伤害事故。

(4)雷电事故。指由于自然界中的雷击而造成的毁坏建筑物，毁坏电气设备与线路及其引发的雷电直接对人、畜伤害事故和爆炸、火灾事故。

(5)静电伤害事故。指生产过程中由于摩擦、高速等原因产生的静电放电而引起的爆炸、火灾以及对人、设备的电击造成的伤害。

(6)爆炸、火灾危险场所电气事故引发的爆炸火灾事故。指爆炸、火灾危险场所由于电气设备的危险温度或放电火花、电弧、静电放电等因素而引发的可燃性气体、易燃易爆物品的爆炸、着火以及伴随的设备损坏及人身伤亡事故。这类事故有较大的危险性，会给生产带来毁坏性的灾难及大量的人员伤亡，这类事故必须杜绝。

(二)矿山触电事故的主要原因与急救

1. 触电事故的具体原因

(1)在变配电装置上触电。这类事故的发生多为电气工作人员粗心大意、违章作业，没有执行工作票和监护制度，没有执行停电、验电、放电、装设地线、悬挂标志牌及装设遮拦等规定，违反了安全操作规程所致。为防止这类事故，应严格执行安全操作规程，作业时落实安全组织措施和安全技术措施。

(2)在架空线路上触电。这类事故多为当停电操作时，电气工作人员没有做好验电、放电及跨接临时接地线工作；当带电作业时，带电作业安全措施不落实或监护不力所致。这类触电一般伴有摔伤。预防措施：应严格执行安全操作规程，作业时落实安全组织措施和安全技术措施。

(3)在架空线路下触电。这类事故多发生于非电气工作人员，如高处作业误触带电导线，金属杆及潮湿杆件触及带电导线或吊车臂碰及导线，导线断落后误触或碰及人身。预防措施：当在架空线路下及周围作业时，必须做好防护措施，严禁在架空线路附近竖立高金属杆或潮湿杆件，恶劣天气时应避开架空线路。

(4)电缆触电。这类事故一般是由电缆受损或绝缘击穿，挖土时碰击，带电情况下拆装移位，电缆头放炮等所致。预防措施：电缆应加强巡视检查，定期进行检测，禁止在电缆沟附近挖土，运行的电缆在检修时必须遵守操作规程，必须落实安全组织措施和安全技术措施。

(5)开关元件触电。这类事故多由于元件带电部位裸露、外壳破损、外壳接地不良，以及工作人员违反操作规程、粗心大意所致。预防措施：加强巡检，定期进行检修，严格执行安全操作规程及安全措施。

(6)盘、柜、箱触电。这类事故为设备本身制造上有缺陷或接地不良、安装不当所致，有的则为违反操作规程、粗心大意所致。预防措施：加强巡检，定期进行检修，严格执行安全操作规程及安全措施。此外要加强盘、柜制造上的管理和监督，对于有质量缺陷的盘、柜，可拒绝安装，并加强对盘、柜的测试工作。

(7)熔电器触电。这类事故多为违反操作规程，高压无安全措施及监护人所致。预防措施同(1)。

(8)携带式照明灯(手把灯)触电。这类事故多为没有采用安全电压(36 V 以下)或行灯变压器不符合要求、错接等。预防措施：携带式照明灯安装后应测试其灯口的电压，非电气工作人员不得安装电气设备。

(9)手持电动工具、移动式电气设备、携带式电气设备触电。这类事故多发生为设备本身破损漏电、接线错误或接地不良、导线破损漏电所致。预防措施：加强手持、携带、移动电气设备的管理、维修保养，接线必须由有经验的电气工作人员进行，系统应安装漏电保护装置。

(10)电动起重机械触电。这类事故一般为误操作或带电修理所致，也有由于漏电所致。预防措施：严格执行安全操作规程，做好巡检、维修保养及定期检查工作。

(11)临时用电触电。这类事故多为乱接乱拉、管理不善、超负荷运行、野蛮施工、接地不良、强行用电所致。预防措施：临时用电必须按国家临时用电规程执行，严格管理，禁止乱接乱拉。临时用电的安装应由企业安全部门验收合格后才准使用。

(12)作业现场非电气的金属物件带电触电。这种意外触电，多为系统接地不良或电气绝缘损坏所致。预防措施：系统接地必须良好，加强接地系统和线路的巡视检查及测试，及时修复。

(13)电气设备金属外壳带电触电。这类事故多为接地不良造成或电气设备的漏电跳闸、绝缘监察、保护装置选择不当、调整过大所致。预防措施：系统接地必须良好，加强接地系统和线路的巡视检查及测试，及时修复；加强系统电气设备的巡视检查、维护保养。

(14)生产工艺操作触电。这类事故多为违反操作规程、设备线路陈旧待修、保护装置不完善、接地不良所致。预防措施：严格执行安全操作规程，加强维护保养，调整保护装置。

(15)其他意外触电。这类事故多为架空线路断线、杆倒、电缆严重漏电或者自然灾害造成电气设备损坏、线路断裂时，人们误入危险区域造成。预防措施：严格设计，规范安装，加强巡视检查和维修检修，执行安全操作规程，提高技术水平，普及电气知识，完善管理。

2. 触电急救

(1)若触电者伤势不重，神志清醒，心慌，四肢发麻，全身无力，或一度昏迷后清醒过来，应就地安静休息，并立即通知医生前来治疗。

(2)如果触电者伤势较重，已失去知觉，但还有心脏跳动、呼吸功能，应使触电者安静平卧；四周不应有许多人围观，使空气流通；解开他的衣扣、腰带和紧身内衣以利呼吸；遇天气寒冷时应注意保暖，并速请医生前来现场就地诊治。此时，应严密注视，随时准备进行急救。

(3)触电者伤势严重，呼吸停止或心脏停止跳动或二者都停止，应立即采用人工呼吸和胸外心脏按压法急救。

(三)雷电的危害及预防

雷击事故是由自然界中正、负电荷形式的能量造成的事故。

1. 雷电的种类及危害

(1)雷电种类

①直击雷。直击雷是指带电积云接近地面至一定程度时，与地面目标之间的强烈放电。直击雷的每次放电分先导放电、主放电、余光三个阶段。大约50%的直击雷有重复放电特征。每次雷击有三四个冲击至数十个冲击。一次直击雷的全部放电时间一般不超过500 ms。

②感应雷。感应雷也称为雷电感应，分为静电感应雷和电磁感应雷。静电感应雷是由于带电积云在架空线路导线或其他导电凸出物顶部感应出大量电荷，在带电积云与其他客体放电后，感应电荷失去控制，以大电流、高电压冲击波的形式，沿线路导线或导电凸出物的传播。电磁感应雷是由于雷电放电时，巨大的冲击雷电流在周围空间产生迅速变化的强磁场在邻近的导体上产生的很高的感应电势。

③球雷。球雷是指雷电放电时形成的发红光、橙光、白光或其他颜色光的火球。从电学角度考虑，球雷应当是一团处在特殊状态下的带电气体。

(2)雷电危害

雷电电流幅值大(可达数十千安至数百千安)、冲击性强、冲击电压高，其特点与其破坏性有紧密的关系。雷电主要危害如下：

①火灾和爆炸。直击雷放电的高温电弧、二次放电，会直接引起火灾和爆炸；冲击电压击穿电气设备的绝缘等破坏可间接引起火灾和爆炸。

②触电。积云直接对人体放电、二次放电、球雷打击、雷电流产生的接触电压和跨步电压可直接使人触电；电气设备绝缘因雷击而损坏也可使人遭到电击。

2. 预防雷电措施

(1)装设避雷针、避雷线、避雷网、避雷带是防雷电的主要措施。避雷针分独立避雷针和附设避雷针。独立避雷针不应设在人通行较为频繁的地点。

(2)人身防雷。雷暴时，应尽量减少在户外和野外逗留时间；必须在外行走时最好穿塑料不浸水的雨衣；不要站在山坡上或大树旁，以及海滨、湖滨、河边、池塘边等地点。

(四)电气装置安全管理

1. 变配电站安全要求

变配电站是矿山企业的动力枢纽，站内装有变压器、互感器、避雷针、电容器、高低压开关、高低压母线、电缆等多种高压设备和低压设备。变配电站发生事故不仅使整个生产活动停止，还可能导致火灾和人身伤亡事故。因此，必须按有关规定确保变配电站的安全。

(1)变配电站定位要求

选择修建变配电站的位置必须符合供电、建筑、安全的基本原则。从安全角度考虑，变配电站应避开易燃易爆环境；设置在矿山企业的上风侧，并不得设在容易沉积粉尘和纤维的环境；尤其是不准设置在人员密集的场所。变配电站应有足够的消防通道，以利灭火。

(2)建筑结构要求

高压配电室、低压配电室、油浸电力变压器室、电力电容器室、蓄电池室应用耐火建筑材料建筑；蓄电池室应隔离。

变配电站各间隔的门应向外开启；门的两面都有配电装置时，应两边开启。门应用不燃材料制作。长度超过 7 m 的高压配电室和长度超过 10 m 的低压配电室至少有两个门。

(3)通道

变配电站室内各通道应符合要求。高压配电装置大于 6 m 时，通道应有两个出口；低压配电装置两个出口间的距离超过 15 m 时，应增加出口。

(4)其他安全要求

①变配电室内应通风良好。

②门窗及孔洞应设置网孔小于 10 mm×10 mm 的金属网，防止小动物钻入室内，造成事故。

③变配电站应有"止步，高压危险！"的安全标志。

④断容器与隔离开关操作机构之间、电力电容器的开关与其放电负荷之间应装有可靠的连锁装置。

⑤电气设备正常运行时，应保证无异常声音和气味，充油设备不得漏油、渗油，电气设备各连接点无松动。

2. 变压器安全要求

(1)变压器各部件及本体的固定必须牢固。

(2)电气连接必须良好。

(3)变压器的接地一般是与其低压绕组中性点外壳及其阀型避雷器三者共用的接地。

(4)变压器防爆管喷口前方不得有可燃物。

(5)变压器室的各门均应为防火门。

(6)居住建筑物内安装的油浸式变压器，单台容量不超过 400(kV·A)。

(7)10 kV 变压器壳体距门不应小于 0.8 m(装有操作开关时不应小于 1.2 m)。

(8)采用自然通风时,变压器室地面应高出外地面 1.1 m。

(9)室外变压器容量不超过 315(kV·A)者可在柱上安装;315(kV·A)以上者可在平台上安装。柱上安装变压器底部距地面高度不应小于 2.5 m,裸导体距地面高度不应小于 3.5 m;变压器平台高度一般不应低于 0.5 m,其围栏高度不应低于 1.7 m;变压器壳体距围栏不应小于 1 m,距墙不应小于 0.8 m,变压器操作面距围墙不应小于 2 m。

(10)变压器室的门和围栏上应有"止步,高压危险!"的明显标志。

3. 电气线路安全要求

(1)架空线路

凡挡距超过 25 m,利用杆塔敷设的高、低压电力线路都属于架空线路。架空线路由导线、杆塔、横担、绝缘子、金具、基础及拉线组成。

架空线路木电杆直径不应小于 150 mm,不得有腐朽、严重弯曲,顶部应做成斜坡形,埋在地下的根部应做防腐处理。水泥杆钢筋不准外露,杆身弯曲不准超过 0.2%。

拉线与电杆的夹角不得小于 45°,如受地形限制时,不得小于 30°。拉线穿过公路时其高度不得小于 6 m。拉线绝缘子高度不得小于 2.5 m。

(2)电缆线路

埋设电缆时应注意防止损坏电缆沟、隧道、电缆井和防水层。

4. 配电柜(箱)安装安全要求

(1)配电柜(箱)应用不燃材料制作。

(2)触电危险性小的生产场所和办公室,可安装开启式的配电板。

(3)触电危险性大或环境较差的加工、铸造、热处理车间,锅炉房,木工房等场所,应安装封闭式箱柜。

(4)有导电性粉尘或产生易燃易爆气体的危险作业场所,必须安装密闭式或防爆型的电气设施。

(5)落地安装的柜(箱)底面应高出地面 50~100 mm;操作手柄中心高度一般为 1.2~1.5 m;柜(箱)前方 0.8~1.2 m 的范围内无障碍物。

(五)矿山电气火灾的原因、扑救及预防措施

1. 电气火灾事故的原因

根据多方面电气火灾事故的统计分析,矿山引发电气火灾事故的主要原因如下:

(1)选用电气设备不符合要求或电气设备安装不当。

(2)在检修电气系统时,工作不细致,操作不当,使用了不合格的电气材料。

(3)电气设备老化,超负荷运行。

(4)电气线路年久失修,电缆、电线腐蚀破损漏电。

(5)电气设备积尘、受潮,热源接近电器或易燃易爆物。

(6)焊接使用电源,火花引燃易燃物。

(7)矿井电气火灾事故的主要原因是:低压橡胶皮套电缆着火,变压器起火,使用灯泡和电炉取暖着火等。

从电气火灾事故的发生情况看,低压橡套电缆着火事故最多,占 70%以上,其他依次是铠装电缆着火、矿用变压器着火、灯泡和电炉采暖着火及其他着火事故。

2. 电气设备火灾的扑救

(1)及时切断电源,防止带电燃烧扩大火灾。

(2)无法切断电源或不允许切断电源时,才进行带电灭火。带电灭火必须注意如下事项:

①必须防止扑救人员身体触及带电体。

②使用不导电的灭火器。

③高压电气设备带电灭火时,要注意灭火器的机体、喷嘴及人体与带电体保持相应的安全距离。

④扑救人员必须穿绝缘靴,戴绝缘手套和安全帽。

(3)扑灭电气设备火灾,必须使用二氧化碳、四氯化碳、二氟一氯一溴甲烷、化学干粉等灭火剂灭火。禁止使用泡沫灭火剂灭火,也不宜用水灭火,以免影响电气设备绝缘。

3. 电气火灾的主要预防措施

(1)应选用合格的矿用不易燃橡套电缆。电缆的悬挂应符合矿山安全规程的要求。

(2)避免外力打击电缆,开关在跳闸后,不查明原因不得反复强行送电。

(3)电缆不准成堆堆放或压埋,电缆接线盒附近不得存放易燃物。

(4)要正确使用电缆的连接方法,不能用捆接法和压接法。

(5)矿用变压器使用的绝缘油应定期化验,不合格的应及时更换。

(6)井下不准用灯泡、电炉取暖。

(7)机电硐室应采用不燃物支护,不得存放易燃物料,并设防火门。

(8)进行电焊作业应办理动火证,并采取相应的防火措施。

(六)电气火灾消防技术

1. 电气火灾发生后注意事项

(1)电气火灾发生后,电气设备可能是带电的,这对消防人员是非常危险的,可能会发生触电伤亡事故。因此,电气火灾发生后,无论带电与否,都必须首先切断电气设备的电源。

(2)电气设备本身有的是充油设备,如电力变压器、油断路器、电动机启动补偿器等。当火灾发生后,可能会发生喷油或爆炸,造成火焰蔓延,扩大火灾事故范围。因此,充油电气设备发生火灾时,如不能立即扑灭,应将油放进事故储油池内。

(3)当电气设备火灾发生后,应及时关闭有关的门窗、通道,以免火灾事故蔓延。

(4)电气火灾发生后,现场电气人员一方面尽快切断电源,并组织人力用现场的灭火器材或其他可灭火的器材,按照货源的不同情况尽快灭火;另一方面尽快疏散在场的人员,并组织人力抢救有关财物,尽量减少损失。

(5)电气火灾发生后,如果火势较大,现有灭火器材及人力难以扑灭时,应立即拨通火警电话"119",说明地点、火情、联系方法如电话号码。

(6)电气火灾发生后,如面积较大,必须做好警戒,封锁所有通道、路口,非消防人员禁止进入现场。

(7)消防人员进入现场后,火场的扑救工作由消防人员统一组织指挥,现场的电气工作人员及其他人员应听从指挥,主要是疏散物资,维持秩序,救护伤员等。千万不要乱拉消防水带、水枪,或者持灭火器、消防桶冲入火场,以减少不必要的损失。

(8)如果火场上的房屋有倒塌的危险,或者交配电装置及电气设备或线路周围的储罐、受压容器及扩散开来的可燃气体有爆炸危险的时候,警戒的范围要扩大,留在现场灭火的人员不宜太多,除消防人员外均应退到安全的区域。

(9)电气火灾被扑灭后,电气工作人员应及时清理现场、扑灭余火、恢复供电。恢复供电前必须进行一系列测试和试验,达不到标准要求时,严禁合闸送电。

(10)电气火灾发生后,最忌讳的就是胡乱指挥,莽撞行事,逃离现场,推脱责任,互相埋怨,胡乱猜疑。

2. 电气火灾消防灭火的程序和内容

电气火灾消防灭火的程序和内容如图7-7所示。

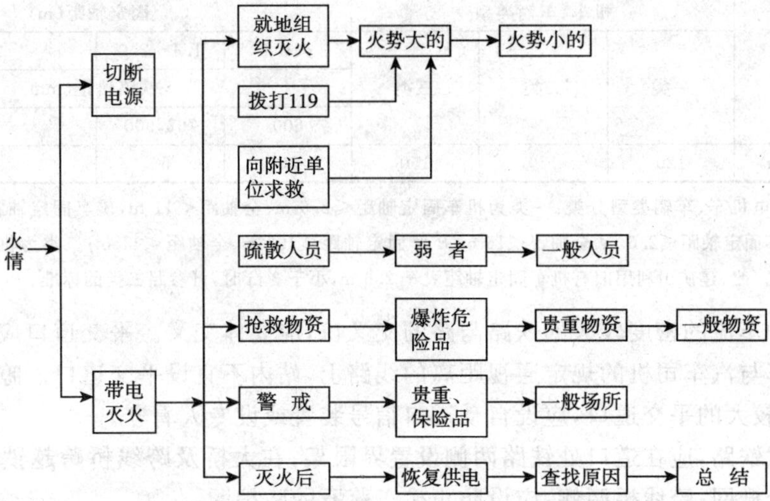

图7-7 电气火灾消防灭火程序图

第二节 矿内提升运输安全

一、露天矿运输安全

露天矿床开拓就是建立地面与露天采场各工作水平之间的运输通道(即出入沟或井巷),以保证露天采场正常的运输联系。

露天矿床开拓与运输方式有密切的关系。开拓方式选择正确与否直接影响矿山基建工程量、基建投资、投产与达产时间、矿山生产能力、生产成本等重要指标。

(一)铁路运输

1. 铁路运输的主要特点

运输量大;线路工程量大,基建投资多,基建时间长;采场和剥离物排弃场移道工作量大;线路坡度小(相比汽车公路),因此采深受限制,一般为200~250 m;经济合理,运距长,一般在4 km以上。

准轨铁路适用于地形和矿体产状简单的大型露天矿;窄轨铁路适用于地形简单,比高较小的中、小型露天矿。

2. 铁路运输的主要安全要求

(1)矿山铁路应按规定设置避难线和安全线,在适当地点设置制动检查所,对列车进行检查试验,设置甩挂、停放制动失灵的车辆所需的站线和设备。

(2)设在曲线上的牵出线,应有保证调车安全的良好瞭望条件。在T接线和调车牵出线的铁路中心线至有作业的一侧路基面边缘的距离应不小于3.5 m,窄轨铁路的路肩宽度应不小于1 m。

(3)下列地段应设双侧护轮轨:

①全长大于10 m或桥高大于6 m的桥梁(包括立交桥);

②线路中心到跨线桥墩台的距离小于 3 m 的桥下线。

固定线和半固定线采用表 7-3 的最小曲线半径时，应在曲线内侧设单侧护轮轨。

表 7-3 最小曲线半径

线路名称	准轨铁路			窄轨铁路		
	机车、车辆类型			固定轴距(m)		
	一类	二类	三类	<1.4	1.4～2.0	2.1～3.0
				铁路轨距(mm)		
				600	762,900	762,900
最小曲线半径(m)	120	120	150	30	60	80

注：准轨铁路电机车、车辆类型分类：一类为机车固定轴距≤2.6 m、全轴距<11 m，矿车固定轴距≤1.8 m、全轴距<11 m；二类为机车固定轴距≤2.6 m、全轴距<16 m，矿车固定轴距≤1.8 m、全轴距<11 m；三类为机车固定轴距 1.2×2 m、全轴距<13 m。改、建矿山利用旧有机车固定轴距大于 2.6 m，小于 3 m 时，可参照二类的标准。

(4)人流和车流的密度较大的铁路与路的交叉口，应立体交叉。平交道口应设在瞭望条件良好，满足机车与汽车司机的规定通视距离的线路上，站内不宜设平交道口。瞭望条件较差或人(车)流密度较大的平交道口，应设自动道口信号装置或设专人看守。

(5)电气化铁路，应在道口处铁路两侧设置界限架；在大桥及跨线桥跨越铁路电网相应部位处，应设安全栅网；跨线桥两侧，应设防止矿车落石的防护网。

(6)繁忙道口、有人看守的较大的桥隧建(构)筑物和可能危及行车安全的塌方、落石地点，宜安设遮断信号机，其位置距防护地点不小于 50 m。在有暴风雨、雾、雪等不良气候条件的地区，或当遮断信号机显示距离不足 400 m 时，还应在主体信号机前方 300 m(窄轨铁路 150 m)处，设预告信号机或复示信号机。

(7)装(卸)车线一般应设在平道或坡度不大于 2.5‰(窄轨不大于 3‰)的坡道上；对有流动轴承的车辆，坡度应不大于 1.5‰。特殊情况下，机车不摘钩作业时，其装卸线坡度不得大于 15‰。线路尽头应设安全车挡。

(8)列车运行速度由矿山具体确定，但应保证在准轨铁路 300 m、窄轨铁路 150 m 的制动距离内停车。

(9)同一调车线路上禁止两端同时进行调车。采区溜放方式调车时，应有相应的安全制动措施。在运行区间内不准甩车，在站线坡度大于 2.5‰(滚动轴承车辆大于 1.5‰，窄轨大于 3‰)的坡道上进行甩车作业时，应采取防溜措施。

(10)列车通过电气化铁路高压输电网路或跨线桥时，禁止人员攀登机车、煤水车或装载敞车的顶部。电机车长期受电弓后，禁止登上车顶或进入侧走台工作。

(11)铁路吊车作业时，应根据设备性能和线路坡度的需要，采取止轮或机车(列车)连挂等安全措施。

(12)窄轨人力推车时，应遵守以下规定：

①线路坡度在 5‰以下时，前后两车的间距不得小于 10 m；坡度大于 5‰时，间距不得小于 30 m；坡度大于 10‰时，禁止人力推车。

②在能够自溜的线路上运行时，行车速度不得超过 3 m/s，并应有可靠的制动措施。矿车进入弯道、道岔、站场和尽头时，应减速缓行。

③禁止任何人搭乘车辆。

④双轨道上同向或逆向行驶的矿车的间距，应不小于 0.7 m。禁止推车工在两车道中间

行走。

(13)窄轨自溜运输，车辆的滑行速度不得超过 3 m/s。滑行速度 1.5 m/s 以下时，车辆间距应不小于 20 m；滑行速度超过 1.5 m/s 时，车辆间距应不小于 30 m。自溜运输，沿线应按需要设减速器等安全装置。

(14)发生故障的线路，应在故障区域两端设停车信号，独头线路发生故障时，应在进车端设停车信号；故障排除和停车信号撤除前禁止列车在故障线路区域运行。

(15)陡坡铁路运输应遵守以下规定：

①陡坡铁路坡度范围 30‰～50‰。列车运行速度 $15\ km/h \leqslant v \leqslant 40\ km/h$。线路建设等级为固定式、半固定式。

②线路平面的圆曲线半径≥250 m。直线与圆曲线间应采用三次抛物线形和曲线连接。缓和曲线的长度应≥30 m。超高顺坡率≤3‰。圆曲线或夹直线最小长度 30 m(小于列车长度时设置护轮轨)。竖曲线半径≥3 000 m。

③最大坡度按下列规定进行坡度折减：

当曲线长度≥列车长度时，

$$\Delta I_r = 600/R \tag{式 7-1}$$

式中　ΔI_r——坡度(‰)；

R——曲线半径(m)。

当曲线长度<列车长度时，

$$\Delta I_r = 10.5 \sum \alpha / l \tag{式 7-2}$$

式中　$\sum \alpha$——坡段长度内平面曲线偏角总和(°)；

I_r——坡段长度(m)，当其大于列车长度时采用列车长度。

④轨道类型次重型以上，即轨型质量≥50 kg/m。混凝土轨枕、弹条扣件铺设参数 1 760 根/km以上。道碴厚度≥350 mm。

⑤采用 25 m 标准长度钢轨，钢轨接头采用对接；轨距 1 435 mm，曲线半径 $300\ m \leqslant R \leqslant 350\ m$，曲线轨距加宽 5 mm；曲线半径 $250\ m \leqslant R \leqslant 300\ m$ 时，曲线轨距加宽 15 mm；道床边坡坡度 1∶1.75。

⑥防爬桩铺设参数 2 组/25 m；防爬器双方向安装 8 对/25 m，轨撑安装 14 对/25 m。

⑦150 t 电机车牵引 60 t 重矿车数量≤8 辆；224 t 电机车牵引 60 t 重矿车数量≤12 辆。

(二)汽车运输

1. 汽车运输的主要特点

路线坡度大，转弯半径小，因而线路工程量少，基建时间短，基建投资少；便于采用分散排土场；机动灵活，适应性强，可提高挖掘机效率 20%～30%(与机车运输相比)；深凹露天矿可减少基建剥离量和扩帮量。但燃油和轮胎消耗量大，设备利用率低，运输成本高，经济运距短；汽车排出废气污染环境(比铁路严重)较严重。

2. 使用条件

地形条件和矿体产状复杂，矿点多且分散的矿床；矿体薄、倾角缓，需要分采分运的矿体；用陡帮开采工艺；运距不长，一般在 3 km 内，但对采用电动轮自卸汽车的大型露天矿，其合理运距可适当加大。不适用泥质、多水和全松散沙层的露天矿，也不适于多雨或水文地址条件复杂，且疏干效果不好，含泥量高的露天矿。

3. 汽车运输的主要安全要求

(1)深凹露天矿运输矿(岩)石的汽车，应采取废气净化措施。

(2)自卸汽车严禁运载易燃、易爆物品；驾驶室外平台、脚踏板及车斗不准载人。禁止在运行中升降车斗。

(3)行车速度应与道路曲率半径、路面宽度、纵向坡度及可视距离相适应。车辆在矿区道路上宜中速行驶，急弯、陡坡、危险地段应限速行驶，养路在矿区道路上宜中速行驶，急弯、陡坡、危险地段应限速行驶，养路地段应减速通过。急转弯处严禁超车。

(4)双车道的路面宽度，应保证会车安全。陡长坡道的尽端弯道，不宜采用最小平曲线半径。弯道处会车视距若不能满足要求，则应分设车道。

(5)雾天和烟尘弥漫影响能见度时，应开亮车前黄灯与标志灯，并靠右侧减速行驶，前后车间距不得小于 30 m。视距不足 20 m 时，应靠右行驶，并不得熄灭车前、车后的警示灯。

(6)冰雪和多雨季节，道路较滑时，应有防滑措施并减速行驶；前后车距不得小于 40 m；禁止急转方向盘、急刹车、超车；拖挂其他车辆时，应采取有效的安全措施，并有专人指挥。

(7)山坡填方的弯道、坡度较大的填方地段以及高堤路基路段外侧应设置护栏、挡车墙等。

(8)正常作业条件下同类车严禁超车，前后车距保持适当。生产干线、坡道上禁止无故停车。

(9)自卸汽车进入工作面装车，应停在挖掘机尾部回转范围 0.5 m 以外，防止挖掘机回转撞坏车辆。汽车在靠近边坡或危险路面行驶时，要谨慎通过，防止架头崩塌事故发生。

(10)对主要运输道路及联络道的长大坡道，可根据运行安全需要设置汽车避难道。

(11)道路与铁路交叉的道口，宜采用正交形式，如受地形限制应斜交时，其交角应不小于45度。道口应设置警示牌。车辆通过道口前，驾驶员应减速瞭望，确认安全方可通过。

(12)装车时，禁止检查、维护车辆；驾驶员不得离开驾驶室，不得将头和手臂伸出驾驶室外。

(13)卸矿平台(包括溜井口、栈桥卸矿口等处)要有足够的调车宽度。卸矿地点应设置牢固可靠的挡车设施并设专人指挥。挡车设施的高度不得小于该卸矿点各种运输车辆最大轮胎直径的 2/5。

(14)拆卸车轮和轮胎充气，要先检查车轮压条和钢圈完好情况，如有缺损，应先放气后拆卸。在举升的车斗下检修时，应采取可靠的安全措施。

(15)禁止采用溜车方式发动车辆，下坡行驶严禁空挡滑行。在坡道上停车时，司机不能离开，应使用停车制动并采取安全措施。

(16)露天矿场汽车加油站，应设置在安全地点。不准在露天采场存在明火及不安全的地点加油。

(17)夜间矿场装卸地点，应有良好照明。

(三)溜槽、平硐溜井运输

1. 主要特点

利用矿岩自重向下溜放，可减少运输设备和运输线路工程量；可缩短运距，使矿石生产成本低，经济效果好；溜井平硐基建工程量大，施工工期较长。

2. 使用条件

比高较大的高山型矿床，一般要求比高大于 120 m，地形坡度小于 30°；溜井一般只适用于溜放矿石，只有当废石不能直接运往排弃场或不经济，且岩性较好时，采用溜井溜放岩石；一个溜井一般只适用于溜放一种矿石，多品种矿山应有专用溜井；但矿石黏结性大，在溜井放矿中易产生堵塞或矿石易碎，溜放中产生大量矿粉，严重降低矿石价值时，不宜用平硐溜井运输。

3. 溜槽、平硐溜井运输的安全要求

(1)溜槽的位置和结构要合理选择。从安全和放矿条件考虑,一般以45°～60°为宜,最大不超过65°。溜槽底部周围应有明显标志,溜矿时严禁人员靠近,以防滚石伤人。

(2)确定溜井位置,应依据可靠的工程地质资料。溜井应布置在坚硬、稳定、整体性好、地下水不大的地点。溜井穿过局部不稳固地层,应采取加固措施。

(3)放矿系统的操作室,应设有安全通道。安全通道应高出运输平硐,并应避开放矿口。

(4)平硐溜井应建立晚上通风除尘系统。

(5)溜井的卸矿口应设格筛,并设明显标志、良好照明和安全护栏,以防人员和卸矿车辆坠入。机动车辆卸矿时,应有专人指挥。

(6)运输平硐内应留有宽度不小于1 m的人行道。进入平硐的人员,应在人行道上行走。平硐内应有良好的照明设施和联络信号。

(7)容易造成堵塞的杂物,超规定的大块物体、废旧钢材、木材、钢丝绳及含水量较大的黏性物料,严禁卸入溜井。

(8)溜井口周围的爆破,应有专门设计。

(9)溜井上、下作业时,禁止非工作人员在附近逗留。禁止操作人员在溜井口对面或矿车上撬矿。溜井发生堵塞、塌落、跑矿等事故时,应待其稳定后再查明事故的地点和原因,并制定处理措施;严禁从下部进入溜井。

(10)应加强平硐溜井系统的生产技术管理,编制管理细则,定期进行维护检修。检修计划应报矿长批准。

(11)雨季应加强水文地质观测,减少溜井储矿量;溜井积水时,不得卸入粉矿,并应暂停放矿,采取安全措施妥善处理积水后才能放矿。

(四)带式输送机运输

1. 带式输送机的特点

带式输送机是一种连续运输设备,故生产效率高。它可运输矿石、煤、粉末状的物料和包装好的成件物器,工作过程中噪声较小,结构简单。所以在井下巷道、矿井地面、露天采矿及选矿厂中获得了广泛的应用。国内外的生产实践证明,胶带输送机无论在运输量方面,还是在经济指标方面,都是一种先进的运输设备。

矿用带式输送机按主要结构分为普通胶带输送机、钢绳芯胶带输送机和钢绳牵引胶带输送机。

普通胶带输送机的单机长度很小,不能适应长距离大运量的运输要求。抗拉强度是决定运输距离的主要因素,因此钢绳芯胶带和钢绳牵引胶带给发展长距离、高速度、大运量、高功率的胶带输送机开辟了广阔的道路。

钢绳芯胶带输送机工作原理与普通胶带输送机相同,所不同的主要在于它们的胶带芯体。这种输送机的胶带用钢丝绳代替织物衬垫做芯体,故它有很高的抗拉强度。钢绳芯胶带输送机主要组成部分是胶带、托辊、传动滚筒、拉紧装置、制动器及清扫装置。胶带绕经两端滚筒后用胶带扣将两头接在一起,使之成为封闭环形。胶带用拉紧装置拉紧,当传动滚筒由电动机带动而旋转时,借助胶带与滚筒之间的摩擦力,带动胶带连续运转,装到带上的货载运到一端后,由于胶带转向而被卸下。

与普通胶带输送机相比,钢绳芯胶带输送机有以下优点:单机运输距离长,运输能力大,经济效果好,结构简单,使用寿命长,运行速度大。其缺点是:胶带横向强度低;较易断丝;胶带的接头连接比较困难和复杂。

2. 带式输送机运输的安全要求

(1)带式输送机两侧应设人行道,经常行人侧的人行道宽度不小于 1.0 m;另一侧不小于 0.6 m。人行道的坡度大于 7°时,应设踏步。

(2)非大倾角带式输送机运送物料的最大坡度,向上不大于 15°,向下不大于 12°。

(3)带式输送机的运行,应遵守依下列规定:

①非乘人带式输送机,严禁人员乘坐。

②不得运送规定物料以外的其他物料及过长的材料和设备。

③物料的最大块度应不大于 350 mm。

④堆料宽度,应比胶带宽度至少小 200 mm。

⑤应及时停车清除输送带、传动轮和改向轮上的杂物,严禁在运行的输送带下清矿。

⑥禁止工人靠近运输皮带行走;设置跨越皮带机的有栏杆路桥。

⑦机头、减速器及其他旋转部分应设防护罩。皮带运转时禁止注油、检查和修理。

(4)带式输送机的胶带安全系数应为 8～10。钢绳芯胶带输送机安全系数应为 3.5～5。

(5)钢绳芯胶带输送机的滚筒直径,应不小于钢绳芯直径的 150 倍,不小于钢丝直径的 1 000倍,且最小直径不得小于 400 mm。

(6)各装料点和卸料点,应设固定保护装置、电气保护和信号灯。

(7)带式输送机应设有防止胶带跑偏、撕裂、逆转的装置,胶带和滚筒清理、过速保护、过载警报、防止大块冲击装置,以及沿线路的启动、紧急停车等装置和良好的制动装置。钢绳芯带式输送机还应设防止胶带脱槽装置和多滚轮的叠绳保护装置。

(8)更换栏板、刮泥板、托辊时应停车,切断电源,并有专人监护。

(9)胶带启动不了或打滑时,严禁用脚蹬踩、用手推拉或压杠子等办法处理。

(五)架空索道运输

1. 架空索道运输概述

架空索道就是通过架设在空中的钢丝绳悬挂矿斗,随着牵引(或制动)钢丝绳的行动,矿斗也随着运动的一种运输方式,分为动力和重力两种。它可以直接跨越较大的沟谷,翻越陡峭的高山,对于地处山区、产量不大的矿山,是一种比较有效的地表运输方法。架空索道适用于陡峭山区的露天。

2. 架空索道运输的主要安全要求

(1)架空索道运输应遵守 GB 12141—2008。

(2)索道线路经过厂区、居民区、铁路、道路时,应有安全防护措施。

(3)索道线路与电力、通讯架空线路交叉时,应采取保护措施。

(4)遇有八级或八级以上大风时,应停止索道运转和线路上的一切作业。

(5)离地面高度小于 2.5 m 的牵引索和站内设备的运转部分,应设安全罩或防护网。高出地面 0.6 m 以上的站房,应在站口设置安全栅栏。

(6)驱动机应同时设置工作制动和紧急制动两套装置,其中任一装置出现故障,均应停止运行。

(7)索道各站都应设有专用的电话和音响信号装置,其中任一种出现故障,均应停止运行。

(六)斜坡卷扬运输

1. 斜坡卷扬运输的主要特点

设备简单;基建工程量小,基建时间短、投资少,投产快;劳动生产率低,运量小。

2. 斜坡卷扬运输的不适用条件

地形高差大、复杂、不适于展线且采矿场标高高于卸矿点的露天矿；也不适于大、中型露天矿。

3. 斜坡卷扬运输的安全要求

(1)斜坡道与上部车场和中间车场的连接处，应设置灵敏可靠的阻车器。

(2)斜坡道上应设防止跑车装置等安全设施。

(3)斜坡卷扬运输速度，不得超过下列规定：

①坡道升降人员或用矿车运输物料的最高速度：斜坡道长度不大于 300 m 时，3.5 m/s；斜坡道长度大于 300 m 时，5 m/s；在甩车道上运行时，1.5 m/s。

②用箕斗运输物料和矿石的最高速度：斜坡道长度不大于 300 m 时，5 m/s；斜坡道长度大于 300 m 时，7 m/s。

③运输人员的加速度或减速度，0.5 m/s^2。

(4)斜坡道运输的机电控制系统，应有限速保护装置、主传动电动机的短路及断电保护装置、过卷保护装置、过速保护装置、过负荷及无电压保护装置、卷扬机操作手柄与安全制动之间的连锁装置、卷扬机与信号之间的闭锁装置等。

(5)卷扬机紧急制动和工作制动时，所产生的力矩和实际运输量最大静荷重旋转力矩之比 K，都不得小于 3。质量模数较小的绞车，保险闸门的 K 值可适当降低，但不得小于 2。调整双滚筒绞车滚筒旋转的相对位置时，制动装置在各滚筒闸轮上所产生的力矩不得小于该滚筒悬挂质量(钢丝绳质量与运输容器质量之和)所形成的旋转力矩的 1.2 倍。计算制动力矩时，闸轮与闸瓦摩擦系数应根据实测确定，一般采用 0.30～0.35，常用闸和保险闸的力矩应分别计算。

(6)应沿斜坡道设人行踏步。斜坡道两侧应设堑沟或安全挡墙。

(7)斜坡道床的坡度较大时，应有防止钢轨及轨梁整体下滑的措施；钢轨敷设应平整、轨距均匀。斜坡轨道中间应设地辊托住钢丝绳，并保持润滑良好。

(8)矿仓上部应设缓冲台阶、挡矿板、防冲击链等防砸措施。矿仓闸门口下部应设置接矿坑或刮板运输机，以收集和清理散矿。

(9)卷筒直径与钢丝绳直径之比不得小于 80。卷筒直径与钢丝直径之比不得小于 1 200。专门运输物料的钢丝绳，安全系数不小于 6.5；运送人员的，不得小于 9。钢丝绳在卷筒上作多层缠绕时，卷筒两端凸缘应高出外层绳圈 2.5 倍钢丝绳直径的高度。钢丝绳弦长不宜超过 60 m；超过 60 m 时，要在绳弦中部设置支撑导轮。

(10)卷扬司机、卷扬信号工、矿仓卸矿工之间应装设声光信号联络装置。联络信号应清楚；信号中断或不清时，不得进行操作。

(11)在斜坡道上，或在箕斗(矿车)、料仓里工作，应有安全措施。

(12)调整卷扬钢丝绳，应空载、断电进行，并用工作制动。拉紧钢丝绳或更换操作水平时，运行速度不得超过 0.5 m/s。

(13)对钢丝绳及其部件，应定期进行检查与试验；发现下列情况之一时，应更换。

①专门运输物料的钢丝绳，在一个捻距内断丝数目达到钢丝总数的 10%。

②因紧急制动而被猛烈拉伸时，在拉伸区段有损坏或长度增加 0.5%以上。

③磨损达 30%。

④有断股或直径缩小达 10%。

(14)多层缠绕的钢丝绳,由下层转到上层的临界段应加强检查,并且每季度应将临界段串动 1/4 圈的位置。运输物料的钢丝绳,自悬挂之日起隔一年做一次试验,以后每隔 6 个月试验一次。

箕斗钢丝绳连接套因紧急制动而拔出 5 mm 以上,或出现其他异常危险现象时,应重新浇注连接。

二、地下矿山提升运输安全

地下矿山生产过程中,矿石或废石从采掘(剥)作业面运送到矿仓或废石场,各种设备、器材运送到作业地点以及作业人员上下班,都离不开运输和提升工作。运输提升是矿山开发中不可缺少的重要环节,对矿山的安全与生产至关重要。

矿山运输提升的方式是根据矿床的开采方法、开拓方式及经济技术条件确定的,而主要运输提升设备的选用又影响开采、开拓方案的确定。地下矿山根据运输提升井巷的不同分为水平巷道运输、斜井提升和竖井提升。

(一)水平巷道运输

水平巷道运输按动力不同可分为人力推车和机械运输;按运输设备不同可分为机车运输、无极绳运输等;机车运输又可分为内燃机车、架线式电机车和蓄电池电机车运输。

水平巷道运输的安全要求如下。

(1)采用电机车运输的矿井,由井底车场或平硐口到作业地点所经平巷长度超过 1 500 m 时,应设专用人车运送人员。专用人车应有金属顶棚,从顶棚到车厢和车架应做好电气连接,确保通过钢轨接地。

(2)专用人车运送人员,应遵守下列规定:

①每班发车前,应有专人检查车辆结构、连接装置、轮轴和车闸,确认合格方可运送人员。

②人员上下车的地点,应有良好的照明和发车电铃;如有两个以上的开往地点,应设列车去向灯光指示牌;架线式电机车的滑触线需设分段开关,人员上下车时,应切断电源。

③双轨巷道的调车场应设区间闭锁装置;人员上下车时,禁止其他车辆进入乘车线。

④列车行驶速度不得超过 3 m/s。

⑤禁止同时运送爆炸性、易燃性和腐蚀性物品或附挂料车。

(3)乘车人员应严格遵守下列规定。

①服从司机指挥。

②携带的工具和零件,不得伸出车外。

③列车行驶时和停稳前,禁止将头部和身体探出车外,禁止上下车。

④禁止超员乘车,列车行驶时应挂好安全门链。

⑤禁止扒车、跳车和坐在车辆连接处或机车头部平台上。

⑥禁止搭乘除人车、抢救伤员和处理事故的车辆外的其他车辆。

(4)列车运输时,矿车应该采用不能自行脱钩的连接装置。不能自动摘挂钩的车辆,其两端的碰头或缓冲器的伸出长度,不应小于 100 mm。停放在能自滑的坡道上的车辆,应用可靠的制动装置或木楔稳住。

(5)人力推车,应遵守下列规定:

①推车人员应携带矿灯。在照明不良的区段,矿灯应挂在矿车行进方向的前端。

②一个人只准推一辆车。同方向行驶的车辆的间距,轨道的坡度在 5‰以下的,不得小于

10 m；坡度大于 5‰，不得小于 30 m；坡度大于 10‰，禁止人力推车。

③在能够自滑的线路上运行，应有可靠的制动装置；行车速度不得超过 3 m/s；严禁推车人员骑跨车辆滑行或放飞车。

④矿车通过岔道、巷道口、风门、弯道和坡度较大的区段，以及出现两车相遇、前面有人或障碍物、脱轨、停车等情况时，推车人应及时发出警号。

(6)在运输巷道内，人员应沿人行道行走。在双轨巷道内，禁止人员在两轨道之间停留。禁止横跨列车。

(7)永久性轨道应随巷道掘进及时敷设，临时行轨道的长度不得超过 15 m。永久性轨道路基应铺以碎石或辊石道碴，轨枕下面的道碴厚度应不小于 90 mm，轨枕埋入道碴的深度应不小于轨枕厚度的 2/3。

(8)轨道的曲线半径，应符合表 7-4 的规定。

表 7-4 轨道曲线半径的安全要求

项目	安全要求
行驶速度 1.5 m/s 以下	不得小于车辆最大轴距的 7 倍
行驶速度大于 1.5 m/s	不得小于车辆最大轴距的 10 倍
轨道弯道转角大于 90°	不得小于车辆最大轴距的 10 倍
带转向架的大型车辆(如绞车、底卸式矿车等)	不得小于车辆技术文件的要求

(9)曲线段轨道加宽和外轨超高，应符合运输技术条件的要求。直线段轨道的轨距误差不得超过＋5 mm 和－2 mm，平面误差不得大于 5 mm，钢轨接头间隙不得大于 5 mm。

(10)维修线路时，应在工作地点前后不少于 80 m 处设置临时信号，维修结束后应予撤除。

(11)使用电机车运输，应遵守下列规定：

①有爆炸性气体的回风巷道，禁止使用架线式电机车。

②高硫和有自然发火危险的矿井，应使用防爆型蓄电池电机车。

③每班要检查电机车的闸、灯、警铃、连接器和过电流保护装置，任何一项不正常，均不得使用。

④电机车司机不得擅离工作岗位；司机离开机车时，应切断电动机电源，拉下控制器把手，取下车钥匙，扳紧车闸将机车刹住。

(12)电机车运行，应遵守下列规定：

①司机不得将头或身探出车外。

②电机车制动距离：运送人员时，不得超过 20 m；运送物料时，不得超过 40 m；14 t 以上大型机车(或双机)牵引运输时，应根据运输条件予以确定，但不得超过 80 m。

③采用电机车运输的主要运输道上，非机动车辆应经调度人员同意方可行驶。

④单机牵引列车正常行车时，机车须在列车的前端牵引(调车或处理事故时不在此限)。

⑤双机牵引列车允许 1 台机车在前端牵引，1 台机车在后端推动。

⑥列车通过风门、巷道口、弯道、道岔和坡度较大的区段，以及前方有车辆或视线有障碍时，应减速并发出警号。

⑦在列车运行前方，任何人发现有碍列车行进的情况时，应以矿灯、声响或其他方式向司机发出紧急停车信号。司机发现运行前方有异常情况或信号时，应立即停车检查，排除故障，

方准继续行车。

⑧电机车在停稳之前,不得摘挂钩。

⑨严禁无连接装置顶车和长距离顶车倒退行驶;若需短距离倒行,应减速慢行,且有专人在倒行前方观察监护。

(13)架线式电机车运输的滑触线悬挂高度(由轨面算起),应符合下列规定:

①井下主要运输巷道、调车场以及人行道同运输巷道交叉的地方,不小于 2 m。

②在井底车场内,从井底到乘车场,不小于 2.2 m。

(14)电机车运输的滑触线架设,应符合表 7-5 的规定。

表 7-5　滑触线架设的安全要求

项目	安全要求
滑触线悬挂点的间距	在直线段内不超过 5 m;在曲线段内不超过 3 m
滑触线线夹两侧的横拉线	须用瓷瓶绝缘;线夹与瓷瓶的距离不超过 0.2 m;线夹与巷道顶板或支架横梁间的距离不小于 0.2 m
滑触线与管线外缘的距离	不小于 0.2 m
滑触线与金属管线交叉处	须用绝缘物隔开

(15)电机车运输的滑触线须设分段开关,分段距离不得超过 500 m。每一条支线也须设分段开关。上下班时间,距井筒 50 m 以内的滑触线应切断电源。

架线式电机车运输工作中断时间超过一个班时,非工作地区内的电机车线路电源应切断。修整电机车线路,应先切断电源,并将线路接地,接地点应设在工作地段的可见部位。

(16)使用带式输送机,应遵守下列规定:

①带式输送机运输物料的最大坡度,向上(块矿)应不大于 15°,向下应不大于 12°;带式输送机最高点与顶板的距离,应不小于 0.6 m;物料的最大外形尺寸应不大于 350 mm。

②禁止人员搭乘非载人带式输送机;不得用带式输送机运送过长的材料和设备。

③输送带的最小宽度,应不小于物料最大尺寸的 2 倍加 200 mm。

④带式输送机的胶带安全系数,按静载荷计算时应不小于 8,按启动和制动时的动载荷计算时应不小于 3。

⑤钢绳芯带式输送机的滚筒直径,应不小于钢丝绳直径的 150 倍,不小于钢丝直径的 1 000倍,且最小直径不得小于 400 mm。

⑥装料点和卸料点,应设空仓、满仓等保护装置,并有声光信号和输送机连锁。

⑦带式输送机应设有防胶带撕裂、断带、跑偏等保护装置,并有可靠的制动、胶带清扫以及过速保护、过载保护、打滑保护、防大块冲击等装置;线路上应有信号、电气连锁和停车装置;上行的输送机,应设防逆装置。

⑧在倾斜巷道中采用带式输送机运输;输送机的一侧应平行敷设一条检修道,需要利用检修道作辅助提升时,应在二者之间加挡墙。

(17)井下使用内燃无轨运输设备,应遵守下列规定:

①每台设备应有废气净化装置,净化后的废气中有害物质的浓度应符合 TJ 36—79 的有关规定。

②运输设备应定期进行维护保养,司机应持证驾驶。

③采用汽车运输时,汽车顶部至巷道顶板的距离应不小于 0.6 m。

④斜坡道长度每隔 300～400 m 应设坡度不大于 3%的缓坡段。

⑤严禁熄火下滑。

⑥在斜坡上停车时，应用三角木块挡车。

⑦每台设备应配备灭火装置。

(二)斜井提升

小型矿山常用的提升方式之一是斜井单钩串车提升，斜井提升按设备不同可分为斜井轨道提升和斜井胶带输送机提升；轨道提升又可分为斜井箕斗提升和串车提升。斜井提升具有设备简单、投资少、见效快的优点，但如果在操作、管理等方面不当，就容易发生事故、造成危害，因此要引起重视，采取有效的措施，搞好斜井提升安全。

斜井提升的安全要求如下。

(1)坡度 30°以下、垂直深度超过 90 m 和坡度 30°以上、垂直深度超过 50 m 的斜井，应设专用人车运送人员。斜井用矿车组提升时，严禁人货混合串车提升。

(2)专用人车应有顶棚，并装有可靠的断绳保险器。列车每节车厢的断绳保险器应相互连接，并能在断绳时同时起作用。断绳保险器应既能自动，也能手动。运送人员的列车，应有随车安全员。随车安全员应坐在装有断绳保险器操纵杆的第一节车内。运送人员的专用列车的各节车厢之间除连接装置外，应附挂保险链。连接装置和保险链，应经常检查并定期更换。

(3)采用专用人车运送人员的斜井，应装设符合下列规定的声、光信号装置：

①每节车厢都能在行车途中向提升司机发出紧急停车信号。

②多水平运送时，各水平发出的信号要有区别，以便提升司机辨认。

③所有收发信号的地点，都要悬挂明显的信号牌。

(4)斜井运输，应有专人负责管理。乘车人员应听从随车安全员指挥。按指定地点上下车，上车后应关好车门，挂好车链。斜井运输时，禁止蹬钩；禁止人员在运输道上行走。

(5)倾角大于 10°的斜井，应设置轨道防滑装置，轨枕下面的道碴厚度不得小于 50 mm。

(6)提升矿车的斜井，应设常闭式防跑车装置，并经常保持完好。斜井上部和中间车场，须设阻车器或挡车栏。阻车器或挡车栏在车辆通过时打开，车辆通过后关闭。斜井下部车场须设躲避硐。

(7)斜井运输的最高速度，不得超过表 7-6 的规定。

表 7-6 斜井运输的最高速度要求

项目		最高速度(加速度)
运输人员或用矿车运输物料	斜井长度不大于 300 m	3.5 m/s
	斜井长度大于 300 m	5 m/s
用箕斗运输物料	斜井长度不大于 300 m	5 m/s
	斜井长度大于 300 m	7 m/s
斜井运输人员的加速度或减速度		0.5 m/s^2

(三)竖井提升

竖井提升按提升容器的不同可分为罐笼提升、箕斗提升以及建井时用的吊桶提升；按提升机的不同可分为单绳缠绕式提升和多绳摩擦式提升；按提升方式不同可分为双罐笼提升、单罐笼提升及单罐笼平衡锤提升等。

竖井提升的安全要求如下。

(1)垂直深度超过 50 m 的竖井用作人员出入口时,须用罐笼或电梯升降人员。

(2)用于升降人员和物料的罐笼,应遵守下列规定:

①罐笼须装设能打开的活顶盖。

②罐笼底板应铺设坚固的无孔钢板。如罐底装有转动阻车器的连杆,底板须设检查孔,检查孔应用钢板密封。

③罐笼侧壁与罐道接触部分,禁止使用带孔的钢板。罐内要装设扶手。

④罐笼两端出入口,应装设高度不小于 1.2 m 的罐门或罐帘。罐门或罐帘下部距罐底不得超过 250 mm,罐帘横杆的间距,不得大于 200 mm,罐门不得向外开启。

⑤罐笼内须设阻车器。

⑥罐笼的最大载重量和最大载人数量,应在井口标明。

(3)罐笼应符合下列规定:

①单层罐笼和多层罐笼顶层的净高不得小于 1.9 m,多层罐笼其他各层的净高不得小于 1.8 m。

②罐笼载人数量,应按每人占用 0.2 m^2 底板面积确定。

(4)升降人员的罐笼,应装设安全可靠的防坠器,多绳提升可不设防坠器。防坠器的拉杆弹簧应有保护套筒。建井期间临时升降人员的罐笼,如无防坠器,应制定切实可行的安全措施,并报主管矿长批准。

(5)禁止同一层罐笼同时升降人员和物料。升降爆炸材料时,应有专人监护。

(6)无隔离设施的混合井,在升降人员的时间内,箕斗提升系统应中止运行。

(7)竖井提升须符合下列规定:

①提升容器和平衡锤须沿罐道运行。

②提升容器的罐道应采用木罐道、型钢罐道或者钢丝绳罐道。

③竖井内用带平衡锤的单罐笼升降人员或物料时,平衡锤和罐笼用的钢丝绳的规格应相同,并应做同样的检查和试验。

(8)提升容器的导向槽(器)与罐道之间的间隙,应符合表 7-7 的规定。

表 7-7 提升容器的导向槽(器)与罐道之间的间隙要求

项目	安全要求
木罐道	每侧不得超过 10 mm
钢丝绳罐道时	导向器内径应比罐道绳直径大 2～5 mm
型钢罐道无滚轮罐耳时	滑动导向槽每侧间隙不得超过 5 mm
型钢罐道采用滚轮罐耳时	滑动导向器每侧间隙应保持 10～15 mm

(9)导向槽(器)和罐道,其间磨损达到下列程度,均应予以更换:

①木罐道的一侧磨损超过 15 mm。

②导向槽的一侧磨损超过 8 mm。

③钢罐道和容器导向槽同一侧总磨损量达到 10 mm。

④钢丝绳罐道表面钢丝在一个捻距内断丝超过 15%,封闭钢丝绳的表面钢丝磨损超过 50%;导向器磨损超过 8 mm。

⑤型钢罐道任一侧磨损超过原厚度的 50%。

(10)竖井内提升容器之间以及提升容器最突出部分和井壁、罐道梁、井梁之间的最小间隙，须符合表 7-8 规定。

表 7-8 竖井内提升容器之间以及提升容器最突出部分和井壁、罐道梁、井梁之间的最小间隙(mm)

罐道和井梁布置		容器和容器之间	容器和井壁之间	容器和罐道梁之间	容器和井梁之间	备注
罐道布置在容器一侧		200	150	40	150	罐道和导向槽之间为 20
罐道布置在容器两侧	木罐道	—	200	50	200	有卸载滑轮的容器，滑轮和罐道梁间隙增加 25
	钢罐道	—	150	40	150	
罐道布置在容器正门	木罐道	200	200	50	200	
	钢罐道	200	150	40	150	
钢丝绳罐道		450	350	—	350	设防撞绳时，容器之间最小间隙为 200

(11)罐道钢丝绳之间应不小于 28 mm；防撞钢丝绳的直径应不小于 40 mm。凿井时，两个提升容器的钢丝绳罐道之间的间隙，不得小于 250＋H/3(mm，其中 H 是以米为单位的井筒深度的数值)，且不得小于 300 mm。

(12)钢丝绳罐道，应优先选用密封式钢丝绳。每个提升容器(或平衡锤)设有四根罐道绳时，每根罐道绳的最小刚性系数不得小于 500 N/m。各罐道绳张紧力之差不得小于平均张紧力的 5%，内侧张紧力大，外侧张紧力小。如果一个提升容器(或平衡锤)只有两根罐道绳，每根罐道绳的刚性系数不得小于 1 000 N/m，各绳的张紧力应相等。

当提升容器之间的间隙小于表 7-8 的规定时，应设防撞绳。

井底应设罐道钢丝绳的定位装置。拉紧重锤的最低位置到井底水窝最高水面的距离，不得小于 1.5 m。应有清理井底粉矿及泥浆的专用斜井、联络道或其他形式的清理设施。

采用多绳摩擦提升机时，粉矿仓要设在尾绳之下，粉矿仓顶面距离尾绳最低位置应不小于钢丝绳悬挂高度的 0.5%。穿过粉矿仓底的罐道钢丝绳应用隔离套筒予以保护。

从井底车场轨面至井底固定托罐梁面的垂高应不小于过卷高度，在此范围内不得有积水。

(13)罐道钢丝绳应有 20～30 m 备用长度；罐道的固定装置和拉紧装置应定期检查，及时串动和转动罐道钢丝绳。

(14)天轮到提升卷筒的钢丝绳最大偏角，不得超过 1°30′。天轮轮槽剖面的中心线，须与轮轴中心线垂直。不得有轮缘变形、轮辐弯曲和活动等现象。

(15)采用扭转钢丝绳作多绳摩擦提升机的首绳时，应按左右捻相同的顺序悬挂，悬挂前，钢丝绳须除油。腐蚀性严重的矿井，钢丝绳除油后涂增摩脂。

若用扭转钢丝绳作尾绳，提升容器底部须设尾绳旋转装置，挂绳前，尾绳应破劲。

井筒内最低装矿点的下面，须设尾绳隔离装置。

(16)运转中的多绳摩擦提升机，应每周检查一次首绳的张力，如各绳张力反弹波时间差超过 10%，应进行调绳。

对主导轮和导向轮的摩擦衬垫，应视其磨损情况及时车削绳槽。绳槽直径差应不大于 0.8 mm。衬垫磨损达 2/3 时，应及时更换。

(17)采用钢丝绳罐道的罐笼提升系统，中间各中段须设稳罐装置。

(18)采用钢丝绳罐道的单绳提升系统，提升绳应使用不扭转钢丝绳。

(19)禁止用普通箕斗升降人员。遇特殊情况需要使用普通箕斗或急救罐升降人员时，应有经过主管矿长批准的安全措施。

(20)人员站在空提升容器的顶盖上检修、检查井筒时，应有下列安全防护措施：

①应在保护伞下作业。

②应佩带安全带，安全带应牢固地绑在提升钢丝绳上。

③检查井筒时，升降速度不得超过 0.3 m/s。

④容器上应设专用信号联络装置。

⑤井口及各中段马头门，须设专人警戒，不得下坠任何物品。

(21)竖井罐笼提升系统的各中段马头门，应根据需要使用摇台。除井口和井底允许设置托台外，特殊情况下也允许在中段马头门设置自动托台。摇台、托台与提升机应闭锁。

(22)竖井提升系统应设过卷保护装置，过卷高度如表 7-9 所示。

表 7-9　竖井提升系统的过卷高度安全要求

项目	安全要求
提升速度低于 3 m/s	不小于 4 m
提升速度为 3～6 m/s	不小于 6 m
提升速度 6～10 m/s(不包括 6 m/s)	不小于最高提升速度下运行 1 s 的提升高度
提升速度高于 10 m/s	不小于 10 m
提升期间用吊桶提升	不小于 4 m

(23)提升井架(塔)内应设置过卷挡梁和楔形罐道。楔形罐道的楔形部分的斜度为 1%，其长度(包括较宽部分的直线段)应不小于过卷高度的 2/3，楔形罐道顶部须设封头挡梁。

多绳摩擦提升时，井底楔形罐道的安装位置，应使下行容器比上提容器提前接触楔形罐道，提前距离应不小于 1 m。

单绳缠绕式提升时，井底应设简易缓冲式防过卷装置，有条件时可设楔形罐道。

(24)竖井提升系统的卷筒、制动装置、防过卷装置、限速器、调绳装置、传动装置、连接装置、提升容器、防坠器、导向槽、摇台(或托台)、阻车器、推车机、钢丝绳等，每班应检查一次，每周应由车间设备负责人检查一次，每月应由矿机电科长(或机械师)检查一次；发现问题应立即处理，并将检查结果和处理情况记入提升装置记录簿。

(25)钢筋混凝土井架、钢井架和多绳提升机井塔，每年应检查一次；木质井架，每半年应检查一次。检查结果应写成书面报告，有严重问题的应报送主管局(公司)，并及时解决。

(26)井口和井下各中段马头门车场，都应设信号装置。各中段发出的信号应有区别。乘罐人员应在距井筒 5 m 以外候罐，应严格遵守乘罐制度，听从信号工指挥。提升机司机应弄清信号用途，方可开车。

(27)竖井提升系统，须设有能从各中段发给井口总信号工转达提升机司机的信号装置。井口信号与提升机的启动，除应有闭锁装置外，还应设有辅助信号装置及电话或话筒。

罐笼提升信号系统，应设置的信号包括：工作执行信号；提升中段指示信号；提升种类信号；检修信号；事故信号；如无联系电话，应设联系询问信号。

箕斗提升信号系统，应设有上述信号(除检修信号)。

(28)下列情况下，井下各中段可直接向提升机司机发出信号：

①用箕斗提升矿石或废石。

②用罐笼提升矿石或废石。

③紧急事故停车。

但是,应经井口总信号工同意,司机才能听从某一中段信号工指挥。

(29)所有升降人员的井口及提升机室,均须悬挂每班上下井时间表、信号标志、每层罐笼每次允许乘罐的人数、其他有关升降人员的注意事项等布告牌。

(30)清理竖井井底水窝时,上部中段须设保护设施,以防物体坠落伤人。

三、提升信号和人员提升的安全要求

1. 提升信号

在提升中,为了统一指挥提升作业,保障人员、设施的安全和生产的正产运行,必须安装信号系统,包括声光信号、辅助信号、电话等。信号要求清晰、明了、容易识别。

为了避免提升机的误操作,井底和各中段发出的信号须经井口信号工转发给提升机房,不准越过井口信号工直接向提升机房发出开车信号,但可以发紧急停车信号。井口信号应同提升机的控制回路闭锁,只有当信号发出后,提升机才能启动。

2. 人员提升的安全要求

(1)井筒是人员进出的必由之路,为了避免人员提升时发生事故,必须经常对入井人员进行安全教育,建立严格的信号管理、乘罐等规章制度,加强对井口(中段、井底)的安全管理。井口的安全设施必须齐备、可靠。井筒和水平大巷的连接处,必须设人行绕道。

(2)信号工既是井口提升作业的操作者,又是井口安全的管理者。信号工发出信号之前,必须看清楚罐笼内和井口附近人员情况,关好罐笼门和井口安全门,防止人员进入危险位置。

(3)乘罐人员一定要严格遵守乘罐制度,服从管理人员和信号工的指挥,遵守秩序,不要拥挤。发出升降信号后,或者罐笼没有停稳和没有发出停车信号以前,不许上下,以防失足坠落或者挤伤碰伤。当罐笼升降时,要站稳,抓住扶手,保持罐内安静,不要将头和手脚或工具伸到罐笼外面去。

(4)罐笼每次所载的人数要有明确规定,不许超载,不许强行搭乘。

(5)罐内装有物料时,不准搭乘人员。

(6)井口附近应有良好的照明;应设有明显的提升声光信号,其安装位置应尽量接近井口,使乘罐人员能清晰地看到、听到。

第三节 机械操作安全

一、机械伤害原因及预防措施

(一)机械伤害的原因

机械伤害和其他事故一样,是由于人的不安全行为和物的不安全状态造成的,一般有以下几个方面的原因。

1. 人的不安全行为

作业人员违反安全操作规程或者是某些失误而造成不安全的行为,以及没有穿戴合适的防护品而得不到良好的保护。

常见的有下列几种情况:

(1)正在检修机器或者刚检修好尚未离开,因他人误开动而被机器伤害。

(2)在机器运转时进行检查、保养或做其他工作,因误入某些危险区域和部位造成伤害。

如人跌入破碎机内，手伸进皮带罩内等。

(3)防护用品没有穿戴好，衣角、袖口、头发等被转动的机械拉卷进去。

(4)设备超载运行造成断裂、爆炸等事故而伤人。如钢丝绳拉断弹击人员等。

(5)操作方法不当或不慎造成事故。如人被装岩机斗或所装的岩石伤害等。

2. 设备安全性能不好

机械设备先天不足，缺乏安全防护装置，结构不合理，强度达不到要求；或者设备安装维修不当，不能保持应有的安全性能，常见的情况有：

(1)机械传动部分，如皮带轮、齿轮、联轴器等没有防护罩壳而轧伤人，或传动部件的螺丝松脱而飞击伤人。

(2)设备及其某些部件没有安装牢固，受力后拉脱、倾翻而伤人。如电耙绞车回绳轮的固定桩拉脱，连板运输机的机尾倾翻等。

(3)机械的某些零件强度不够或受损伤，突然断裂而伤人。

(4)在操作时，人体与机械某些易伤人的部分接触。

(5)设备的防护栏杆、盖板不齐全，使人易误入或失足跌入危险区域而遭伤害。

(6)缺乏必要的安全保险装置，或失灵而不能起到应有的作用。

3. 工作场所环境不良

机械设备所处的环境条件不好，如空间狭窄、照明不良、噪声大、物件堆放杂乱等，会妨碍作业人员的工作，容易引起操作失误，造成对人员的伤害。

(二)机械伤害预防措施

1. 正确行为

要避免事故的发生，首先要求作业人员的行为要正确，不得失误。为此，要加强安全管理，建立健全安全操作规程并要严格对操作者进行岗位培训，使其能正确熟练地操作设备；要按规定穿戴好防护用品；对于在设备开动时有危险的区域，不准人员进入。

2. 良好的设备安全性能

设备本身应具有良好的安全性能和必要的安全保护装置。主要有以下几点：

(1)操作机构要灵敏，便于操作。

(2)机器的传动皮带、齿轮及联轴器等旋转部位都要装设防护罩壳；对于设备的某些容易伤人或一般不让人接近的部位要装设栏杆或栅栏门等隔离装置；对于容易造成失足的沟、堑，应有盖板。

(3)要装设各种保险装置，以避免人身事故和设备事故。保险装置是一种能自动消除危险因素的安全装置，可分为机械和电气两类，根据所起的作用可分为下列几种：

①锁紧件。如锁紧螺丝、锁紧垫片、夹紧块、开口销等，以防止紧固件松脱。

②缓冲装置。以减弱机械的冲击力。

③防过载装置。如保险箱(超载时自动切断的销轴)、易熔塞、摩擦离合器及电气过载保护元件等，能在设备过载时自动停机或自动限制负载。

④限位装置。如限位器、限位开关等，以防止机器的动作超出规定的范围。

⑤限压装置。如安全阀等，以防止锅炉、压力容器及液压或气动机械发生故障。

⑥闭锁装置。在机器的门盖没有关好或存在其他不允许开机的状况下，使得设备不能开动；在设备停机前不能打开门盖或其他有关部件。

⑦制动装置。当发生紧急情况时能自动迅速地使机器停止转动，如紧急闸等。

⑧其他保护装置。如超温、断水、缺油、漏电等保护。

(4)要装设备种必要的报警装置。当设备接近危险状态,人员接近危险区域时能自动报警,使操作人员能及时作出决断,进行处理。

(5)各种仪表和指示装置应满足要求,安全系数要符合有关规定。

(6)机械的各部分强度应满足要求,安全系数要符合有关规定。

(7)对于作业条件十分恶劣,容易造成伤害的机器或某些部件,应尽可能采用离机操纵或遥控操纵,以免对人员造成伤害。

3. 良好的作业环境条件

要为设备的使用和安装、检修创造必要的环境条件。如设备所处的空间不能过于狭小,现场整洁、有良好的照明等,以便于设备的安装和维修工作顺利进行,减少操作失误而造成伤害的可能性。

4. 加强维修工作

要保证设备的安全性能,除了要设计、制造安全性能优良的设备外,设备的安装、维护、检修工作十分重要,尤其是对于移动频繁的采掘和运输设备,更要注意安装和维修工作质量。

(三)安装检修安全

在设备的安装和检修中,机件的频繁拆装和起吊,机器的开动,场地杂乱,工作的流动等都存在着危险因素。因此,对安装和检修中的安全问题必须十分重视,要注意下列有关安全事项:

(1)设备在检修前必须切断电源,并挂上"有人工作,禁止送电"的标志牌;在机内或机下工作时,应有防止机器转动的措施。

(2)起吊设备的机具、绳索要牢固,起重杆、架要稳固,机件安放要稳实。

(3)设备的吊运要执行起重作业安全操作规程,要有人统一指挥。

(4)需要大型机件(如减速箱盖)悬吊状态下作业时,必须将机件垫实撑牢,需要垫高的机件,不准用砖头等易碎裂的物体垫塞。

(5)高空作业时,应扎好安全带,作好防护措施。

(6)设备安装和检修完后,必须经过认真的检查,确认无误后,方可开机试运转。

二、设备管理与检修

设备的维修和管理工作,是矿山生产和管理工作的重要组成部分,搞好这项工作,对于安全、经济、合理地使用设备,充分发挥设备的效能,保障矿山的安全生产起着十分重要的作用。

(一)设备管理

设备管理是通过一系列技术、经济、组织措施,对设备的选型、安装、使用、维修、改造、更新直至报废的全过程进行综合管理,以获得设备综合经济效益最高的目标。为了能科学地对设备进行管理,矿山企业应建立下列制度:

(1)设备管理制度。设备管理制度的内容主要有:设备管理的组织机构和管理人员的职责;设备管理过程中各个环节的管理制度,管理方法和手续以及有关的经济技术指标和要求等。

为了便于管理,各种机电设备都应有编号,简历台账或卡片(主要设备)。设备台账的基本内容包括:设备编号、名称、规格、型号、功率、制造厂、出厂时间以及原值、启用时间、技术性能、附属装置等明细表以及设备大修、重大事故和安装使用地点变动等记录。

(2)设备使用和维护保养制度。要充分发挥设备的效能,就必须正确使用和精心维护保养设备。为此,应建立以岗位责任制度为中心的各种规章制度,内容包括:各种设备司机培训、考核、持证操作制度;设备安全操作(使用)规程;日常点检(巡回检查)和维护保养制度以及交接班制度等。这些制度的主要对象是司机(操作工)。

(3)设备维修制度。为了搞好设备维修,保持设备技术状况的良好,应建立设备维修制度,其主要对象是设备维修人员,内容包括设备的计划检修及故障修理等方面的组织、计划、实施及有关要求等。设备技术状况的考核指标为设备完好率,以及完好设备的台数与设备总台数的比值。关于设备完好的标准,各种设备都有具体的标准,但所有的设备,安全保护装置必须齐全、灵敏、可靠。

(4)事故管理制度。设备事故管理制度包括设备事故的统计、报告、分析处理和制定预防措施等内容。

设备事故指在生产过程中,由于设备的原因而使生产突然中断的事故。设备事故的分级,主要是以造成的经济损失为划分的标准,一般可分为重大事故和一般事故两个级别。对于设备事故的考核指标,各矿山行业也不完全相同。矿山主要是“千元产值事故损失率”,以事故损失金额与产值比较作为设备事故的标准。矿山机电设备事故的主要考核指标是“机电事故率”,即机电事故影响生产与计划产量的百分数。

除上述制度外,还有设备管理、用电管理等制度。各矿山企业应根据有关要求和实际情况,制定切实可行的机电设备管理制度。

要搞好图纸和技术资料的管理。设备的图纸资料要妥善保管。对于常用设备的使用维护说明书,易损件图纸和电器原理图等有关技术资料,应复制使用,以免原件丢失。设备的维修、测试和事故等记录是设备技术档案的一部分,要保存好。为便于指挥生产和设备管理,矿山应有配电系统图、排水管路系统图及设备布置示意图等图件,并要随着变化情况定期填绘。

(二)设备选型

(1)对设备选型的要求。设备的选型是矿山设备管理的第一个环节,其目的是为生产选择优质的技术设备,即技术先进、经济合理、安全可靠、维修方便和生产上又适用的设备。

(2)设备选型的基本方法。设备选型一般应从以下几个方面考虑:

①根据生产和工艺上的要求及有关方面的条件,选择设备的种类、形式,确定方案。

②根据生产规模、工作量的大小和特点等因素,选择与工作能力、额定功率(容量)等主要技术指标性能参数相适应的设备。

③根据工作环境条件选择适当的防护型式。如矿山井下应选择矿用型的设备;在有瓦斯等爆炸危险场所的电气设备,必须选用防爆型的。

此外,对于危险性较大的特种设备,应选购取得生产许可证或经过批准认可的单位设计制造的产品。

关于设备选型设计的具体方法可参考有关资料。

(三)设备安装应注意的问题

设备的安装,简单地说是将设备的各部分按图纸和质量标准进行安放和装配,使其能按预定的要求进行工作。矿山机械安装应注意以下几个问题:

(1)在安装前,要掌握设备的原理、构造、技术性能,装配关系及安装质量标准。要详细检查各零部件的状况,不得有缺损。要制定好安装施工计划,做好充分准备,以便安装工作顺利进行。

(2)基础是设备的重要组成部分,对设备的安全运行起重要作用。大型设备的基础要按图纸的要求进行施工,混凝土的浇铸质量要符合要求,要认真检查隐蔽工程的质量并做好记录。对于电耙、调度绞车等经常移动的小型设备,可以用打支柱、拴地锚等方法固定,但必须固定牢靠,不能松脱。

(3)设备的找正。设备安装的准确性,包括垂直度、水平度、相互之间的位置偏差等都要符合标准,为达到此目的而进行的工作称找正。这是一项十分细致的工作,尤其是对提升设备,相互之间有密切的联系。提升机及天轮的提升中心线与井筒中心线相一致,提升机及天轮的主轴线要与提升中心线相垂直,否则就会影响钢丝绳的排列,加快天轮的磨损,甚至会影响提升容器的运行。

(4)设备安装后,由设备管理部门组织安装单位,使用车间和安全、质检等有关部门的人员进行验收。经过认真地检查、测试,设备的技术状况达到质量标准,安全装置齐全、可靠,设备运转正常,验收合格后,方可交付使用。

(四)设备维修工作

为使设备保持良好的技术状况,延长使用寿命,减少故障停机时间,降低维修费用,保障设备安全经济运行,就必须搞好设备的维修工作。设备维修工作应坚持"预防为主,维护保养和计划检修并重"的方针。

(1)维护保养。维护保养是设备维修工作的基础,也是保持设备技术状况良好的关键。要充分发挥操作工人的积极性,明确各自的职责,维护保养好设备。

设备的维护保养分为日常保养和定期保养。

日常维护保养:由操作人员负责,每天班前、班后或班中对设备进行认真的检查和擦拭,使设备经常保持润滑、清洁、齐全、紧固,及时排除缺陷和故障。

定期维护保养:以维修工人为主,操作工人参加,对设备局部进行小修理,排除故障,设备内部清洗,换油脂和密封件等。此工作一般与设备的小修一并进行。

(2)设备检查。设备检查就是对设备的工作性能、安全性能和零部件磨损情况的检查。通过检查,可以掌握设备技术状况的变化和磨损情况,及时发现和消除设备隐患,为制定设备修理计划和改进措施提供依据。

设备的检查,一般分为日常检查(或称日常点检)和定期检查两种。

日常点检:主要由操作人员负责,每天对设备按定点检查图表或点检卡片逐点逐项进行检查,方法主要是通过人的五官和简单的器具进行。其目的是及时发现不正常情况,采取相应的措施加以消除,减少故障。

设备巡回检查也是设备点检的一种形式,由值班电工、钳工按规定的检查路线、部位进行检查。

定期检查:是指维修工人在操作人员参与下,定期对设备进行的检查。其目的是检查设备的性能状况,查明零部件的实际磨损程度,以便确定修理的时间和内容。定期检查是按计划进行,检查周期根据各类设备不同而各异(周、旬、月、季)。周期较长的检查(月、季等)往往与设备的修理一并进行,称为设备的检修。

设备检查的部位、项目、标准及检查结果的分析处理等内容,应根据有关规程、标准的规定和设备的实际状况确定。

(3)计划检修。机器设备在运行中,因磨损等因素,往往使原有的性能恶化,效率降低,以致不能继续使用,甚至发生事故而被迫停机修理,为避免上述情况的发生,安全、经济、合理地使用设备,应实行有计划的预防性检修制度。

根据预防性检修计划所确定的更换零部件的数量和修理(包括检查、测定和试验等)工作量的不同,分为大修、中修和小修三类,小型设备可分为大修、小修两类。

小修:更换或修理部分易损零部件,并进行清洗换油,调整间隙和检查与紧固全部连接件等。

中修:除包括小修内容外,要对机器的主要部分进行解体、检修。更换部分损坏的主要零部件,消除在小修中不能处理的缺陷和隐患,以保证设备达到应有的技术状态。

大修:为使设备恢复原有的技术性能而进行全面、彻底的解体检修,内容包括拆卸和清洗设备的全部零部件;修理或更换所有损坏和具有缺陷的零部件及机体;整修设备基础;更换全部的润滑材料;调整整个机构和电器操作系统等。

设备的检修周期应根据日常检查所掌握的实际情况和参考行业主管部门制定的"机电设备使用期限和检修周期表"确定。

对于各类矿山安全规程中所规定的有关机电设备定期检查、试验项目,要按规定的周期组织进行,如需要停机、停产的,应与设备的检修同时进行,统筹安排。

矿山企业的有关部门应根据设备的检修、试验周期和工作量,并结合生产的安排(需要停产检修的项目),编制机电设备检修计划。

计划检修项目确定后,对主要设备应编制单项检修任务书。在任务书中应具体规定:需要清洗、更换和修复部件的名称、规格和数量;检修专用的材料、工具;需要测绘的图纸、资料;检修质量、试验标准;检修时的安全措施和检修前必须做好的其他准备工作等。此外,还应做出施工组织计划。

矿山在进行重大的停产检修工程时,要很好地组织实施。制定检修项目的负责人,明确任务;及时掌握检修的质量和进度,处理临时出现的问题;检查安全情况,保证作业安全;做好停电、停风、停运、排水等方面的具体安排等,以保证整个检修工程按时按质和安全的完成。

检修完成后,要按检修质量标准进行验收;大型设备在部分检修完成后,应及时进行验收,以确保整个工程的质量。

在检修过程中要做好记录,检修结束要进行整理,并存入设备档案。

(五)设备润滑

机器在工作时,相对运动的机件之间存在着摩擦,使运动阻力增大,零件磨损,温度增高,导致机件损坏。为了改善运动机件的摩擦条件,避免彼此间直接接触的干摩擦,减少摩擦阻力,降低机件温度,提高使用寿命,在机器的运动部位使用润滑材料。

机器设备中使用的润滑材料,有液体的,如各种润滑油、乳化液;半液体的,如各种润滑脂;固体的,如二硫化钼、石墨及聚四氟乙烯。

1.润滑材料的基本要求

(1)较低的摩擦系数,以减少机件的运动阻力和设备的动力消耗,从而降低磨损的速度,提高设备的使用寿命。

(2)良好的吸附及楔入能力,能牢固地黏附在摩擦面上并能渗到很小的间隙内。

(3)一定的黏度,以便在摩擦机件之间结聚成油楔,能承载较大的压力而不致被挤出。

(4)较高的纯度与安定性,所含水分、酸碱物质、机械杂质应尽可能少或没有,不易变质和失效。

2.润滑油

润滑油是使用最广泛的一种润滑材料,主要以用途命名,以黏度(运动黏度或恩氏黏度)为标号。如机械油(机油)、压缩机油、齿轮油等，各品种又以不同的黏度分为若干标号，如最常用的机械油，代号是 HJ(H—润“滑”油类，J—机“械”油)，分为 10、20、30、40、50、70 和 90 号，共七个牌号，标号越高、黏度越大。

各种设备所用的润滑油应根据其使用说明书的要求提供，也可以参考有关资料选用。一般说来，负载较轻，速度较快的机械，所用润滑油的黏度小(标号低)；负载较重，速度较低的机械，要用黏度大的润滑油。对于温度高的场合，如空气压缩机的汽缸等，要使用闪点(当火焰接近时会发生闪光的温度)高、热安定性好的润滑油，如压缩机油。

3. 润滑脂

润滑脂俗称黄油或黄干油，具有不流动、不滑落、密封防尘性能好和抗压、防腐蚀等优点。常用的有钙基润滑脂、钠基润滑脂和钙钠基润滑脂。

钙基润滑脂的代号是 ZG(Z—润滑“脂”类，G—“钙”基)，共有 1、2、3、4、5 五个牌号，牌号高的，针入度(表示黏度的指标，针入度越小，黏度越大)小，稠度大。钙基脂抗水性强、廉价，但对温度很敏感，使用寿命短，适于潮湿、温度不高，并且可经常补加新脂的场合。低牌号的，适合于低温轻负荷的机械；高牌号的，适用于较高工作温度和低速重负荷的机械。

钠基润滑脂的代号是 ZN，有三个牌号(2、3、4 号)，具有耐高温和使用时间较长的特点，但抗水性极差，不能用于潮湿的条件，适用于温度较高，工作条件干燥的润滑部位，如电动机的滚动轴承。

钙钠基润滑脂。兼具上述两种润滑脂的优点。

机械设备中加油(脂)量要适当，因为油脂太多会加剧机器运转时对它的搅拌、挤压，使其温度升高，加快老化速度；另外，油加多了容易渗漏。一般在齿轮箱内，齿轮浸入油中的深度以 1～2 个尺高为宜；在滚动轴承内，润滑脂占整个容积的 1/3 到 1/2 为宜。

三、空气压缩机及其安全管理

空气压缩机简称空压机，它是将大气压缩成为所需的压缩空气，用来驱动凿岩机(风钻)、风镐等风动机械工作。

矿山空压机站一般设在井上(坑外)，用管道把压缩空气送到工作面。有时为了节省管道，减少损失，亦可设在井下面通风较好的硐室内，或采用移动式空压机。

空压机的种类很多，有活塞式和旋转式两大类。目前矿山使用最多的是低压($P\leqslant106$ Pa)活塞式空压机。近年来滑片式和螺杆式空压机的使用也逐渐增多。这两种类型都是旋转式的，具有重量轻、体积小、运转平稳等特点。如小型气动凿岩机组就是采用滑片回转式空压机。空压机的安全问题主要是防止爆炸。此类事故已发生过多次。如 1974 年西北某煤矿发生空压机风包爆炸，把房墙推倒 8 m，玻璃震坏 114 块，一块 1.3 m^2 的铁板，飞出 126 m 被高山挡住。

(一)空压机爆炸的原因

空压机发生爆炸的原因是比较复杂的。空气受到压缩后产生高温、高压，润滑油在高温高压下加剧氧化形成积炭附在金属表面和风阀上。积炭本身是易燃物，温度升高到一定程度就可能引起燃烧；在运转过程中机械的撞击或压缩空气中固体微粒通过汽缸、风包、风阀和管道等处时，会因摩擦放电而产生火花，引起沉积在这些部位的积炭燃烧爆炸；在汽缸中的温度高于润滑油闪点的情况下会引起润滑油爆炸。

综上所述，可以看出造成爆炸的主要因素是排气温度与润滑油的质量。

规定单缸空压机排气温度不得超过 190 ℃，双缸不得超过 160 ℃。对于使用中的空压机，限制排气温度的途径，一是降低吸气温度，特别是要减少风阀漏气对吸气温度的影响；二是要提高冷却效果。

（二）预防措施

为了防止爆炸事故产生，使空压机安全运转，应做好以下几点：

(1)严格执行安全操作规程。开机前要认真进行检查，确认无误后方可启动；运转时要按时进行巡回检查，发现问题，及时进行处理。

(2)各级排气温度要有温度表监视，不得超过规定。

(3)冷却水不得中断，出水温度不超过 40 ℃，并应有断水保护和断水信号。

(4)汽缸要使用专用的压缩机油，其闪点不得低于 215 ℃。

(5)安全阀和压力调节器必须动作可靠，压力表指示正确。安全阀动作压力不得超过额定值的 10%。

(6)风阀要加强维护、定期清洗积炭，消除漏气。

(7)风包内的油垢要定期清除，风包出口应加装释压阀。

(8)汽缸水套及冷却器要定期清理，去除水垢；要改善冷却水质，避免结垢。

第四节　典型事故案例

一、事故经过

2000 年 7 月 9 日 4 时 40 分，甘肃金川有色金属公司二矿区井下发生一起运矿卡车失火事故，死亡 17 人，重伤 2 人，直接经济损失 188 万元。

金川公司二矿区采用竖井、斜井、斜坡道联合开拓方式，机械化向下分层胶结充填采矿法，多风机并串联微正压通风系统。事故发生地点在 1138～1118 分段的斜坡道岔口处。

7 月 9 日零点班接班后，9 号车司机赵东芳下井与维修工修理 9 号车，凌晨 1 时多，经试车仍不能正常运行。赵东芳因无活可干便步行到 1150 计量室，遇见 12 号车司机王培元在拉完 9 车矿石之后因感冒头晕在计量室休息。王培元得知赵东芳的车未修好，便将 12 号车借给赵东芳，这时约是凌晨 2 时。当赵东芳拉完第 7 车矿石后，看到车上温度表已达到 170 ℃，便驾车到 1138～1118 水平的斜坡道岔口处熄火降温不到 10 分钟。大约凌晨 4 时 40 分再次启动后，发现发动机右后脚下面着火，就取下车上的灭火器灭火，没有灭掉，就跑到 5 号车范玉江处，两人各拿了一个灭火器灭火(有一个灭火器是空的)，但火还是灭不掉。赵东芳又跑到一工区找灭火器，一工区值班员许发礼说："灭火器是空的。"5 时 20 分，许发礼在帮助灭火过程中，向矿调室调度员夏学军做了电话汇报。赵东芳随后找到了两个水桶，与 13 号车司机刘永宏、5 号车司机范玉江提水去灭火，因火势很大，用水灭火也不起作用。赵东芳又跑到 1118 维修硐室内找灭火器未找到，赵东芳就让硐室内的岳小军往计量室打电话但未打通，而后又返回现场，试图让铲运机铲断水管用水灭火，但因铲运机司机不在而未成。这时赵东芳看到巷道内烟很浓，并感到头痛无力，便摸着巷道走到了 1150 中段休息片刻后，乘罐车出井，约 7 时到地面，再没有向有关部门报告情况。

卡车着火时，1118 中断作业点共有施工人员 59 名。7 月 9 日 5 时 30 分，临夏二建六队值班长孔有理在 1118 中断 5 号溜井焊钢模时，发现有烟从溜井上面下来，就跑到 6 号道，过了一会儿 6 号道也进来烟后，即组织人员往 2 号道有通风井的地方跑。当时有人提出硬冲 1118～

1138 斜坡道，他就制止他们不要去，但仍有很多人不听制止跑往 1118～1138 斜坡道，造成 17 人死亡，2 人重伤。其余 40 人相继撤离到 FV1 通风井处而脱险。

二、事故原因

经调查确认，这是一起由于 12 号运矿卡车油管接口存在渗漏现象，发动机工作时间长，排气管道温度过高，经长时间高温烘烤，渗漏的油在启动机周围形成可燃气体，再启动时，因磁力开关触点或启动机搭线产生火花点燃可燃气体，燃烧中油箱油管内压力增大，形成断裂，油料泄露，遇明火燃烧后产生大量的有毒、有害气体（包括 CO、SO_2、NO_2、NO、CO_2、橡胶微细颗粒等)，造成致使 17 人中毒窒息死亡、2 人重伤的火灾事故。

主要原因如下：

(1)井下运输安全管理不严，车辆检查维修质量达不到安全要求，埋下火灾隐患。9 号车司机赵东芳与 12 号车司机王培元违反规定私自换车，使 12 号车辆长时间连续工作，造成发动机周围温度过高，而且该车检查、维修质量差，油管接口渗油，因而埋下了火灾隐患。

(2)司机操作不当引发火灾，不立即报警延误灭火时机。司机赵东芳，发现卡车显示达到 170 ℃的警戒温度后，未按停车不熄火、用叶轮扇风冷却的规定操作，而是停车熄火，在温度没有降到安全界限的情况下再次启动，因电火花点燃可燃气体，形成火灾。起火后，赵东芳没有立即报告，在数次试图灭火不成的情况下又离开现场出井，也没有向任何部门报告，延误了灭火的时机。

(3)施工现场安全管理不到位，火灾发生时人员撤离无人指挥。掘一工区主管设备副主任王奇峰，违反拖车时设备主任必须到现场指挥的规定，在家中电话同意上一班班长安排当班值班长干拖车的工作，事故发生时值班员不在现场，人员撤离工作无人指挥，致使一部分作业人员盲目进入受灾区。

(4)未按规定制定和实施矿井灾害预防和应急计划，防火措施安全不落实。矿井没有依法制定和实施过灾害预防和应急计划，防灭火安全措施达不到要求，井下巷道安全标志设置不符合规定。火灾发生时，矿调度室没有立即向公司调度报告，对事故的扑救和人员的撤离缺乏有效的指挥和调度；井下通信联络不畅通；多处灭火器材不能使用，事故地点附近无消火栓和其他消防设施，地面消防车因外部尺寸过大进不了井筒，待拆卸了梯子后才入井灭火。

(5)外包工程施工队未依法对从业人员进行安全培训。在该矿承包工程的四个施工队安全管理松懈，没有严格按照矿山安全法规规定的时间和内容对从业人员进行安全培训，从业人员安全素质低，缺乏应急和安全撤离等应有的知识，部分作业人员因选择了错误的避灾路线而伤亡。

(6)金川公司领导对贯彻执行党和国家的安全生产方针和矿山安全法规重视不够，对事故隐患的整改和查处力度不强，安全生产管理不严，也是造成这起事故的一个原因。

三、防范措施建议

(1)加强法制观念，认真贯彻执行国家的安全生产方针和安全生产法律、法规，依法抓好企业的安全生产工作。

(2)进一步落实各级安全生产责任制，特别是各级领导的安全生产责任制，真正把安全生产法规、制度、措施、规程等落实到每个基层和每名作业人员，形成有效预防事故的管理机制。

(3)采取有效措施，进一步改善企业的安全生产条件，完善包括通风系统、通信系统和防火系统的合理性和安全性，配备必要的救护、急救装备和器材，按规定设置矿山安全标志，以增强抗御灾害和事故的能力。

(4)要依法编制和实施以防止火灾事故为重点的矿山灾害预防和应急计划,及时检查和治理事故隐患,防止火灾事故的再次发生,切实做好各类事故的防范工作。

(5)加强对外包施工队的安全生产管理工作。企业要对外包施工队的安全资质进行审查和从业人员上岗资格的清理整顿,安全资质达不到要求的不准承包工程;承包施工队要严格执行各项安全生产管理制度,依法培训作业人员,对安全管理松懈、存在重大事故隐患的要限期停产整顿,逾期达不到要求的要依法取消其承包资格,达不到培训规定的作业人员不准上岗作业。

第八章 职业病防治

从卫生学的观点出发，职业卫生学着重研究劳动条件及其对职工健康影响的规律。本章介绍矿山职业安全卫生知识，促进矿山企业负责人更好地加强对职业卫生的管理，消除或减少职业危害，保障职工在生产中的安全与健康。

矿山企业职工由于作业环境差，劳动强度大，因此，身患职业病者较多。国家为了控制和预防职业病危害，保护劳动者的健康，促进经济发展，实现安全生产，于2001年10月27日颁布了《中华人民共和国职业病防治法》(以下简称《职业病防治法》)，并于2011年12月31日公布施行修改决定。

第一节 职业危害、职业病、职业禁忌症的概念

一、职业病

(一)职业病的定义、分类

依据《职业病防治法》规定，职业病是指企业、事业单位和个体经济组织等用人单位的劳动者在职业活动中，因接触粉尘、放射性物质和其他有毒、有害因素而引起的疾病。职业病的分类和目录由国务院卫生行政部门会同国务院安全生产监督管理部门、劳动保障行政部门制定、调整并公布。根据卫生部《职业病目录》[2002]，国家规定的纳入职业病范围的职业病分10类115种。其中，尘肺13种，职业性放射性疾病11种，职业中毒56种，物理因素所致职业病5种，生物因素所致职业病3种，职业性皮肤病8种，职业性眼病3种，职业性耳鼻喉口腔疾病3种，职业性肿瘤8种，其他职业病5种。

(二)职业病的特点

(1)病因明确：劳动者在职业性活动过程中，长期受到来自化学、物理或生物的职业危害因素的侵蚀，或长期受不良作业方法、恶劣作业条件的影响。如职业性苯中毒是劳动者在职业活动中接触苯引起的。尘肺病是劳动者在职业活动中吸入相应的矿尘引起的。

(2)疾病发生与劳动条件密切相关：职业病的发生与生产环境中有害因素的数量或强度、作用时间、劳动强度及个人防护等因素密切相关，它不同于突发事故或疾病，而是要经过较长的逐渐形成期或潜伏期后才能显现，属缓发性伤残。如急性中毒的发生，多由短期内大量吸入毒物引起；慢性职业中毒，则多由长期吸收较小量的毒物蓄积引起。

(3)群体发病：在同一生产条件下接触某一种有害物质，常有多人同时或先后发生同一种疾病，如煤矿井下工人，无论是同一矿或不同矿，只要井下煤尘浓度超过国家规定的标准，个人防护又不符合要求，皆可见到煤工尘肺(肺尘埃沉着病)。

(4)临床表现有一定特征：许多生产性有害因素对机体的危害有一定的特征，如矽肺表现以肺间质纤维化为特征的胸部X线改变等。

(5)职业病属于不可逆损伤：很少有痊愈的可能，除了促使患者远离致病源自然痊愈之外，没有更积极的治疗方法。

(6)可预防性：职业病的病因明确，能采取有效的预防措施，防止疾病发生。这些措施包括

工艺改革，生产过程实现自动化、密闭化，加强通风及个人防护措施等。

二、职业危害

职业危害又称职业病危害，是指对从事职业活动的劳动者可能导致职业病的各种危害。职业病危害因素包括：职业活动中存在的各种有害的化学、物理、生物因素以及在作业过程中产生的其他职业有害因素。建设项目职业病危害分类目录和分类管理办法由国务院卫生行政部门制定。

职业危害因素按其来源可分为以下三类：

(1)生产工艺过程中的有害因素：包括化学因素(包括生产过程中的许多化学物质和生产性矿尘)、物理因素(包括异常气象条件、异常气压、噪声、振动、非电离辐射、电离辐射等)、生物因素(如炭疽杆菌、布氏杆菌、森林脑炎病毒等传染性病源体)。

(2)劳动过程中的有害因素：主要包括劳动组织和劳动制度不合理、劳动强度过大、过度精神或心理紧张、劳动时个别器官或系统过度紧张、长时间不良体位、劳动工具不合理等。

(3)生产环境中的有害因素：主要包括自然环境因素、厂房建筑或布局不合理、来自其他生产过程散发的有害因素造成的生产环境污染。

在实际工作场所中，往往同时存在多种有害因素，对劳动者的健康产生联合作用。

三、职业禁忌

职业禁忌又称职业禁忌症，是指劳动者从事特定职业或者接触特定职业病危害因素时，比一般职业人群更易于遭受职业病危害和罹患职业病或者可能导致原有自身疾病病情加重，或者在从事作业过程中诱发可能导致对他人生命健康构成危险的疾病的个人特殊生理或者病理状态。

接触矿尘作业人员的职业禁忌：生产性矿尘是在生产中形成的，并能长时间飘浮在空气中的固体微粒。它是污染作业环境、损害劳动者健康的主要职业危害因素，其理化性质不同和进入人体量的多少及其作用部位的不同，可引起多种职业性肺部疾患，有些矿尘(石棉)还可引起肿瘤。因此，我国规定，活动性肺结核；严重的慢性呼吸道疾病，如萎缩性鼻炎、鼻腔肿瘤、支气管喘息、支气管扩张、慢性支气管炎等；显著影响肺功能的胸部疾病，如弥漫性肺纤维化、肺气肿、严重的胸膜肥厚与粘连、胸廓畸形等；严重的心血管系统疾病的，不宜从事矿尘作业。

高温作业人员的职业禁忌：高温作业时，人体可出现一系列生理功能改变，主要为体温调节、水盐代谢、循环系统、消化系统、神经内分泌系统、泌尿系统等方面的变化。我国规定，凡患有心血管系统器质疾病、持久性高血压、溃疡病、活动性肺结核、肺气肿、肝、肾疾病，明显的内分泌病，中枢神经系统性疾病，过敏性皮肤疤痕者、重病后恢复期及体弱者，不宜从事高温作业。

生产性噪声作业人员的职业禁忌：噪声是影响范围很广的一种生产性有害因素，在许多生产过程中都有接触机会。噪声对人体健康产生不良影响，是社会公害之一。它对人体的作用分特异性的(对听觉系统)和非特异性的(其他系统)两种。长期接触超标噪声，首先受害的是听觉器官，表现为感音系统的慢性退行性病变过程。我国规定，对参加噪声作业的员工应进行就业前体检，取得听力的基础材料，凡患有听觉器官疾患、中枢神经系统和心血管系统器质性疾患或自主神经功能失调者，不宜从事接触超标噪声的作业。

振动作业人员的职业禁忌：振动普遍存在于自然界中，与人们的工作和生活关系密切。在生产中，振动作用人体可分为局部振动和全身振动。实验证明，机体组织对振动波传导性优劣的顺序是：骨、结缔组织、肌肉组织、脑。振动常引起足部周围神经和血管的改变，脚痛、脚易疲劳，轻度感觉减退或过敏，腿及脚部肌肉有疼痛，足背动脉搏动减弱。我国规定，患有中枢神经系统器质性疾患，明显的无力状态，明显的植物神经功能失调，有血管痉挛和肢端血管痉挛倾向的血管疾病；心绞痛、高血压、有顽固的功能障碍的内分泌疾患、胃溃疡和十二指肠溃疡、多发性神经炎、肌炎、伴有神经功能障碍的运动器官疾患；内分泌系统疾病；维生素 B 复合体缺乏病；四肢及脊椎骨骼缺陷；妇女月经周期障碍、子宫下垂或脱出等不宜从事振动作业。

第二节　尘肺病及其他矿山常见的职业危害及防范措施

金属、非金属矿山常见的职业病有矽肺、石棉肺、化石尘肺、氮氧化物中毒、一氧化碳中毒、铅锰及其化合物中毒、噪声聋及由放射性物质导致的肿瘤等，另外，噪声与振动危害也比较严重，随着井下机械化水平的不断发展，柴油设备广泛应用，柴油设备产生的废气如果没有得到有效治理将污染井下空气。

一、尘肺病

(一) 尘肺病的定义、产生原因及危害

矿山生产过程中，如凿岩、爆破、装运、破碎等作业都会产生大量矿石与岩石的细微颗粒。这些颗粒称为矿尘，悬浮于空气中的矿尘称浮尘，已沉落的矿尘称为落尘。矿尘名称可依其产生的矿岩种类而定，如硅尘、铁矿尘、铀矿尘、煤尘、石棉尘等。

矿尘的危害很大，不但能导致生产环境的恶化，加剧机械设备的磨损，缩短机械设备的寿命，更重要的是会危害职工的身体健康，导致各种职业病。矿尘的危害性大小与矿尘的分散度、游离二氧化硅含量和矿尘物质组成有关。一般随着游离二氧化硅含量的增加、含硫量的增加，矿尘的危害增大。在不同粒径的矿尘中，呼吸性矿尘对人的危害最大。微尘及超微尘，特别是粒径为 0.2～5 μm 的微细矿尘容易通过人的呼吸作用进入肺内并储集起来，危害极大，这类矿尘称为呼吸矿尘，我国通常将粒径小于 5 μm 的矿尘称为呼吸性矿尘。

有些矿尘会引发支气管哮喘、过敏性肺炎，甚至呼吸系统肿瘤等疾病。

矿尘可以通过直接刺激皮肤，引起皮肤炎症；刺激眼睛，引起角膜炎；进入耳内使听觉减弱，有时也会导致炎症。

随空气进入呼吸道的矿尘，粒径大于 5 μm 的被气管分泌黏液黏着，通过咳嗽随痰吐出；粒径小于 5 μm 的呼吸性矿尘进入肺内后，被吞噬细胞捕捉并排出体外。若进入肺部的是矽尘，即含有游离二氧化硅的矿尘，一部分被排出体外，余下的由于其毒性作用，破坏了吞噬细胞的正常机能而残留于肺组织，人体长期吸入这类矿尘，就会形成纤维性病变和矽结核，逐渐发展，肺组织将部分地失去弹性而硬化，成为尘肺病。在矿山采掘和矿石加工过程中所产生的粉尘，一般都有一定含量的游离二氧化硅。金属矿山矿尘中游离二氧化硅含量较高，多为 30%～70%。根据致病矿尘种类的不同，尘肺病又可分为矽肺病、石棉肺病、铁矽肺病、煤肺病、煤矽肺病等。

尘肺病分为三期：

一期：重体力劳动时感到呼吸困难、胸痛、轻度咳嗽。

二期：在中体力劳动或一般工作中感到呼吸困难、胸痛、干咳或咳嗽带痰。

三期：即使休息或静止不动时也感到呼吸困难、胸痛、咳嗽带痰或带血。

(二)尘肺病的防范措施

矿尘对人体健康和生产危害极大，矿山的尘肺病是矿山职业卫生的最大威胁，防范尘肺病需要从防尘入手。

1. 矿山综合防尘措施

多年来，我国矿山企业积累了丰富的防尘经验，总结出坚持技术和管理相结合的综合防尘措施，取得了显著的防尘效果。其基本内容可概括为八字方针：风、水、密、护、革、管、教、查。即通风防尘、湿式作业、密闭尘源与净化、个体防护、改革工艺设备降低产尘量、科学管理、加强宣传教育和定期测定检查。

2. 露天矿山防尘措施

露天矿山防尘的主要措施是采用湿式作业和洒水降尘，针对各种不同的作业有相应的防尘措施。

(1)穿孔作业防尘

穿孔作业主要采取湿式作业防尘。大型凿岩机还可采用捕尘装置除尘，对铲装矿岩产生的矿尘，可采取降水防尘的方式除尘。

(2)破碎机除尘

破碎机可采取密闭—通风—除尘的方法进行除尘。由于流程简单，机械化程度高，可采用远距离控制，从而进一步减少和杜绝作业人员接触矿尘的机会。

(3)运输除尘

露天矿山运输过程中车辆扬尘是露天矿场的主要尘源。运输防尘的主要措施有如下几个方面：

①装车前向矿岩洒水，在卸矿处设喷雾装置降尘。

②加强道路维护，减少车辆运输过程中的撒矿。

③矿区主要运输道路采用沥青或混凝土路面。

④采用机械化洒水车向路面经常洒水，或向水中添湿润剂以提高防尘效果。还可用洒水车喷洒抑尘剂降尘，抑尘剂的主要成分为吸潮剂和高分子黏结剂，既可吸潮形成防尘层，还可改善路面质量。

3. 个体防护

在采取了各种防尘措施后，大多数情况下，矿尘浓度可达卫生标准，但仍有少数细微粒矿尘悬浮在空气中。因此，工人在工作面作业必须要戴防尘口罩，班后洗澡，不准将工作服带回家中，并要定期进行身体健康检查，发现病情及时治疗，这是综合防尘措施中不可缺少的、十分重要的措施。

二、噪声与振动

噪声与振动都是矿山职业危害，矿山产生噪声和振动的设备和场所主要有：风机、空压机、球磨机、凿岩机和掘进工作面、运输设备和设备通过的巷道、装岩机和装岩作业场所等。

(一)噪声的危害与控制

噪声是指不同频率、不同强度、无规律地交织在一起的声音，或者说人们不需要或感到厌烦，甚至难以忍受的声音。噪声一般用声强或声压大小的变化程度来衡量，单位用分贝(dB)来表示。在生产中，由于机器传动、气体排放、工件撞击与摩擦所产生的噪声，称为生产性噪声或工业噪声。生产噪声一般声级较高，有的作业地点可高达 120～130 dB，据调查统计，我国生产场所的噪声声级超过 90 dB 者占 32%～42%，中高频噪声所占比例最大。

1. 噪声的危害

(1)损伤听力，危害健康。长期接触高分贝噪声污染会引发职业病——噪声聋，长期在高噪声场所工作，会发生耳痛或耳鸣，还可能发生噪声性耳聋，非常严重时有可能导致永久性耳聋，劳动者的听力完全消失，终成残疾。此外还能使人难以入睡、眩晕和眼球震颤，引发头痛、头晕、心悸、易疲劳、易激怒、睡眠障碍等神经衰弱综合征、心血管病及胃肠功能紊乱等。

(2)影响生产过程中的语言交流。强噪声妨碍人员对声音报警及其他信号的感觉和鉴别，掩蔽设备异常和事故苗头阶段的音响信号，干扰人员之间的语言交流，从而影响安全生产。

(3)操作人员在强噪声下工作，会对人的心理造成强烈刺激，易烦躁，情绪波动，注意力不集中，容易引发安全事故。

2. 噪声的控制措施

(1)消除或降低噪声、振动源。应逐步淘汰噪声超标的工艺设备；严格控制制造和安装质量，防止振动；保持静态和动态平衡；加强润滑，降低摩擦噪声。

(2)消除或减少噪声、振动的传播。可以采取隔声、吸声、消声等措施，如建隔音操作室，将声源密闭，采用吸声材料等。

(3)加强个体防护和健康监护。在噪声超标的作业环境中作业时，应佩戴防声耳塞、耳罩和防声帽等防护用品。

（二）振动的危害与控制

1. 振动的危害

在生产过程中，生产设备、工具产生的振动称为生产性振动，如矿山手持式凿岩机等作业时产生的振动。

振动对人体的影响分为全身振动和局部振动。全身振动是由振动源（振动机械、车辆、活动的工作平台）通过身体的支持部分（足部和臀部），将振动沿下肢或躯干传布全身引起振动为主，振动通过振动工具、振动机械或振动工件传向操作者的手和臂。

接触强烈的全身振动可能导致内脏器官的损伤或位移，周围神经和血管功能的改变，可造成各种类型的、组织的、生物化学的改变，导致组织营养不良，如足部疼痛、下肢疲劳、足背脉搏减弱、皮肤温度降低；女工可发生子宫下垂、自然流产及异常分娩率增加。一般人可发生性机能下降、气体代谢增加。振动加速度还可使人出现前庭功能障碍，导致内耳调节平衡功能失调，出现脸色苍白、恶心、呕吐、出冷汗、头疼头晕、呼吸浅表、心率和血压降低等症状。晕车晕船即属全身振动性疾病。全身振动还可造成腰椎损伤等运动系统影响。

局部接触强烈振动主要是以手接触振动工具的方式为主，由于工作状态的不同，振动可传给一侧或双侧手臂，有时可传到肩部。长期持续使用振动工具能引起末梢循环、末神经和骨关节肌肉运动系统的障碍，严重时可患局部振动病。我国已将振动病列为法定职业病，振动病一般是对局部病而言，也称职业性雷诺现象、振动性血管神经病、气锤病和振动性白指病等。振动病主要是由于局部肢体（主要是手）长期接触强烈振动而引起的。长期受低频、大振幅的振动时，由于振动加速度的作用，可使植物神经功能紊乱，引起皮肤分析器与外周血管循环机能改变，久而久之，可出现一系列病理改变。早期可出现肢端感觉异常、振动感觉减退。主诉手部症状为手麻、手疼、手胀、手凉、手掌多汗，手疼多在夜间发生；其次为手僵、手颤、手无力（多在工作后发生），手指遇冷即出现缺血发白，严重时血管痉挛明显。X片可见骨及关节改变。如果下肢接触振动，以上症状出现在下肢。

2. 振动的控制措施

(1)控制振动源。应在设计、制造生产工具和机械时采用减振措施,使振动降低到对人体无害水平。

(2)改革工艺,采用减振和隔振等措施。如采用焊接等新工艺代替铆接工艺;采用水力清砂代替风铲清砂;工具的金属部件采用塑料或橡胶材料,减少撞击振动。

(3)限制作业时间和振动强度。

(4)改善作业环境,加强个体防护及健康监护。

三、高温、低温

(一)高温

1. 高温作业定义、分类及危害

高温作业是指在生产车间或露天作业工地等场所,遇到高气温或高温高湿或强热辐射或存在生产性热源,使工作地点的气温等于或高于本地区夏季室外通风设计计算温度 2 ℃或 2 ℃以上的作业。

高温作业通常分为三种类型:

高温强辐射作业,如:冶金工业的炼焦、炼铁、炼钢、轧钢等车间;机械制造工业的铸造、锻造、热处理等车间;陶瓷、玻璃、搪瓷、砖瓦等工业的炉窑车间;火力发电厂和轮船上的锅炉等。这类生产场所具有的各种不同的热源,如:冶炼炉、加热炉、窑炉、锅炉、被加热的物体(铁水、钢水、钢锭)等,能通过传导、对流、辐射散热,使周围物体和空气温度升高;周围物体被加热后,又可成为二次热辐射源,且由于热辐射面扩大,使气温更高。在这类作业环境中,同时存在着两种不同性质的热,即对流热(被加热了的空气)和辐射热(热源及二次热源)。对流热只作用于人的体表,但通过血液循环使全身加热。辐射热除作用于人的体表外,还作用于深部组织,因而加热作用更快更强。这类作业的气象特点是气温高、热辐射强度大,而相对湿度多较低,形成干热环境。人在此环境下劳动时会大量出汗,如通风不良,则汗液难于蒸发,就可能因蒸发散热困难而发生蓄热和过热。

高温高湿作业,其气象特点是气温、湿度均高,而辐射强度不大。高湿度的形成,主要是由于生产过程中产生大量水蒸气或生产上要求车间内保持较高的相对湿度所致。例如:印染、缫丝、造纸等工业中液体加热或蒸煮时,车间气温可达 35 ℃以上,相对湿度常高达 90%以上;潮湿的深矿井内气温可达 30 ℃以上,相对湿度可达 95%以上,如通风不良就形成高温、高湿和低气流的不良气象条件,即湿热环境。人在此环境下劳动,即使气温不很高,但由于蒸发散热更为困难,故虽大量出汗也不能发挥有效的散热作用,易导致体内热蓄积或水、电解质平衡失调,从而发生中暑。

夏季露天作业,如农业、建筑、搬运等劳动的高温和热辐射主要来源是太阳辐射。夏季露天劳动时还受地表和周围物体二次辐射源的附加热作用。露天作业中的热辐射强度虽较高温车间低,但其作用的持续时间较长,且头部常受到阳光直接照射,加之中午前后气温升高,此时如劳动强度过大,则人体极易因过度蓄热而中暑。此外,夏天在田间劳动时,因高大密植的农作物遮挡了气流,常因无风而感到闷热不适,如不采取防暑措施,也易发生中暑。

夏季矿山露天作业以及有地热的井下工作面作业都属于高温作业场所。

高温作业人员受环境热负荷的影响,作业能力随温度的上升而明显下降。据有关研究资料显示,环境温度达到 28 ℃时,人的反应速度、运算能力等功能都显著下降;35 ℃时仅为一般情况下的70%,而极重体力劳动作业能力,在30 ℃时只有正常情况下的50%～70%。

作业人员长期处在高温环境下除了会引起职业中暑外,还将导致人体体温调节、水盐代谢、循环、泌尿、消化系统等生理功能的改变。使作业工人感到热、头晕、心慌、烦、渴、无力、疲倦等不适感,主要表现在:

(1)体温调节障碍,由于体内蓄热,体温升高。

(2)大量水盐丧失,可引起水盐代谢平衡紊乱,导致体内酸碱平衡和渗透压失调。

(3)心律脉搏加快,皮肤血管扩张及血管紧张度增加,加重心脏负担,血压下降。但重体力劳动时,血压也可能增加。

(4)消化道贫血,唾液、胃液分泌减少,胃液酸度减低,淀粉活性下降,胃肠蠕动减慢,造成消化不良和其他胃肠道疾病增加。

(5)高温条件下若水盐供应不足可使尿浓缩,增加肾脏负担,有时可见到肾功能不全,尿中出现蛋白、红细胞等。

(6)神经系统可出现中枢神经系统抑制,注意力和肌肉的工作能力、动作的准确性和协调性及反应速度的降低等。

中暑是在高温作业中发生的体温调节障碍为主的急性疾病。其原因是由于通风散热不良,使人体的热量得不到适当的散发或人体损失大量的钠盐和水分。中暑一般分为先兆中暑、轻症中暑和重症中暑三种。发现中暑应及时急救治疗,中暑治疗方法依中暑程度而定。

(1)先兆中暑治疗。首先应将患者移到通风良好的阴凉处,安静休息,擦干汗液,给予适量的清凉饮料、淡盐水或浓茶、人丹、十滴水饮服,一般不需作特殊处理,待适当时间症状可消失。

(2)轻症中暑治疗。除按先兆中暑治疗外,如有循环衰竭的征兆时,可在静脉滴注5%葡萄糖生理盐水,补充水和盐的损失,并及时给予对症治疗。

(3)重症中暑治疗。采取紧急措施,进行抢救。对高热昏迷者的治疗,应以迅速降温为主,对循环衰竭者和热痉挛者的治疗,应以纠正水、电解质平衡紊乱,以防止休克为主。

2. 防暑降温措施

(1)生产工艺和技术措施

①合理布置热源,疏散热源。

②屏蔽热源。

③增加空气流动速度。

(2)保健措施

①合理供给饮料和补充营养。

②合理使用劳保用品。

③进行职业适应性检查,定期进行身体检查。

(3)生产组织措施

①合理安排作业负荷。

②合理安排休息场所。

③考虑职业适应性。

(二)低温

极度的寒冷会引起冻伤,即人在极度寒冷的条件下皮肤和皮下组织的损伤。冻伤是在冰点以下的严寒中,持续较长的时间引起的。一般在南方较为少见,在北方严寒季节里,长时间的室外、野外作业以及在无取暖设施的室内,由于极度低温和潮湿作用,会引起局部冻伤。

预防寒冷的措施有：

(1)加强耐寒锻炼，提高对寒冷和低温的适应性。

(2)加强个体防护，穿防寒服装、靴，戴帽子、面罩和手套等。

(3)在室内作业场所要设置取暖设施。

(4)食用高热能食物，增强体内代谢放热能力。

(5)采用热辐射取暖。

(6)适当提高工作负荷。

四、生产性毒物

(一)生产性毒物的危害

在生产过程中产生或使用的有毒物质称为生产性毒物。矿山生产过程中产生的生产性毒物主要包括爆破产生的氮氧化物、一氧化碳，硫铁矿氧化自然产生的二氧化硫，某些硫铁矿会产生硫化氢、甲烷等气体，人们呼吸以及木料腐烂产生的二氧化碳，铅、锰等重金属及其化合物中毒，汞、砷等有毒矿石，柴油设备产生的废气等。

生产性毒物侵入人体的途径有三种：第一是呼吸道，它是毒物进入人体的主要途径，气体、蒸汽、气溶胶形态的毒物都可以经过呼吸道进入人体，再经过肺、肝脏进入血液循环，分布于全身；第二是皮肤，有些毒物通过皮肤进入人体；第三是消化道，经过消化道的毒物大部分经肝脏转化、解毒后进入血液循环。

人体接触生产性毒物而引起的中毒称为职业中毒，分为急性中毒和慢性中毒两种。矿山常见职业中毒包括以下类型。

一氧化碳中毒。矿山爆破、内燃机工作都会产生一氧化碳，井下火灾时往往因为不完全燃烧产生大量一氧化碳。一氧化碳是无色、无臭、无味的气体，故易于被忽略而致中毒。轻度中毒会出现头痛、头晕、失眠、视物模糊、耳鸣、恶心、呕吐、全身乏力、心跳过速、短暂昏厥等症状。中度中毒者除上述症状加重外，口唇、指甲、皮肤黏膜出现樱桃红色，多汗，血压先升高后降低，心率加速，心律失常，烦躁，一时性感觉和运动分离(即尚有思维，但不能行动)，症状继续加重，可出现嗜睡、昏迷，经及时抢救，可较快清醒，一般无并发症和后遗症。重度中毒者迅速进入昏迷状态，初期四肢肌张力增加，或有阵发性强直性痉挛，晚期肌张力显著降低，患者面色苍白或青紫，血压下降，瞳孔散大，最后因呼吸麻痹而死亡，经抢救存活者可有严重合并症及后遗症。

二氧化碳中毒。在通风不好的井巷中容易聚集二氧化碳，二氧化碳是无色、无味、弱酸性气体，密度比空气重。轻症中毒者有头晕、头痛、乏力、嗜睡、耳鸣、心悸、胸闷、视力模糊等不适，呼吸先兴奋后抑制，可有瞳孔缩小，脉缓，血压升高或意识模糊等症状，及时脱离现场，恢复比较顺利。重症中毒者常于进入现场后数秒钟内瘫倒和昏迷，若不及时救出易致死亡，被救出者，仍常有昏迷、大小便失禁、反射消失、呕吐等症状，甚至出现休克和呼吸停止，经抢救治疗，相对较轻病例可能于数小时内逐步清醒，但头昏、头痛、乏力等症状仍需数日方可恢复，相对严重者则持续昏迷，并出现高热、抽搐、呼吸困难、衰竭或休克等危重病状。

硫化氢中毒。有机物腐烂、硫化矿物水解、爆破以及导火线燃烧都有可能产生硫化氢气体。硫化氢是无色、具有腐蚀性臭鸡蛋气味的气体。轻症中毒者主要是刺激症状，表现为流泪、眼刺痛、流涕、咽喉部灼热感，或伴有头痛、头晕、乏力、恶心等症状，检查可见眼结膜充血、肺部可有干罗音，脱离接触后短期内可恢复。中度中毒者黏膜刺激症状加重，出现咳嗽、胸闷、视物模糊、眼结膜水肿及角膜溃疡，有明显头痛、头晕等症状，并出现轻度意识障碍，肺部闻及干性或湿性罗音，X线胸片显示肺纹理增强或有片状阴影。重度中毒出现昏迷、肺水肿、呼吸循环衰竭等症状，吸入极高浓度（1 000 mg/m^3 以上）时，可出现“闪电型死亡”。严重中毒可留有神经、精神后遗症。

二氧化氮中毒。矿山爆破后会产生大量二氧化氮。二氧化氮为红棕色刺鼻气体或黄色液体，急性轻度中毒者可有咽部不适、干咳、胸闷等呼吸道刺激症状及恶心、无力症状。急性中度中毒者上述症状加重，伴食欲减退、轻度胸痛、呼吸困难、体温略升高症状。急性重度中毒者会出现明显紫绀、极度呼吸困难症状，常可危及生命。长期吸入低浓度氮氧化物，可出现咽干、咽疼、咳嗽等不适，还可见不同程度的神经衰弱综合征。

二氧化硫中毒。二氧化硫是一种无色具有强烈刺激性气味的气体，易溶于人体的体液和其他黏性液中。吸入过量二氧化硫主要引起呼吸系统疾病，急性中毒有明显上呼吸道和眼刺激症状，咳嗽、胸闷，伴消化功能紊乱。严重者出现化学性支气管肺炎及中毒性肺水肿。慢性低浓度接触可引起头晕、头痛、乏力、味觉和嗅觉减退、鼻咽炎及慢性支气管炎等，个别可诱发支气管哮喘。

（二）生产性毒物危害的预防措施

（1）矿山生产过程中，每天都要接触到上述毒物，最好的预防办法是通风排毒，尤其是爆破作业后要加强通风，并且15分钟后才能进入爆破现场。进入长期无人进入的井巷之前，一定要检查巷道中氧气和有毒气体的浓度，采取安全措施后才能进入。

（2）发现有人中毒时，一定要先报告有关领导，派救护人员进矿抢救；救护人员采取通风排毒措施、戴防毒面具后才能进入抢救。

（3）建立健全相关的卫生设施。

（4）做好健康检查和环境监测工作。

（5）教育职工严格遵守安全操作规程和卫生制度。

第三节　健康监护要求

健康监护就是通过各种医学检查和分析，掌握劳动者的健康状况，以便早期发现健康损害的征象，及时采取措施，防止职业性损伤的发生和发展。健康监护还可以为评价劳动条件及职业危害因素对健康的影响提供资料，并且有助于发现新的职业危害因素。职业健康监护主要包括职业健康检查、职业健康监护档案管理等内容。

为了规范用人单位职业健康监护工作，加强职业健康监护的监督管理，保护劳动者健康及其相关权益，根据《职业病防治法》，国家安全生产监督管理总局公布了《用人单位职业健康监护监督管理办法》，自2012年6月1日起施行。该办法对用人单位职业健康检查作了明确规定，同时对职业健康监护档案管理提出了要求。

一、职业健康检查要求

职业健康检查是为了及时发现劳动者的职业禁忌和职业性健康损害，根据劳动者的职业接触史，对劳动者进行有针对性的定期或不定期的健康体检。职业健康检查包括上岗前、在岗期间、离岗时和应急的健康检查。

用人单位应当组织劳动者进行职业健康检查，并承担职业健康检查费用。劳动者接受职业健康检查应当视同正常出勤。用人单位应当选择由省级以上人民政府卫生行政部门批准的医疗卫生机构承担职业健康检查工作，并确保参加职业健康检查的劳动者身份的真实性。

用人单位应当对下列劳动者进行上岗前的职业健康检查：拟从事接触职业病危害作业的新录用劳动者，包括转岗到该作业岗位的劳动者；拟从事有特殊健康要求作业的劳动者。

用人单位不得安排未经上岗前职业健康检查的劳动者从事接触职业病危害的作业，不得安排有职业禁忌的劳动者从事其所禁忌的作业；不得安排未成年工从事接触职业病危害的作业，不得安排孕期、哺乳期的女职工从事对本人和胎儿、婴儿有危害的作业。

用人单位应当根据劳动者所接触的职业病危害因素，定期安排劳动者进行在岗期间的职业健康检查。对在岗期间的职业健康检查，用人单位应当按照《职业健康监护技术规范》(GBZ188)等国家职业卫生标准的规定和要求，确定接触职业病危害的劳动者的检查项目和检查周期。需要复查的，应当根据复查要求增加相应的检查项目。

出现下列情况之一的，用人单位应当立即组织有关劳动者进行应急职业健康检查：接触职业病危害因素的劳动者在作业过程中出现与所接触职业病危害因素相关的不适症状的；劳动者受到急性职业中毒危害或者出现职业中毒症状的。

对准备脱离所从事的职业病危害作业或者岗位的劳动者，用人单位应当在劳动者离岗前30日内组织劳动者进行离岗时的职业健康检查。劳动者离岗前90日内的在岗期间的职业健康检查可以视为离岗时的职业健康检查。用人单位对未进行离岗时职业健康检查的劳动者，不得解除或者终止与其订立的劳动合同。

用人单位应当及时将职业健康检查结果及职业健康检查机构的建议以书面形式如实告知劳动者。

二、职业健康监护档案管理要求

劳动者职业健康监护管理档案是劳动者健康变化与职业病危害因素关系的客观记录，是职业病诊断鉴定的重要依据之一，也是法院审理健康权益案件的物证。用人单位应当按规定建立并妥善保存职业健康监护档案。劳动者有权查阅、复印其本人职业健康监护档案。劳动者离开用人单位时，有权索取本人健康监护档案复印件；用人单位应当如实、无偿提供，并在所提供的复印件上签章。

职业健康监护档案包括下列内容：劳动者姓名、性别、年龄、籍贯、婚姻、文化程度、嗜好等情况；劳动者职业史、既往病史和职业病危害接触史；历次职业健康检查结果及处理情况；职业病诊疗资料；需要存入职业健康监护档案的其他有关资料。

第四节　职业病预防的权利和义务

《职业病防治法》、《用人单位职业健康监护监督管理办法》等相关法律法规对用人单位及劳动者的职业病预防权利和义务做出了明确的规定。

一、用人单位的权利与义务

(1)用人单位应当为劳动者创造符合国家职业卫生标准和卫生要求的工作环境和条件，并采取措施保障劳动者获得职业卫生保护。

(2)用人单位应当建立、健全职业病防治责任制，加强对职业病防治的管理，提高职业病防治水平。对本单位产生的职业病危害承担责任。

(3)用人单位必须依法参加工伤保险。

(4)国家建立职业病危害项目申报制度。用人单位工作场所存在职业病目录所列职业病的危害因素的，应当及时、如实向所在地安全生产监督管理部门申报危害项目，接受监督。

(5)新建、扩建、改建建设项目和技术改造、技术引进项目(以下统称建设项目)可能产生职业病危害的,建设单位在可行性论证阶段应当向安全生产监督管理部门提交职业病危害预评价报告。安全生产监督管理部门应当自收到职业病危害预评价报告之日起三十日内,作出审核决定并书面通知建设单位。未交预评价报告或者报告未经安全生产监督管理部门审核同意的,有关部门不得批准该建设项目。

(6)用人单位应当采取下列职业病防治管理措施:

①设置或者指定职业卫生管理机构或者组织,配备专职或者兼职的职业卫生专业人员,负责本单位的职业病防治工作。

②制定职业病防治计划和实施方案。

③建立、健全职业卫生管理制度和操作规程。

④建立、健全职业卫生档案和劳动者健康监护档案。

⑤建立、健全工作场所职业病危害因素监测及评价制度。

⑥建立、健全职业病危害事故应急救援预案。

(7)产生职业病危害的用人单位,应当在醒目位置设置公告栏,公布有关职业病防治的规章制度、操作规程、职业病危害事故应急救援措施和工作场所职业病危害因素检测结果。对产生职业病危害的作业岗位,应当在其醒目位置,设置警示标志和中文警示说明。警示说明应当载明产生职业病危害的种类、后果、预防以及应急救治措施等内容。

(8)对可能发生急性职业损伤的有毒、有害工作场所,用人单位应当设置报警装置,配置现场急救用品、冲洗设备、应急撤离通道和必要的泄险区。对放射工作场所和放射性同位素的运输、贮存,用人单位必须配置防护装置和报警装置,保证接触放射线的工作人员佩戴个人剂量计。对职业病防护设备、应急救援设施和个人使用的职业病防护用品,用人单位应当进行经常性的维护、检修,定期检测其性能和效果,确保其处于正常状态,不得擅自拆除或者停止使用。

(9)用人单位与劳动者订立劳动合同(含聘用合同,下同)时,应当将工作过程中可能产生的职业病危害及其后果、职业病防护措施和待遇等如实告诉劳动者,并在劳动合同中写明,不得隐瞒或者欺骗。劳动者在已订立劳动合同期间因工作岗位或者工作内容变更,从事与所订立劳动合同中未告知的存在职业病危害的作业时,用人单位应当依照前款规定,向劳动者履行如实告知的义务,并协商变更原劳动合同相关条款。

(10)用人单位应当对劳动者进行上岗前的职业卫生培训和在岗期间的定期职业卫生培训,普及职业卫生知识,督促劳动者遵守职业病防治法律、法规、规章和操作规程,指导劳动者正确使用职业病防护设备和个人使用的职业病防护用品。

(11)对从事接触职业病危害的作业的劳动者,用人单位应当按照国务院卫生行政部门的规定组织上岗前、在岗期间和离岗时的职业健康检查,并将检查结果如实告知劳动者。职业健康检查费用由用人单位承担。用人单位不得安排未经上岗前职业健康检查的劳动者从事接触职业病危害的作业;不得安排有职业禁忌的劳动者从事其所禁忌的作业;对在职业健康检查中发现有与所从事的职业相关的健康损害的劳动者,应当调离原工作岗位,并妥善安置;对未进行离岗前职业健康检查的劳动者不得解除或者终止与其订立的劳动合同。

(12)用人单位应当为劳动者建立职业健康监护档案,并按照规定的期限妥善保存。职业健康监护档案应当包括劳动者的职业史、职业病危害接触史、职业健康检查结果和职业病诊疗等有关个人健康资料。

(13)发生或者可能发生急性职业病危害事故时，用人单位应当立即采取应急救援和控制措施，并及时报告所在地安全生产监督管理部门和有关部门。安全生产监督管理部门接到报告后，应当及时会同有关部门组织调查处理；必要时，可以采取临时控制措施。对遭受或者可能遭受急性职业病危害的劳动者，用人单位应当及时组织救治、进行健康检查和医学观察，所需费用由用人单位承担。

二、劳动者的权利与义务

(1)劳动者享有下列职业卫生保护权利：

①获得职业卫生教育、培训；

②获得职业健康检查、职业病诊疗、康复等职业病防治服务；

③了解工作场所产生或者可能产生的职业病危害因素、危害后果和应当采取的职业病防护措施；

④要求用人单位提供符合防治职业病要求的职业病防护设施和个人使用的职业病防护用品，改善工作条件；

⑤对违反职业病防治法律、法规以及危及生命健康的行为提出批评、检举和控告；

⑥拒绝违章指挥和强令进行没有职业病防护措施的作业；

⑦参与用人单位职业卫生工作的民主管理，对职业病防治工作提出意见和建议。

(2)用人单位违反《职业病防治法》第三十二、三十三条相关规定的，劳动者有权拒绝从事存在职业病危害的作业，用人单位不得因此解除或者终止与劳动者所订立的劳动合同。

(3)劳动者应当学习和掌握相关的职业卫生知识，增强职业病防范意识，遵守职业病防治法律、法规、规章和操作规程，正确使用、维护职业病防护设备和个人使用的职业病防护用品，发现职业病危害事故隐患应当及时报告。劳动者不履行前款规定义务的，用人单位应当对其进行教育。

(4)劳动者离开用人单位时，有权索取本人职业健康监护档案复印件，用人单位应当如实、无偿提供，并在所提供的复印件上签章。

第九章 事故应急处置、自救与现场急救

第一节 事故报告及现场紧急处置

一、事故报告

伤亡事故报告制度是安全生产工作的一项重要内容。矿山企业发生事故时，相关人员应及时向有关部门报告，可以及时组织抢救，防止事故扩大，减少人员伤亡和财产损失。为了使救援工作有效顺利地进行，需要事先编制重大事故应急救援预案。伤亡事故发生后，负伤者或者事故现场有关人员应立即直接或者逐级报告企业负责人，企业负责人应根据事故严重情况进行上报。

（一）事故分类

根据生产安全事故（以下简称事故）造成的人员伤亡或直接经济损失划分为以下四个级别：

(1)特别重大事故：造成30人以上死亡，或者100人以上重伤（包括急性工业中毒，下同），或者1亿元以上直接经济损失的事故。

(2)重大事故：造成10人以上30人以下死亡，或者50人以上100人以下重伤，或者5 000万以上1亿元以下直接经济损失的事故。

(3)较大事故：造成3人以上10人以下死亡，或者10人以上50人以下重伤，或者1 000万以上5 000万以下直接经济损失的事故。

(4)一般事故：造成3人以下死亡，或者10人以下重伤，或者1 000万元以下直接经济损失的事故。

本分类中，“以上”包括本数，“以下”不包括本数。

（二）事故报告

(1)事故发生后，事故现场有关人员应立即向本单位负责人报告；单位负责人接到报告后，应于1小时内向事故发生地县级以上人民政府安全生产监督管理部门和负有安全生产监督管理职责的部门报告。

情况紧急时，事故现场有关人员可以直接向事故发生地县级以上人民政府安全生产监督管理部门和负有安全生产监督管理职责的部门报告。

(2)安全生产监督管理部门和负有安全生产监督管理职责的有关部门接到事故报告后，应当按照下列规定上报事故情况，并通知公安机关、劳动保障行政部门、工会和人民检察院。

①特别重大事故、重大事故逐级上报至国务院安全生产监督管理部门和负有安全生产监督管理职责的有关部门。

②较大事故逐级上报至省、自治区、直辖市人民政府安全生产监督管理部门和负有安全生产监督管理职责的有关部门。

③一般事故上报至设区的市级人民政府安全生产监督管理部门和负有安全生产监督管理职责的有关部门。

安全生产监督管理部门和负有安全生产监督管理职责的有关部门按照前款规定上报事故情况，应当同时报告本级人民政府。国务院安全生产监督管理部门和负有安全生产监督管理职责的有关部门以及各级人民政府接到发生特别重大事故、重大事故的报告后，应当立即报告国务院。

必要时，安全生产监督管理部门和负有安全生产监督管理职责的有关部门可以越级上报事故情况。

(3)安全生产监督管理部门和负有安全生产监督管理职责的有关部门逐级上报事故情况，每级上报的时间不得超过 2 小时。

(4)报告事故应当包括下列内容：事故发生单位的概况，事故发生的时间、地点以及事故现场情况，事故的简要经过，事故已经造成或可能造成的伤亡人数(包括下落不明的人数)和初步估计的直接经济损失，已经采取的措施，其他应当报告的情况。

(5)事故报告后出现新情况的，应当及时补报。自事故发生之日起 30 日内，事故造成的伤亡人数发生变化的，应当及时补报。

二、现场紧急处置

(一)事故抢险救灾的一般原则

1. 救灾步骤

(1)立即撤出灾区人员和停止灾区供电。

(2)依据《矿山灾害预防和应急救援预案》中有关规定立即通知矿长、总工程师等有关人员。

(3)立即报告矿业总公司。

(4)启动本矿的救援队伍或招请矿山救护队。

(5)成立现场抢险救灾指挥部。

(6)派救护队或其他救灾人员进入灾区救人、侦察灾情。

(7)指挥部根据灾情制定救灾方案。

(8)救灾人员根据预案立即开展现场救灾工作，根据现场情况及时修改方案直至救灾完成，恢复正常生产。

实施救灾步骤的注意事项：

(1)必须有一套正确的指挥步骤。保证总指挥能有条不紊、沉着、冷静地指挥，集中精力于重大问题的决策上。在救灾过程中应避免无人领导、多人领导、乱指挥、指挥失误。

(2)指挥员要纵观全局，抓住战机。巧妙地组织力量并利用一切可以利用的救灾手段，力争在最短的时间内完成救灾工作。指挥员在了解灾情变化的初步原因、过程和现状后，还要预测其发展情况，如可能诱发的伴生事故和出现的意外情况。在制定作战方案时，要多做几种设想。其次是要选择最有利的时机来控制灾变，消灭事故。灾变初期总是易于控制的，扑灭任何灾变总是早比晚好，因此，要及时、果断地采取有效的对策与措施尽早控制灾情。另外，每次灾变的发生都是由多种因素汇集而成的，如果能够抓住其中关键的因素，即可获得控制全局的效果。

2. 矿山救护队

为了及时有效的处理和消除矿山事故，减少人员伤亡和财产损失，大型矿山、有自燃发火或沼气危害的矿山，应该成立专职矿山救护队；其他矿山应该组织经过严格训练、配有足够装备的兼职救护队。救护队应配备一定数量的救护设备和器材。矿山救护队按大队、中队、小队三级编制，其人数是根据具体情况而定。一般的，由5～8人组成小队，由3～6个小队编成一个中队，由几个中队组成该矿区的救护大队。矿山救护队应能够独立处理矿区内的任何事故。

矿山救护队是处理矿井火灾、透水和大面积冒顶等重大灾害事故的军事化专业队伍，在重大矿山灾害处理中发挥着十分重要的作用。

救护队员下井前要做好战前检查，下井后进入救护基地，首先听取灾区人员对事故情况介绍，然后对事故现场进行侦察，最后对现场情况进行分析、总结、报告指挥员，以便制定切实可行的救灾方案。

矿井发生火灾、爆炸等重大灾害事故后，救护队员首先应进行侦察工作，探明事故发生的初步原因、影响范围、遇险人员现状和所在位置，巷道通风、垮塌等情况，还应有专人测定有害气体浓度和通风情况。当有危险时，救护队员应立即撤到安全地点，采取措施排除险情后，再继续工作。

救护队员侦察情况时，应遵循以下原则：

(1)选择熟悉情况、有经验的救护队员负责侦察工作，侦察小队不得少于6人。

(2)井下救护基地应留有待机小队，并用灾区电话与侦察小队保持不断联系。

(3)进入灾区侦察时，必须携带探险绳等必要的装备，在行进中，应注意盲井、溜井、淤泥和巷道情况，视线不清时，可用探测棍探测前进，队员与队员之间要用探险绳连接。

(4)侦察小队进入灾区时，要按规定的时间与基地保持联系。如未按时返回或中断联系，待机小队应立即进入救援。

(5)进入灾区前应考虑到，如果退路被堵应采取的措施，返回时应按原路返回，如改变路线应经指挥员同意。

(6)在侦察中，经过巷道交叉口要设明显的标志，防止返回时走错路线，也便于待机小队寻找。

(7)在搜索遇险人员时，小队队形应与巷道中线斜交前进，在远距离或复杂巷道中侦察时，可组成几个小队波浪式前进或分区段侦察。侦察工作要仔细认真，做到有巷必察，在走过的巷道要签字留名，并绘出侦察路线示意图。发现遇险人员的地点要进行气体检测，并做好标记。

抢救遇险人员是矿山救护队的首要任务，应千方百计创造条件，以最快的速度、最短的距离进入灾区，先将受伤人员搬到新鲜风流中进行抢救，同时派人引导未受伤人员撤离灾区，然后陆续抬出已牺牲的人员，对于多人遇险待救时，应根据“先活后死，先重伤后轻伤，先易后难”的原则实施救援。

在紧急情况下，应把救护队员派往遇险人数最多的地点。遇到有高温、塌冒、爆炸、水淹等危险性较高的灾区，只有在救人的情况下，指挥员才有权决定救护小队进入，但要采取有效措施，确保进入灾区人员的安全，避免造成更大的伤亡。

3. 井下救护基地

井下救护基地是救灾工作的前线指挥部，是救灾人员与物资的集中地，救护队员进入灾区的出发点，也是遇险人员的临时救护基地。因此，能否正确选择井下救护基地常常关系到救灾工作的成败。

井下救护基地应由矿山救灾指挥部根据灾区位置、范围、类别以及通风、运输等条件确定，一般应遵循以下原则：

(1)不受灾害威胁和不会因灾害扩大而被波及的地点，但应尽可能接近灾区。

(2)在进行火灾、爆炸事故救护时，基地应设在稳定的新鲜风流区域；对冒顶、火灾等灾变，应选择贯穿风流的区域。

(3)方便运输，保证通风与照明，要有一定的空间与面积，确保救灾活动与物资贮备的安排。

(4)基地不应选在与灾区毫无联系的运输大巷、角联风路、风速过大的区域。

根据救灾情况的发展，基地可随时进行调整，但必须符合上面四条原则。

4. 安全岗哨

在事故现场，应根据作战计划，在可能进入灾区的通道设立岗哨，阻止非救灾人员进入灾区。

5. 地面救护基地

在处理复杂矿井灾害事故时，为保证及时向灾区供应器材、物资，必须设立地面救护基地，负责救灾物资、设备设施等的供应。

(二)矿山常见事故的应急处理

根据矿山事故及事故抢险工作的特点，矿山企业应做好以下六种危害性较大的事故的应急处理工作。

1. 矿井火灾

矿井火灾往往情况比较复杂，特别是外援火灾，发生突然，在风流的作用下来势凶猛，往往使人惊慌失措。

有关矿领导在接到井下火灾报警后，应按以下程序进行抢救：

(1)迅速查明并组织灾区和受威胁区域的人员撤离，积极组织矿山救护队抢救遇险人员。同时，查明火灾性质、原因、发火地点、火势大小、火灾蔓延方向和速度、遇险人员的分布及伤亡情况，采取措施阻止火灾向有人员的巷道蔓延。

(2)切断火区电源。

(3)选择正确的通风方法。处理火灾时，常用的通风方法有正常通风、增减风量、反风、风流短路、停止主要风机运转等。

选择哪种通风方法，应根据已探明的火区地点、范围及灾区人员分布情况来确定。一般，在进风井口、井筒内、井底车场发生火灾时，可采用反风或使火烟风流短路的通风方法，使火烟不至于进入采、掘工作点，若停止主扇运转也能使风流逆转，可停止主扇的运行；在采区进风道发生火灾时，如果有条件利用现有通风设施实现风流短路，将火烟风流直接引入总回风道时，应采用风流短路方法以减少人员伤亡；在井下其他地点发生火灾时，应保持事故前的风流方向，并控制火区风量；在入风下山巷道发生火灾时，必须有防止因“火风压”造成主风流逆转的措施；在有爆炸性气体涌出的采矿工作面发生火灾时，应保持正常通风，必要时可适当增加风量或采取局部区域性反风；在掘进巷道发生火灾时，特别是存在爆炸性气体时，不得随意改变局扇的通风状态，需要进入巷道侦察或直接灭火时，必须有安全可靠的措施防止事故扩大。

无论采用哪种通风方法，都必须做到：

①不致引起爆炸性气体积聚、爆炸性矿尘飞扬，引发爆炸事故。

②不致危及井下人员安全。

③不致使处于爆炸性极限范围的爆炸性气体通过火源，或不致使火源蔓延到爆炸性气体积聚的地方。

④有助于阻止火灾扩大，抑制火势，为救护人员创造接近火源的条件。

⑤在火灾初期，火灾范围不大时，应积极组织人力、物力控制火势，直接灭火；当直接灭火无效时，应采取隔绝灭火法封闭火区，并应规定密闭位置及封闭顺序。

矿井火灾常用灭火方法包括直接灭火法、隔绝灭火法以及综合灭火法。直接灭火法就是用水、惰性气体、高密度泡沫、干粉、沙子(岩粉)等，在火源附近或离火源一定距离处直接扑灭火灾。隔绝灭火法就是在通往火区的所有巷道内构筑防火墙，将风流全部隔断，控制空气的供给，使矿井火灾逐渐自行熄灭。综合灭火法就是先用密闭墙封闭火区，待火区部分熄灭和温度降低后，采取措施控制火区，再打开密闭墙用直接灭火法灭火，即先将火区大面积封闭，待火势减弱后，再锁风逐步缩小火区范围，然后直接灭火。

⑥必要时，可将排水、注浆、充填、压风管临时改为消防管路。

⑦火灾发生后，要积极采取措施，防止因“火压风”而引起风流逆转。

这里需要强调的是，停止主风机运转的方法不能轻易采用，否则会扩大事故。停止主风机运转的方法适用于这样几种情况：火灾发生在回风井筒及其车场时，可停止主扇运转，同时打开井口防爆门，依靠“火风压”和自然风压排烟；火灾发生在进风井筒内或进风井底，由于条件限制不能反风(无反风设备或反风设备失灵)，又不能让火烟气体进入回风道时，一定要停止主扇运转，并打开回风井防爆门，使风流在“火风压”作用下自动反向。

2. 矿井水灾

(1)处理矿井水灾事故的基本程序

①按规定的安全撤离路线撤离灾区人员。

②查明突水地点、性质，估计突水的积水量、静止水位、突水后的涌水量、影响范围、补给水源，查明事故前人员分布情况、矿井具有生存条件的地点、进入的通道及有影响的地表水体。

③根据水情，规定关闭水闸门的顺序和负责人，并及时关闭水闸门。

④有流沙涌出时，应构筑滤水墙，并规定滤水墙的构筑位置和顺序。

⑤必须保持排水设备不被淹没。当水和沙威胁到泵房时，在救出下部水平人员后，可向下部水平或采空区排水。如未救出下部水平人员，主要排水设备受到被淹威胁时，可用麻袋装黏土、沙子构筑临时防水墙，堵住排水泵房口和通往下部水平的巷道，使排水泵房不被淹。

⑥制定有害气体从水淹区涌出以及二次突水事故发生时的安全措施，在排水、侦察灾情时防止冒顶、掉底伤人的措施。

(2)抢救矿井水灾遇险人员应注意的问题

井下发生突水事故，常常有人被困在井下，指挥者应本着“积极抢救”的原则，矿山应急救援队的首要任务是抢救受淹和被困人员。首先应制定营救人员的措施，判断人员可能躲避的地点，并根据涌水量及矿井排水能力，估算排除积水的时间。争取时间，采取一切可能的措施，使被困人员早日脱险。在排水过程中要切断不必要的电源、保持通风、加强对有毒有害气体的监测，并认真观察巷道情况，防止冒顶和掉底。

突水时，被困人员躲避地点有以下两种情况：

①当躲避地点比外部水位高时，遇险人员有基本生存的空气条件，应尽快排水救人。如果排水时间较长，应采取打钻或掘进一段巷道或救护队员潜水进入灾区送氧气和食品，以维持遇险人员起码的生存条件。

②当突水点下部巷道全断面被水淹没后，与该巷相通的独头上山等上部巷道如不漏气，即使低于突水后的水位，也不会被水淹没，仍有空间及空气存在。在这些地区躲避的人员具备生存的空间和空气条件。如果避难方法正确(如心情平静、适量喝水、躺卧待救等)，能够坚持一

段时间。

在上述情况下对遇险人员抢救时，严禁向这些地点打钻，防止空气外泄，水位上升，淹没遇险人员，此时最好的办法是加速排水。

抢救长期被困在井下的人员时，应注意以下几点：

①因被困人员的血压下降、脉搏慢、神志不清，必须轻慢搬运。

②不能用光照射遇险人员的眼睛，因其瞳孔已放大，将遇险人员运出井上以前应用毛巾遮护眼睛。

③保持体温，用棉被盖好遇险人员。

④短期内禁止亲属探视，避免被困人员因兴奋造成血管破裂。

⑤分段搬运，以逐渐适应环境，不能一鼓作气运出井口。

3. 冒顶片帮

(1)在处理冒顶事故之前，应向事故附近的操作人员了解事故发生的原因、冒顶地点顶板的特性、事故前人员分布、瓦斯的浓度等，并实地查看周围支架和顶板情况，必要时需加固附近支架，保证退路畅通。

(2)抢救遇险人员之前，首先应确定遇险人员的位置和人数，尽可能与遇险人员直接联系。可用呼喊、敲击的方法听取回声，或用声响接收式和无线电波接收式寻人仪等装置，判断遇险人员的位置，与遇险人员保持联系，鼓励他们配合抢救工作。

(3)利用压风管道、水管或开掘巷道、打钻孔等方法，向遇险人员输送新鲜空气和食物。

(4)在冒顶区工作时，要派专人观察周围顶板变化，如果发现有再次冒顶的预兆时，首先应加强支护，找好安全退路。

(5)清查堵塞物时，使用工具要谨慎小心，以防伤害遇险人员；遇有大块矿(岩)石、木柱、金属物体、铁架、铁柱等物压在人身上时，可使用千斤顶、液压起重器、液压剪刀等工具进行处理，禁止使用镐挖、锤砸等方法扒遇险人员或破岩。

(6)抢救遇险人员方法需要具体问题具体分析：

①冒顶范围不大时，如果遇险人员被大块石压住，应使用小型千斤顶、撬棍等工具把大块石顶起，将人救出。

②顶板冒落，石块较破碎，遇险人员又靠近巷壁时，可通过掏小洞、架设临时支架维护顶板，边支护边掏洞，直到救出遇险人员。

③如果遇险者位置靠近放顶区，可通过沿放顶区方向掏小洞，架设临时支架，背帮背顶，或用前探棚边支护边掏洞，救出遇险人员。

④冒落范围较小，石块小又碎，并且继续下落时，此时可采用撞楔法处理，控制顶板，救出遇险人员。

⑤分层开采的工作面发生事故时，底板是煤层，遇险人员位于金属网或荆芭假顶下面时，可沿底板煤层掏小洞，边支护边掏洞，接近遇险者后将其救出。

⑥冒顶面积大、遇险者位于冒落工作面的中间时，可采用掏小洞和撞楔法相结合的方法处理，如果时间长、不安全时，也可采取另掘开切眼的方法处理，边掘进边支护，救出遇险者。

⑦若是工作面两端冒落，把人堵在工作面内，采用另掘巷道的方法，绕过冒落区或危险区将遇险人员救出。

(7)被救出的遇险人员，如天气寒冷时，应用毯子保暖，并迅速运至安全地点进行创伤检查，在现场采取输氧和人工呼吸、止血、包扎等急救处理措施，对危险伤员应尽快送往医院抢救治疗。

4. 中毒、窒息事故

中毒、窒息事故一旦发生，如果救护不当，往往增加人员伤亡，导致伤亡事故扩大。特别是在矿山井下，有毒有害气体不容易散逸，更容易发生重大中毒、窒息事故。井下有毒、有害气体主要来源于爆破产生的炮烟，电焊等引起的火灾产生的一氧化碳和二氧化碳等。一旦发现人员中毒、窒息，应按照下列方法实施救护：

(1)救护人员应摸清有毒有害气体的种类、可能危及的范围、产生的原因及中毒、窒息人员的位置。

(2)救护人员要在采取防护措施后，如通风排毒、戴防毒面具等，才能进行营救工作。

5. 滑坡及坍塌事故

(1)首先应撤出事故范围和受影响范围的工作人员，并设立警戒，防止无关人员进入危险区。

(2)积极组织人员抢救被滑坡、坍塌埋压的遇险人员。抢救人员时要遵循“先易后难，先重伤后轻伤”的原则。

(3)认真分析造成滑坡、坍塌的主要原因，并对已制定的坍塌事故救援预案进行修正。

(4)在抢险救灾前，首先检查采场架头顶部是否存在再次滑落的危险，如存在较大危险，应先进行处理。

(5)在整个抢险救灾过程中，在采场架头上、下都应选有经验的人员观察架头情况，发现问题，要立即进行抢险工作，进行处理。

(6)采取措施，阻止滑落的矿岩继续下滑，并积极抢救遇险人员。

(7)在危险区范围内进行抢救工作中，应尽可能使用机械化装备和控制抢险工作的人数，避免扩大伤亡。

(8)抢险救灾工作应统一指挥、科学调度、协调工作，做到有条不紊，加快抢救速度。

6. 尾矿库溃坝

尾矿坝是尾矿库用来贮存尾矿和贮水的围护构筑物。尾矿坝溃坝事故的根源主要是尾矿库建设前期对自然条件了解不够，勘察不明，设计不当或施工质量不合要求，生产运行期间对尾矿库的安全管理不到位，缺乏必要的监测、检查、维护措施等，一旦遇到事故隐患，不能采取正确的方法，导致危险源状态的恶化并最终造成溃坝事故的发生。对尾矿坝事故进行救援处理依据以下程序。

(1)尽快成立救灾指挥领导小组(以当地政府负责人和矿长为首组成)，统一指挥抢险救灾工作。

(2)根据灾情，及时对尾矿库溃坝事故应急救援预案进行修改、补充，并认真贯彻实施。

(3)溃坝前，应尽快通知可能波及范围内的人员立即撤离到安全地点。

(4)划定危险区范围，设立警戒岗哨，防止无关人员进入危险区。

(5)尽快抢救被尾矿泥围困的人员，组织打捞遇难人员。

(6)尽快检察尾矿坝垮塌情况，采取有效措施，防止二次溃坝事故发生。

(7)溃坝后，如果库内还有积水，应尽快打开泄水口将水排出。

(8)采取一切可能的措施，防止尾矿泥对农田、水面、河流、水源的污染或者尽量缩小污染范围。

第二节 防险、避灾、自救与互救方法

大量事实证明，矿井发生灾害事故后，矿工依靠自己的智慧和力量积极、正确地采取自救、互救措施，是最大限度减少事故损失的重要环节。因此，每个矿工和下井工作人员，必须根据本人工作环境的特点，学习掌握常见灾害事故的规律，了解事故发生前的预兆，通过学习牢记各种事故的避灾要点，努力提高自己的自我保护意识和抗灾能力。

矿井常见的事故类型主要有顶板冒落、水灾事故、火灾事故等。本节主要介绍一些典型事故的现场避难、自救与互救方法。

一、被矿井水灾围困时的避难自救措施

(1)当现场人员被涌水围困无法退出时，应迅速进入预先筑好的避难硐室中避灾，或选择合适地点快速建筑临时避难硐室避灾。进入避难硐室前，应在硐室外留设明显标志。当井下人员发现撤离通路已经被透水隔断，就要迅速寻找位置最高、离井筒或大巷最近的地点，暂时躲避，等待救援。

(2)在避灾期间，遇险矿工要有良好的精神心理状态，情绪安定、自信乐观、意志坚强。要坚信上级领导一定会组织人员快速营救；坚信在班组长和有经验老工人的带领下，一定能够克服各种困难，共渡难关，安全脱险。要做好长时间避灾的准备，除轮流担任岗哨观察水情的人员外，其余人员均应静卧，以减少体力和空气消耗。

(3)避灾时，应尽快通过各种途径向井下、井上指挥机关报告。如应用敲击的方法有规律、间断地发出呼救信号，向营救人员指示躲避处的位置。

(4)被困期间断绝食物后，即使在饥饿难忍的情况下，也应努力克制自己，决不嚼食杂物充饥。需要饮用井下水时，应选择适宜的水源，并用纱布或衣服过滤。

(5)长时间被困在井下，发觉救护人员来营救时，避灾人员不可过度兴奋和慌乱。得救后，不可吃硬质和过量的食物，要避开强烈的光线，以防发生意外。

二、独头巷道迎头冒顶被堵人员避难自救措施

(1)遇险人员要正视已发生的灾害，切忌惊慌失措，坚信矿领导和同志们一定会积极进行抢救。应迅速组织起来，主动听从灾区中班组长和有经验老工人的指挥，团结协作，尽量减少体力和隔堵区的氧气消耗，有计划地使用饮水、食物和矿灯等，做好较长时间避灾的准备。

(2)如人员被困地点有电话，应立即用电话汇报灾情、遇险人员数和计划采取的避灾自救措施。否则，应采用敲击钢轨、管道和岩石等方法，发出有规律的呼救信号。并每隔一定时间敲击一次，不间断地发出信号，以便营救人员了解灾情，组织力量进行抢救。

(3)维护加固冒落地点和人员躲避处的支架，并经常派人检查，以防止冒顶进一步扩大，保障被堵人员避灾时的安全。

(4)如人员被困地点有压风管，应打开压风管给被困人员输送新鲜空气，并稀释被隔堵空间的瓦斯含量，但要注意保暖。

三、采面冒顶时的避难自救措施

(1)迅速撤退到安全地点。当发现工作地点有即将发生冒顶的征兆，而当时又难以采取措施防止采面顶板冒落时，最好的避灾措施是迅速离开危险区，撤退到安全地点。

(2)遇险时要到木垛处避灾。从采面发生冒顶的实际情况来看，冒顶时可能将支柱压断或推倒，但在一般情况下不可能压垮或推倒质量合格的木垛。因此，如遇险者所在位置靠近木垛

时，可撤至木垛处避灾。

(3)遇险后立即发出呼救信号。冒顶对人员的伤害主要是砸伤、掩埋或隔堵。冒落基本稳定后，遇险者应立即采用呼叫、敲打（如敲打物料、岩块可能造成新的冒落时，则不能敲打，只能呼叫）等方法，发出有规律、不间断的呼救信号，以便救护人员和撤出人员了解灾情，组织力量进行抢救。

(4)遇险人员要积极配合外部的营救工作。冒顶后被物料埋压的人员，不要惊慌失措，在条件不允许时切忌采用猛烈挣扎的办法脱险，造成事故扩大。被冒顶隔堵的人员，应在遇险地点有组织地维护好自身安全，构筑脱险通道，配合外部的营救工作，为提前脱险创造良好条件。

四、独头巷道发火时的避难自救措施

(1)独头掘进巷道火灾多因电器故障或违章爆破造成，其特点是发火突然，但初起火源一般不大，发现后应及时采取有效、果断措施扑灭。

(2)掘进巷道一般采用局部通风机进行压入式通风。风筒一旦被烧，工作面通风就被截断，人员逃生的出路也被切断。因此，巷道着火后，位于火源里侧的人员．应尽一切可能穿过火源撤至火源外侧，然后再根据实际情况确定灭火或撤退方法。

(3)人员被火灾堵截无法撤退到火源外侧时，应在保证安全的前提下，尽一切可能迅速拆除引燃的风筒，撤除部分木支架（在不至于引起冒顶的情况下）及一切可燃物，切断火灾向人员所在地点蔓延的通路。然后，迅速构筑临时避难硐室，并严加封堵，防止有害烟气侵入。若巷道内有压风管道，可放压气用以避灾自救。若有输水管道，可放水用以改善避灾条件。但在用水控制火势，阻止火灾向人员避灾地点蔓延时，应特别注意水蒸气或巷道冒顶给避灾人员带来的危害。

(4)如果其他地区着火使独头掘进巷道的巷口被火烟封堵，人员无法撤离时，应立即用风障（可利用巷道中的风筒建造）等将巷口封闭，并建立临时避难硐室。若火烟通过局部通风机被压入巷道时，则应立即将风筒拆除。

五、在烟雾巷道里的避难自救措施

(1)一般不在无供风条件的烟雾巷道中停留避灾或建立临时避难硐室，应佩戴自救器，采取果断措施迅速撤离有烟雾的巷道。

(2)在自救器使用超过有效防护时间或无自救器时，应将毛巾润湿后堵住嘴鼻并寻找供风地点，然后切断或打开巷道中压风管路阀门，或者是对着有风（必须是新鲜无害的）的风筒呼吸。

(3)一般情况下不要逆烟撤退。但只有逆烟撤退才有争取生存的希望时，可以采用这种撤退方法。

(4)在烟雾大、视线不清的情况下，应摸着巷道壁前进，以免错过通往新鲜风流的连通出口。

(5)烟雾不大时，也不要直立奔跑，应尽量躬身弯腰，低着头快速前进；烟雾大时，应贴着巷道底和巷壁，摸着铁道或管道等快速爬行撤退。

(6)无论在多么危险的情况下，都不能惊慌失措、狂奔乱跑。应用巷道内的水浸湿毛巾、衣物或向身上淋水等办法降温；用随身物件遮挡头面部，防止高温烟气的刺激。

六、井下火灾时的避难自救措施

任何人发现井下火灾时，都应根据火灾性质、灾区通风和瓦斯情况，立即采取一切可能的方法直接灭火，控制火势，并迅速报告矿调度室。在现场的区、队、班组长应依照矿井灾害预防和处理计划的规定，将所有可能受火灾威胁地区的人员撤离危险区域，并组织人员利用现场的一切工具和器材进行灭火。电气设备着火时，应首先切断其电源。在电源切断前，只准使用不导电的灭火器材进行灭火。

如果火灾范围大或火势猛，则应在撤出灾区人员、保证自身安全的前提下，采取稳定风流，控制火势发展，防止人员中毒的措施，并随时保持和地面指挥部的联系，根据指挥部的命令行事。如果现场人员无力抢救，同时人身安全受到威胁，或是其他地区发生火灾，在接到撤退命令时，就要立即进行自救和组织避灾。具体如下：

(1)沉着冷静，迅速戴好自救器，避灾领导要逐一进行认真检查后撤退。

(2)位于火源进风侧人员，应迎着新风撤退。位于火源回风侧人员，如果距火源较近且火势不大时，应迅速冲过火源撤离回风侧，然后迎风撤退；如果无法冲过火区，则沿回风撤退一段距离，尽快找到捷径绕到新鲜风流中再撤退。

(3)如果巷道已经充满烟雾，也绝对不要惊慌，不能乱跑，要迅速辨认出发生火灾的地区和风流方向，然后俯身摸着铁道或铁管有秩序地外撤。

(4)如果实在无法撤退，应利用独头巷道、硐室或两道风门之间的条件，因地制宜，就地取材构筑临时避难硐室，尽量隔断风流，防止烟气侵入，然后静卧待救。

(5)有条件时应及早用电话同地面取得联系，以便救护队前来救援。

(6)所有避灾人员必须严格遵守纪律，听从避灾领导的指挥，团结互助，共同渡过难关。

第三节　创伤急救

在现场救护中人们常常将抢救危重急症、意外伤害伤员寄托于医院和专业的医护人员，缺乏对在现场救护伤员的重要性和可实施性的认识。这种传统的观念，往往使处在生死之际的伤员丧失了几分钟、十几分钟最宝贵的“救命的黄金时刻”。实际在救援中最有效的救援人员往往是第一目击者。

现场救护是指在事发现场，对伤员实施及时、有效的初步救护。事故发生后的几分钟、十几分钟，是抢救危重伤员最重要的时刻，医学上称之为“救命的黄金时刻”。在此时间内，抢救及时、正确，生命有可能被挽救；反之，生命丧失或病情加重。在事故现场，“第一目击者”对伤员实施有效的初步紧急救护措施，为医院救治创造条件，能最大限度地挽救伤员的生命或减轻伤残。

创伤是致伤因素作用下造成的人体组织损伤和功能障碍。轻创伤造成体表损伤，引起疼痛或出血；严重创伤可造成心、脑、肺和脊髓等重要脏器功能障碍，出血过多会导致休克甚至死亡。

在矿山企业，创伤现场情况错综复杂，所以救护工作非常重要而艰巨。矿山企业应利用各种途径，普及职工现场急救知识，如举办各种类型的培训班，请富有急救知识的医师讲课，派有经验的医生到生产一线宣传急救知识等，不断提高职工现场急救能力，当现场有人发生创伤时，能正确而又稳妥地进行急救。

现代创伤救护技术除了传统的止血、包扎、固定和搬运技术外，还包括人工呼吸、胸外心脏按压等心肺复苏技术。

一、正确的救护体位

对于意识不清者，取仰卧位或侧卧位，便于复苏操作，在可能的情况下，翻转为仰卧位(心肺复苏体位)时应放在坚硬的平面上。

若伤员没有意识但有呼吸和脉搏,为了防止呼吸道被舌后坠或唾液及呕吐物阻塞引起窒息,对伤员应采用侧卧位(复原卧式位),唾液等容易从口中引流。体位应保持稳定,易于伤员翻转其他体位,保持利于观察和通畅的气道;超过 30 分钟,翻转伤员到另一侧。

注意不要随意移动伤员,以免造成伤害。如不要用力拖动、拉起伤员,不要搬动和摇动已确定有头部或颈部外伤者等。有颈部外伤者在翻身时,为防止颈椎再次损伤引起截瘫,另一人应保持伤员头、颈部与身体同一轴线翻转,做好头、颈部的固定。

(一)心肺复苏体位(仰卧位)操作方法

(1)救护人员位于伤员的一侧。

(2)将伤员的双上肢向头部方向伸直。

(3)把伤员远离救护人员一侧的小腿放在另一侧腿上,两腿交叉。

(4)救护人员一只手托住伤员的头、颈部,另一只手抓住远离救护人员一侧的伤员腋下或胯部。

(5)将伤员呈整体地翻转向救护人员。

(6)伤员翻为仰卧位,再将伤员上肢置于身体两侧。

(二)复原卧式位(侧卧位)操作方法

(1)救护人员位于伤员的一侧。

(2)救护人员将靠近自身的伤员手臂上举置于头部侧方,伤员另一手肘弯曲置于胸前。

(3)把伤员远离救护人员一侧的腿弯曲。

(4)救护人员用一只手扶住伤员肩部,另一只手抓住伤员胯部或膝部,轻轻将伤员侧卧。

(5)将伤员上方的手置于面颊下方,以维持头部后仰及防止面部朝下。

(三)救护人员体位

救护人员在实施心肺复苏技术时,根据现场伤员的周围处境,选择伤员一侧,将两腿自然分开与肩同宽间距跪贴于(或立于)伤员的肩、腰部,有利于实施操作。

(四)其他体位

头部外伤者,取水平仰卧,头部稍稍抬高。如面色发红,则取头高脚低位;如面色青紫,则取头低脚高位。

二、打开气道

伤员呼吸心跳停止后,全身肌肉松弛,口腔内的舌肌也松弛下坠而阻塞呼吸道。采用开放气道的方法,可使阻塞呼吸道的舌根上提,使呼吸道畅通。

用最短的时间,先将伤员衣领口、领带、围巾等解开,戴上手套迅速清除伤员口鼻内的污泥、土块、痰、呕吐物等异物,以利于呼吸道畅通,再将气道打开。

(一)仰头举颌法

(1)救护人员用一只手的小鱼际肌置于伤员的前额并稍加用力使头后仰,另一只手的食指、中指置于下颌将下颌骨上提。

(2)救护人员手指不要深压颌下软组织,以免阻塞气道。

(二)仰头抬颈法

(1)救护人员用一只手的小鱼际肌放在伤员前额,向下稍加用力使头后仰,另一只手置于颈部并将颈部上托。

(2)无颈部外伤可用此法。

(三)双下颌上提法

(1)救护人员双手手指放在伤员下颌角,向上或向后方提起下颌。

(2)头保持正中位,不能使头后仰,不可左右扭动。

(3)适用于怀疑颈椎外伤的伤员。

(四)手钩异物

(1)如伤员无意识,救护人员用一只手的拇指和其他四指,握住伤员舌和下颌后掰开伤员嘴并上提下颌。

(2)救护人员另一只手的食指沿伤员口角内插入。

(3)用钩取动作,抠出固体异物。

三、创伤止血包扎技术

在各种突发创伤中,常有外伤大出血的紧张场面。出血是创伤的突出表现,因此,止血是创伤现场救护的基本任务。有效地止血能减少出血,保存有效血容量,防止休克的发生。因此,现场及时有效地止血是挽救生命、降低死亡率,为伤员赢得进一步治疗时间的重要技术。

止血的方法有包扎止血、加压包扎止血、指压止血、加垫屈肢止血、填塞止血、止血带止血。一般的出血可以使用包扎止血、加压包扎止血;四肢的动、静脉出血,如使用其他的止血法能止血的,就不用止血带止血。

(一)包扎止血法

适用于浅表伤口出血,损伤小血管和毛细血管,出血较少的情况。依据就地取材原则,选用洁净的三角巾、手帕、纸巾、清洁布料等包扎止血。

(二)加压包扎止血法

适用于全身各部位的小动脉、静脉、毛细血管出血。用洁净的毛巾、手绢、三角巾等覆盖伤口,加压包扎达到止血目的。

(三)指压止血法

用手指压迫伤口近心端的动脉,阻断动脉血运,能有效地达到快速止血目的。指压止血法用于出血多的伤口。

1. 颞浅动脉压迫点

用于头顶部出血,一侧头顶部出血时,在同侧耳前,对准耳屏上前方 1.5 cm 处,用拇指压迫颞浅动脉止血。

2. 肱动脉压迫点

肱动脉位于上臂中段内侧,位置较深,前臂及手出血时,在上臂中段的内侧摸到肱动脉搏动后,用拇指按压可止血。

3. 桡、尺动脉压迫点

桡、尺动脉在腕部掌面两侧。腕及手出血时,要同时按压桡、尺两条动脉方可止血。

4. 股动脉压迫点

在腹股沟韧带中点偏内侧的下方能摸到股动脉强大搏动。用拇指或掌根向外上压迫,用于下肢大出血。

股动脉在腹股沟处位置表浅，该处损伤时出血量大，要用双手拇指同时压迫出血的远近两端。压迫时间也要延长，如果转运时间长时可试行加压包扎止血。

5. 腘动脉压迫点

在腋窝中部摸到腘动脉搏动后用拇指向窝深部压迫，用于小腿及以下严重出血。

动脉在腋窝处损伤，出血量也大，指压止血后可用加压包扎止血。

(四)加垫屈肢止血法

对于外伤出血量较大，肢体无骨折损伤者，用此法。注意肢体远端的血液循环，每隔50 min缓慢松开 3～5 min，防止肢体坏死。

1. 上肢加垫屈肢止血

(1)前臂出血，在肘窝处放置纱布垫或毛巾、衣物等物，肘关节屈曲，用绷带或三角巾屈肘位固定。

(2)上臂出血，在腋窝加垫，使前臂屈曲于胸前，用绷带或三角巾将上臂固定在胸前。

2. 下肢加垫屈肢止血

(1)小腿出血，在腋窝加垫，膝关节屈曲，用绷带或三角巾屈膝位固定。

(2)大腿出血，在大腿根部加垫，屈曲髋、膝关节，用三角巾或绷带将腿与躯干固定。

(五)填塞止血法

对于伤口较深较大，出血多，组织损伤严重的应紧急现场救治。用消毒纱布、敷料(如无，用干净的布料替代)填塞在伤口内，再用加压包扎法包扎。

(六)止血带止血法

四肢有大血管损伤，或伤口大、出血量多，采用以上止血方法仍不能止血时，方可选用止血带止血的方法。

由于现场条件有限，没有专用止血带，可用衣服、布条等代替。因布料止血带没有弹性，很难真正起到止血目的，如果过紧会造成肢体损伤或缺血坏死，因此，仅可谨慎短时间使用。禁忌用钢丝、绳索、电线等当作止血带使用。

将布料折叠成带状，按以下步骤操作：

(1)在上臂的上 1/3 段或大腿上段垫好衬垫(绷带、毛巾、平整的衣物等)。

(2)用制好的布料带在衬垫上加压绕肢体一周，两端向前拉紧，打一个活结。

(3)取绞棒插在带状的外圈内，提起绞棒绞紧，将绞紧后的棒的另一端插入活结小圈内固定。

(4)最后记录止血带安放时间，每隔 50 min，放松 3～5 min。

四、人工呼吸

(一)判断呼吸

检查呼吸，救护人将伤员气道打开，利用眼看、耳听、皮肤感觉在 5 s 时间内，判断伤员有无呼吸。侧头用耳听伤员口鼻的呼吸声(一听)，用眼看胸部或上腹部随呼吸而上下起伏(二看)，用面颊感觉呼吸气流(三感觉)。如果胸廓没有起伏，并且没有气体呼出，伤员即不存在呼吸，这一评估过程不超过 10 s。

(二)人工呼吸

人工呼吸法适用于触电休克、溺水、有害气体中毒窒息或外伤窒息等引起的呼吸停止、假死状态者。如果停止呼吸时间较短，都能采用人工呼吸方法进行抢救，应在现场立即实施口对口（口对鼻、口对口鼻）、口对呼吸面罩等人工呼吸救护措施。

（1）施行人工呼吸方法前，先应将伤者运送到安全、通风良好的地点，解开领口，放松腰带，注意保持体温。仰卧时腰背部要垫上软的衣服等，使胸部张开。并应清除口中脏物，把舌头拉出或压住，防止堵住喉咙，妨碍呼吸。

（2）操作前应将伤者仰卧，救护者在其头部的一侧，用手将伤者鼻孔捏住，以免吹气时从鼻孔漏气；自己深吸一口气，紧对着伤者的口将气吹入（最好放两层纱布或手帕再吹），造成吸气；然后，松开捏鼻的手，并用一手压伤者的胸部以帮助呼气。如此有节律均匀地反复进行，每分钟吹 14～16 次。

五、胸外挤压

救护人员判断伤员已无脉搏搏动，或在危急中不能判明心跳是否停止，脉搏也摸不清，不要反复检查耽误时间，而要在现场进行胸外心脏按压等人工循环及时救护。胸外心脏按压法是抢救心脏骤停伤者（尤其是触电者）的有效方法。具体操作方法如下：

（1）先将伤者仰卧在硬板或平地上，头低于心脏水平。

（2）急救者跪在伤员一侧或骑跨在其腰部两侧，两手相叠，手掌根部放在心窝上方，胸骨下 1/3 至 1/2 处。

（3）抢救者两上肢肘部挺直，利用上身体重、臂肌肉的力量，有节奏、垂直地向伤者脊柱方向按压，使胸骨下段及其相连接的肋骨下陷 3～4 cm。

（4）挤压后手掌根迅速全部放松，让伤者胸部全部复原，但手掌根部不要抬起，放松手的时间和压胸骨的时间应相等。

（5）按压次数为 80～100 次/min，必须同时做人工呼吸，并经常检查按压效果。

六、骨折固定与搬运技术

井下条件复杂，道路不畅，转运伤员要尽量做到轻、快、稳。骨折固定和搬运时应注意以下几点：

（1）对一般伤员应先进行止血、包扎等初步处理后，再进行转运。

（2）呼吸、心跳骤停及休克昏迷的伤员应先及时复苏后再搬运。如果没有人懂得复苏技术，为争取抢救时间应迅速向外搬运，以便可以及时获救。

（3）对于昏迷或窒息的伤员，应使其肩部垫高，头部后仰，面部偏向一侧或侧卧位，以防止胃内呕吐物或舌头后坠堵塞气管。

（4）一般伤员可用担架、木板、风筒、绳网等运送，但脊柱损伤和盆骨损伤的伤员应用硬板担架运送。

（5）四肢骨折的伤员应这样固定：小腿骨折，在两踝、两小腿中段和两膝三个部位，利用腱肢拼拢固定。大腿骨折时除采用小腿骨折固定方法外，还对两大腿上段、髋部分别用 3～5 条布条或皮带分段扎紧固定。利用木板或棍条替代夹板固定，夹板的长度必须超过骨折肢体两个关节的长度。

（6）一般外伤伤员可平卧在担架上，伤肢抬高；胸部外伤伤员应取半坐位；有开放性气胸者，需封闭包扎后才可转运；腹腔部内脏损伤的伤员，可平卧，用宽布带将腹部捆在担架上，以减轻痛苦及出血；骨盆骨折的伤员可仰卧在硬板担架上，曲髋、曲膝、膝下垫软枕或衣物，用布带将骨盆捆在担架上。

(7)搬运胸、腰椎损伤的伤员时，先把硬板担架放在伤员旁边，有专人照顾患处，另有两三人保持其脊柱伸直位，同时用力轻轻将伤员推滚到担架上，推动时用力大小、快慢要一致，要保证伤员脊柱不弯曲。伤员取仰卧位，受伤部位垫上薄垫或衣物，使脊柱呈过伸位，严禁坐位或肩背式搬运。对于腰椎骨折者，在担架上铺好棉被，在相当于脊椎损伤的部位，放置一个小枕头，然后用手托搬动法将伤员平稳搬移到担架上，使骨折的脊椎正好放在枕头上，使伤员脊椎保持在伸展位。再用布条或皮带将肩、胸、腹部、臀、两膝部位紧系在担架上，使胸腰段脊柱固定不动，

(8)搬运颈椎损伤的伤员时，要专有一人保持伤员的头部，轻轻向水平方向牵引，并且固定在中立位，不使颈椎弯曲，严禁左右转动。搬运者多人双手分别托住颈肩部、胸腰部、臀部及两下肢，同时用力移上担架，取仰卧位。肩下垫软枕或衣物，使颈椎呈伸展样(颈下不可垫衣物)，头部两侧用衣物固定，防止颈部扭转，切忌抬头。若伤员的头和颈部已经处于歪曲位置，需按其自然固有姿势固定，不可勉强纠正，以避免损伤脊髓而造成高位截瘫甚至死亡。

(9)转运时应让伤员头部在后面，随行人员随时观察伤员的伤情变化，做出应急救护。上下山时应尽量保持担架平衡，防止伤员从担架上翻滚下来。

(10)运送到井上，应向接管医生详细介绍受伤情况及检查、抢救经过。

第四节　典型事故案例

一、包头市壕赖沟铁矿"1·17"透水事故救援

2007 年 1 月 17 日零时，内蒙古包头市壕赖沟铁矿发生了透水事故，35 名矿工被困。通过应急救援体系发挥作用，成功营救出 6 名矿工，及时发现二次突水征兆，果断决策，撤出井下 51 名救援人员，避免了一起特大次生事故。

矿井概况：该矿 2002 年 8 月投产，设计能力 60 万吨/年，实际生产能力 45 万吨/年左右。斜井、竖井联合开拓，设计为 4 个中段，分别为 950 m(已采)、900 m(残采)、850 m(主采)和 800 m 中段(开拓)。

事故概况：17 日零时许，壕赖沟铁矿 1 号竖井首先透水，2、3 号竖井随即相继进水，井下水位 853 m 水平左右，将该矿 850 m 中段的主巷道全部淹没，透水量约 15 000 m^3，35 人被困。

17 日 10 时距 1 号井西南 100 m 处，地表出现直径 60 m、深 20 m 塌陷。

救援情况：成立救援指挥部，组织紧急救援。由包头市政府组织成立了事故救援指挥部，鑫达黄金公司、神华集团包头分公司、万利分公司、包钢(集团)公司以及当地公安消防、武警部队，共 800 人参加了救援。

聘请内蒙古煤监局曲来运、吴月光同志组成专家组，提供技术支持。

抓住有利时机，成功救出 6 名被困矿工。指挥部制定了切实的救援方案，采取从 1、2、3 号竖井排水，在 3 号斜井 850 m 水平车场，钻孔与开挖结合掘进 14 m 联络巷，贯通 3 号竖井 850 m开采区，营救被困人员。18 日 11 时贯通 16 m 联络巷，被困 35 个小时后 6 名矿工获救。

由于井筒条件差，1、2 号竖井水泵安设受阻。在 3 号竖井安设从山西水泵厂调运的大型潜污泵，因大量的淤泥，无法正常运行。

指挥部被迫采取人工清淤措施，组织包括武警战士、金矿以及煤矿工人人工清淤，交替作业。

各方积极参战，充分发挥应急救援体系的作用。为拯救生命，中煤大地公司出动引进美国钻进能力达 10 m/h 的 T685WS 型车载顶驱钻机，投入救援。山西水泵厂紧急调运 4 台扬程

220 m,排量240 m^3/h潜污泵,配套排水管,工程技术人员赶赴现场,公安部、山西、河北、北京、内蒙古交管部门密切配合,保障设备一路畅通运往现场。在总参作战部应急办的支持下,通过北京军区陆航直升机,将峰峰煤业集团由德国引进、可以快速钻进下向钻孔的P180型风动钻机空运到救援现场,是一次实战意义的体系作战。

指挥部果断决策,避免了一次特大救援事故。1月19日上午9时,通过脱险矿工了解到矿井1、2号斜井900 m水平作业区,在16日22时左右曾发生透水坍塌,与此次竖井透水密切相关。指挥部立即组织专家组研究、论证,决定在1、2号斜井采取钻孔措施向850 m水平人员可能被困地点打钻。连夜布置作业场地。

20日凌晨1时内蒙乌海煤监分局吴月光同志在到2号斜井勘查钻孔定位时,发现950 m水平大量积水,威胁850 m水平清淤人员安全,立即升井报告。20日凌晨3时,现场指挥部决定立即停止井下作业;3时50分,井下救援作业的51名人员全部撤出;5时45分发生了二次透水,顷刻间水和泥浆淹没至860 m水平,通往850 m水平巷道全部被淹没。7时,1号、2号竖井变形倾斜,7时56分地表塌陷由3 600 m^2扩大到7 000 m^2。由于决策果断,现场处置及时,避免了一次特大次生事故。由于地表塌陷继续扩大,1号、2号竖井严重变形,邻近110国道下沉6 cm,救援工作被迫终止。

此次事故救援的典型意义:现场指挥部坚持从救灾全局的高度,以拯救被困矿工生命为核心,制订救援方案,果断决策、严密组织、措施得力,把握住救援时机,拯救出6名被困矿工;应急救援体系发挥了重要作用。此次救援指挥中心、各有关部门、总参密切配合,专业救援队伍、武警部队积极参战,国有大型企业无私奉献,体现了在党中央、国务院领导下,应急救援体系的作用得到发挥;关键时刻安全技术专家做出了突出贡献。乌海煤监分局吴月光同志长期在矿山负责安全生产管理,具有丰富的救灾经验,加之强烈的责任心,在井下发现险情时,立即做出反映,在决策关键时刻,坚持提请指挥部立即撤出井下所有救援人员,避免了一次特大次生事故的发生。

二、成功救护被困11天的矿工

2005年11月6日19时40分左右,河北省某县石膏矿发生坍塌事故,波及太行、林旺两个石膏矿。"11·6"三家石膏矿连片塌陷特大灾难事故,造成33人死亡。救援工作从大块崩炸到小药量试着爆破,最后只能运用水钻和电钻小心开进,发现了受困11天的矿工苑某,为保证这名被困矿工的生命安全,救护人员通过塑料管向里面输送奶类等流食,最终成功将其救出。

三、自救、互救让他们摆脱了死神

2005年11月27日晚9时40分,黑龙江省某煤矿发生爆炸事故,造成171人死亡。但在这起特大事故中,瓦检员张某凭借丰富的经验和良好的心理素质,在生死关头带领26名工友摆脱了死神的纠缠,成功逃生。

四、矿井火灾互救案例

2005年8月28日上午9时30分,广东省梅州市一矿由于井下电缆起火引发火灾,61名正在作业的矿工和管理人员被困井下。事故发生后,党中央、国务院以及省委、省政府领导十分重视,广东省分管领导及有关部门负责同志率工作组亲临现场,组织指挥抢救工作。在27小时的紧急大营救中,绝大部分困于井下的矿工被搜寻、解救出来。

抢救工作及时、透明和公开,信息沟通渠道流畅,为抢救赢得了时间和多方面的实际支持,也使得家属和获救人员情绪稳定。这是这次事故解救成功的首要因素。

28 日上午 9 时 30 分，广东省某市一村矿井发生电缆火灾，引发局部爆炸并发生大火。正在井下作业的 61 名矿工被大火和浓烟所围困。事故的消息，迅速向有关各方传去。

11 时 07 分，市消防支队领导带着队伍奔向现场，消防车于 12 时 10 分左右赶到。

12 时 04 分，市安监局接到矿管员的报告后，迅速向区委、区政府报告。区委领导一边带领区经贸、安监、地矿、公安等部门和城北镇负责同志赶赴事故现场，一边向市委市政府主要领导报告。

梅州市委书记、市长接到事故报告后，马上召集公安、消防、国土资源、经贸、安监、供电、卫生等部门负责人和工程技术人员赶赴现场，立即成立"8・28"火灾事故抢救指挥部。

29 日上午 8 时，广东省副省长带领省工作组乘坐早班火车赶赴梅州。

2005 年 6 月，广东省政府就拟定了《广东省生产安全应急救援体系框架及建设方案》，8 月初又出台了《广东省矿山安全生产事故灾难紧急预案》。广东初步形成的紧急救护机制，在这次救援工作中发挥了重要作用。

28 日上午接到事发消息后，梅州市很快成立由 10 个部门组成的指挥部，下设现场抢救组、医疗救护组、治安保卫组、后勤保障组、资料组等 5 个小组，确保抢救工作紧张有序地进行。

28 日中午 12 时 30 分，梅州市消防支队直属一中队副中队长一到现场，就带着 3 名战士下井调查灾情。二中队长等接着第二批下去。

当晚 23 时前，广东省政府派出的由省公安厅副厅长、省安监局副局长、省消防总队副总队长带队的 9 人工作组和前来支援的汕头市消防支队 19 名官兵赶赴现场。

深夜 2 时，广州消防局特勤 36 名官兵和 6 台消防车奔赴前线。兴宁市、梅县等辅助矿山队闻讯后，也赶到现场。

各路救援人马通力合作，展开了一场生死争斗战。

据广东省安监局介绍，由省安监局牵头，广东省民航、铁路、建设、经贸委等 19 个部门也相应拟定了各类事故的应急预案，广东应对突发事件将变得更有准备、更有能力。

在 28 日救援行动的最初阶段，救援队伍遇到的主要问题是井下温度高、烟雾大、有害气体严重超标，无法进入事发现场进行有效抢救。

指挥部紧急调动了一批现代化的消防抢救装备，采取了一系列行之有效的措施：一是采取强制送风，稀释烟雾和有害气体；二是由矿山救护队和消防队员先行对海拔 40 m 水平无火区被困人员实施抢救；三是组织公安消防人员携带灭火器材进入海拔 40 m 以下水平火场进行灭火。这些行动保证了第一批 43 名矿工在 29 日 1 时 30 分被救出。

但是，此时在海拔 20 m 的井下仍然有 18 名矿工被困。该地点有害气体一氧化碳浓度高，抢救队员携带的呼吸器维持时间不足。

为此，指挥部 29 日上午又成立了井下临时抢救指挥部。首先，他们接通已被烧毁的导风管强制送风，稀释烟雾和有害气体。接着，他们在海拔 20 m 水平暗斜井处安装风机进行抽风，加接电话线，并使用先进的红外线生命律征检测仪进行井下生命搜寻。到 29 日 12 时 20 分，又救出了 14 名被困矿工。

在这次事故中，消防队伍中的特勤人员显示了全面的技术素质，他们不仅能够灭火，而且面对抢险救灾中的诸多疑难问题，也有必要的物质和技术准备。

梅州市负责现场抢险的领导对记者说："如果不是现代化、高水平的装备和技术发挥巨大作用，呼吸困难的人长期得不到解救，那后果就不堪设想！"

附录

金属非金属矿山从业人员安全生产培训大纲(试行)

本大纲规定了金属非金属矿山除主要负责人、安全生产管理人员和特种作业人员以外的其他从业人员安全生产培训的目的、要求和具体内容。

1. 培训对象

金属非金属矿山除主要负责人、安全生产管理人员和特种作业人员以外的其他从业人员(以下简称金属非金属矿山从业人员)。

2. 培训目的

通过培训,使培训对象了解我国安全生产方针、有关法律法规和规章;了解矿山作业的危险、职业危害因素;熟悉从业人员安全生产的权利和义务;掌握金属非金属矿山安全生产基本知识,安全操作规程,个人防护、避灾、自救与互救方法,事故应急措施,安全设施和个人劳动防护用品的使用和维护,以及职业病预防知识等,具备与其从事作业场所和工作岗位相应的知识和能力。

3. 培训要求

3.1　金属非金属矿山从业人员必须按照本大纲的要求接受安全生产培训,具备必要的安全生产知识和安全生产技能,经考试合格,方准上岗作业。

3.2　金属非金属矿山从业人员安全生产培训应按露天矿山(小型露天采石场)和地下矿山两类分别进行。具备安全生产培训条件的企业,应自己组织对本单位从业人员进行培训,并建立健全培训档案,详细、准确记录培训、考试、考核情况;不具备安全生产培训条件的企业,应委托具有相应资质的安全培训机构对本单位从业人员进行培训。

3.3　培训要坚持理论与实际相结合,重点加强安全意识、规章制度、基础知识、基本方法和实际安全操作技能的综合培训;要充分考虑农民工的实际,使培训内容易学易懂,易于掌握。

4. 培训内容

4.1　矿山安全生产法律法规

——安全生产方针、政策;

——基本安全生产法律制度;

——矿山主要安全技术规程、标准;

——农民工、女职工和未成年工的保护;

——从业人员安全生产的法律责任、权利和义务。

4.2　矿山安全管理

——安全管理的概念、目的和任务;

——主要安全生产管理制度,矿山企业安全管理机构、安全生产管理人员及职责;

——本单位的安全生产情况,安全生产规章制度和劳动纪律;

——矿山作业场所常见的危险、职业危害因素；

——安全设备设施、劳动防护用品的使用和维护要求；

——工伤保险知识。

4.3　露天开采安全

——露天矿山基本概念，露天开采工艺概况，露天开采的基本安全要求；

——露天开采作业安全要求，包括凿岩、爆破、铲装、运输、破碎作业过程中存在的主要危险、职业危害因素及其操作安全要求，以及边坡安全管理要求；

——露天矿山常见事故征兆及防范措施；

——典型事故案例。

4.4　地下开采安全

——地下矿山基本概念，地下矿山生产系统、工艺流程概况，地下开采基本安全要求；

——井巷工程施工安全要求，包括井巷工程施工过程中存在的主要危险、职业危害因素，凿岩、爆破、出渣、通风、支护和顶板管理安全要求以及溜井管理要求；

——回采作业安全要求，包括凿岩、爆破、出矿作业过程中存在的危险、职业危害因素以及安全要求，顶班及采空区管理要求；

——提升、运输作业存在的主要危险、职业危害因素及其安全要求；

——井下通风、防尘防毒、防排水、防灭火基本要求；

——地下矿山常见事故征兆及防范措施；

——典型事故案例。

4.5　爆破安全

——爆破基本知识，包括爆破的概念、爆破器材、起爆方法、矿山爆破方法；

——爆破器材和爆破作业管理制度；

——爆破有害效应及爆破安全防范措施；

——常见爆破事故防范措施；

——典型事故案例。

4.6　排土场和尾矿库安全

——排土场安全生产要求，包括排土场的概念，常见病害，安全作业要求，典型事故案例；

——尾矿库安全生产要求，包括尾矿库的概念，常见事故、病害及其防范措施，典型事故案例。

4.7　机电安全

——用电安全；

——矿内提升运输安全；

——机械操作安全；

——典型事故案例。

4.8　职业病防治

——职业危害、职业病、职业禁忌症的概念；

——尘肺病及其他矿山常见的职业危害及防范措施；

——健康监护要求；

——职业病预防的权利和义务。

4.9　事故应急处置、自救与现场急救

——事故报告及现场紧急处置(包括火灾、透水、冒顶片帮、中毒窒息、滑坡坍塌等事故的应急处置);

——防险、避灾、自救与互救方法;

——创伤急救;

——典型事故案例。

5. 再培训内容

金属非金属矿山从业人员应当按照有关规定,每年进行一次再培训。其内容包括:

——有关安全生产方面的新的法律、法规、国家标准、行业标准、规程和规范;

——有关地质、采矿(露天开采或地下开采)工艺、设备、设施基本安全技术;

——矿山典型事故案例。

6. 学时安排

6.1　金属非金属矿山从业人员的培训时间,露天矿山(小型露天采石场)不少于40学时;地下矿山不少于72学时,具体培训学时应符合表1的规定。

6.2　露天矿山(小型露天采石场)、地下矿山从业人员的再培训时间不少于20学时。

表1　金属非金属矿山从业人员培训课时安排

项目		培训内容	学时	
			露天矿山	地下矿山
培训	第一单元	安全生产法律法规	4	4
	第二单元	矿山安全管理	4	4
	第三单元	露天开采安全或地下开采安全	8	24
	第四单元	爆破安全	2	2
	第五单元	排土场和尾矿库安全	2	2
	第六单元	机电安全	2	4
	第七单元	矿山职业卫生	2	4
	第八单元	事故应急处置、自救与现场急救	4	6
	第九单元	现场参观教学	8	16
	复习		2	4
	考试		2	2
	合计		40	72
再培训	有关安全生产的新的法律、法规、国家标准、行业标准、规程和规范; 有关地质、采矿(露天开采或地下开采)工艺、设备、设施基本安全技术; 矿山典型事故案例分析与讨论		18	18
	考试		2	2
	合计		20	20